计算机网络技术研究

郭常山　赵培琨　宋长青　著

图书在版编目（CIP）数据

计算机网络技术研究 / 郭常山, 赵培琨, 宋长青著
. -- 北京 : 中国商务出版社, 2019.6
ISBN 978-7-5103-2930-2

Ⅰ. ①计… Ⅱ. ①郭… ②赵… ③宋… Ⅲ. ①计算机网络－研究 Ⅳ. ①TP393

中国版本图书馆 CIP 数据核字(2019)第 134077 号

计算机网络技术研究
JISUANJI WANGLUO JISHU YANJIU
郭常山　赵培琨　宋长青　著

出　　版：中国商务出版社
地　　址：北京市东城区安定门外大街东后巷 28 号　　邮编：100710
责任部门：教育培训事业部（010-64243016　gmxhksb@163.com ）
责任编辑：刘姝辰
总 发 行：中国商务出版社发行部（010-64208388　64515150 ）
网购零售：中国商务出版社考培部（010-64286917）
网　　址：http://www.cctpress.com
网　　店：https://shop162373850.taobao.com/
邮　　箱：cctp6@cctpress.com
印　　刷：天津雅泽印刷有限公司
开　　本：787 毫米×1092 毫米　1/16
印　　张：18.25　　字　　数：410 千字
版　　次：2020 年 7 月第 1 版　　印　　次：2020 年 7 月第 1 次印刷
书　　号：ISBN 978-7-5103-2930-2
定　　价：56.00 元

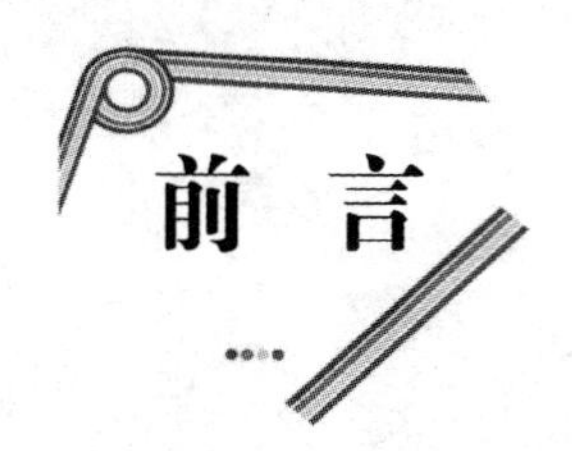

前言

21 世纪是以网络为核心的信息化时代，依靠完善的网络实现了信息资源的全球化，网络技术已成为信息化时代的标志性技术。随着信息技术的飞速发展，多媒体技术也得到了快速发展，它是计算机网络技术的重要发展方向之一。

本书以章节布局，共分为七章。第一章是计算机网络概述；第二章对局域网与广域网技术做了相对详尽的分析；第三章介绍了无线网络技术；第四章是计算机网络互联技术；第五章是计算机网络接入技术；第六章介绍了计算机网络安全与管理；第七章，作为本书的最后一章，重点介绍了下一代网络关键技术。

本书在撰写过程中，参考、借鉴了大量优秀著作与部分学者的理论与作品，在此一一表示感谢。由于作者精力有限，加之行文仓促，书中难免存在疏漏与不足之处，望专家、学者与广大读者批评、指正，以使本书更加完善。

前言

目 录

第一章 计算机网络概述

第一节 计算机网络

一、计算机网络的形成与发展

计算机网络从20世纪50年代中期诞生发展至今,经历了从简单到复杂、从单机到多机、从地区到全球的发展过程。其发展速度惊人,同时也改变了人们的生活方式。纵观计算机网络的形成与发展,主要经历了4个阶段:面向终端的计算机网络、多机互联网络、标准化网络、互联与高速网络。

(一)面向终端的计算机网络

这个阶段是从20世纪50年代中期至20世纪60年代中期。人们将彼此独立发展的计算机技术与通信技术相结合,进行计算机通信网络的研究。为了共享主机资源和信息采集以及综合处理,用一台计算机与多台用户终端相连,用户通过终端命令以交互方式使用计算机,人们把它称为面向终端的远程联机系统。

该网络的结构如图1-1所示。由于该系统中除了中心计算机之外,其余的终端设备没有自主处理能力,所以还不是严格意义上的计算机网络。随着终端数目的增多,会加重中心计算机的负载,为此在通信线路和中心计算机之间增加一个端处理机(Front-End Processor,FEP)专门用来负责通信工作,实现数据处理和通信控制的分工,发挥了中心计算机的数据处理能力。由于计算机和远程终端发出的信号都是数字信号,而公用电话线路只能传输模拟信号,所以在传输前必须把计算机或远程终端发出的数字信号转换成可在电话线上传送的模拟信号,传输后再将模拟信号转换成数字信号,这就需要调制解调器(Modem)。

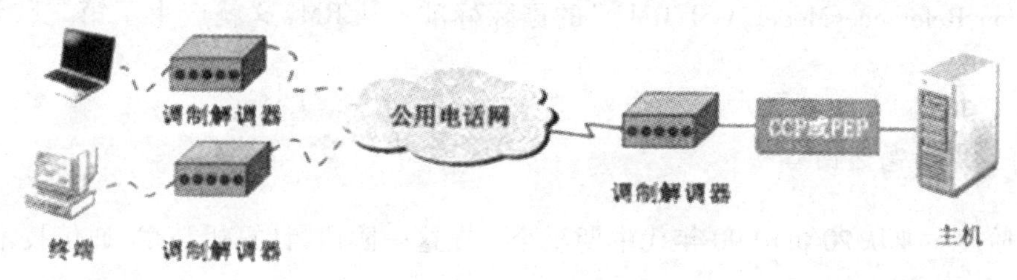

图1-1 远程连接的结构示意图

（二）多机互联网络

这个阶段主要从20世纪60年代中期至20世纪70年代末。计算机网络要完成数据处理与数据通信两大基本功能，因此在逻辑结构上可以将其分成两部分：

资源子网和通信子网，如图1-2所示。资源子网是计算机网络的外层，它由提供资源的主机和请求资源的终端组成。资源子网的任务是负责全网的信息处理。通信子网是计算机网络的内层，它的主要任务是将各种计算机互连起来完成数据传输、交换和通信处理。其典型代表是ARPANET（Advanced Research Projects Agency Network），它的研究成果对促进计算机网络的发展起到了重要的推动作用。

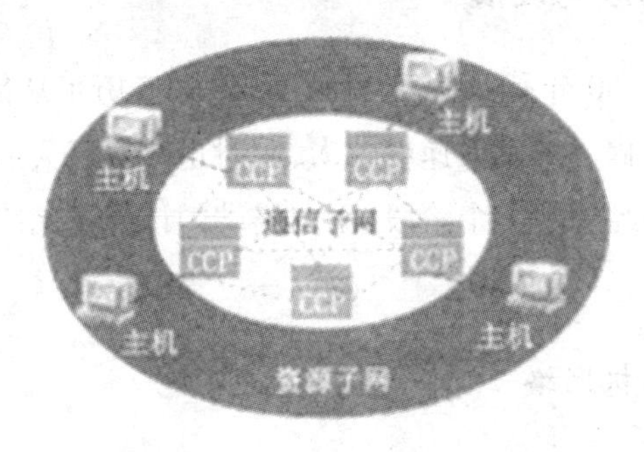

图1-2 多机互联网络的结构示意图

（三）标准化网络

这个阶段主要是从20世纪80年代至20世纪90年代初期。20世纪70年代的计算机网络大都采用直接通信方式。1972年以后，以太网LAN、MAN、WAN迅速发展，各个计算机生产商纷纷发展各自的网络系统，制定自己的网络技术标准。

1974年，IBM公司公布了它研制的系统网络体系结构。随后DGE公司宣布了自己的数字网络体系结构，1976年UNIVAC宣布了该公司的分布式通信体系结构。

国际标准化组织（International Standard Organization，ISO）于1977年成立了专门的机构来研究该问题，并且在1984年正式颁布了"开放系统互联基本参考模型（Open System Inter-connection Reference Model，OSI/RM）"的国际标准OSI/RM，这就产生了第三代计算机网络。

（四）互联与高速网络

这一阶段主要从20世纪90年代中期至今。在这一阶段，计算机技术、通信技术、宽带网络技术以及无线网络与网络安全技术得到了迅猛的发展。特别是1993年美国宣布建立国家信息基础设施（National Information Infrastructure，NII）后，全世界许多国家纷纷制定和建立本国的NII,其核心是构建国家信息高速公路。此计划极大地推动了计算机网络技术的发展,使计算机网络进入一个崭新的阶段,这就是计算机网络互联与高速网络阶段。

目前,全球以Internet为核心的高速计算机互联网络已经形成,Internet已经成为人类最重要的、最大的知识宝库。网络互联和高速计算机网络就成为第四代计算机网络。现代计算机网络的逻辑结构示意图如图1-3所示。

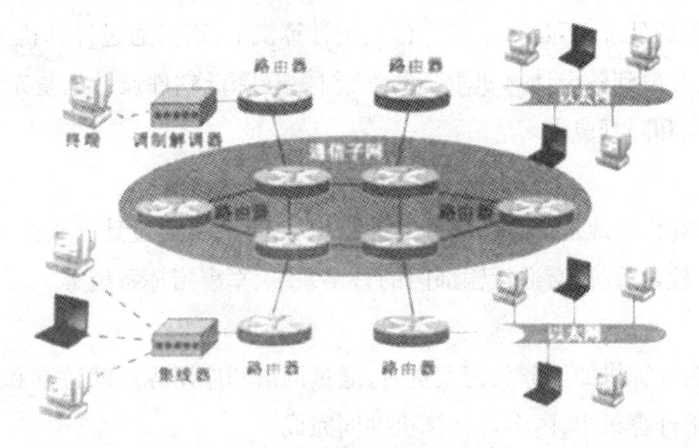

图1-3 现代计算机网络的逻辑结构示意图

二、计算机网络的定义与分类

(一)定义

计算机网络是指将地理位置不同的具有独立功能的多台计算机及其外部设备,通过通信线路连接起来,在网络操作系统、网络管理软件及网络通信协议的管理和协调下,实现资源共享和信息传递的计算机系统。

关于计算机网络的最简单定义是:一些相互连接的、以共享资源为目的的、自治的计算机的集合。

(二)功能

计算机网络的功能主要表现在资源共享、网络通信、分布处理、集中管理和均衡负载5个方面。

1.资源共享

资源共享包括硬件资源、软件资源以及通信信道共享三部分。硬件资源包括在全网范围内提供的存储资源、输入/输出资源等昂贵的硬件设备,既可以节省用户投资,也便于网络的集中管理和均衡分担负荷;软件资源包括互联网上的用户远程访问各类大型数据库、网络文件传送服务、远地进程管理服务和远程文件访问服务等;通信信道可以理解为电信号的传输介质,通信信道的共享是计算机网络中最重要的共享资源之一。

2. 网络通信

计算机网络通信通道不仅可以传输传统的文字数据信息,还包括图形、图像、声音、视频流等各种多媒体信息。

3. 分布处理

对于大型任务的处理,不是集中在一台大型计算机上,而是通过计算机网络将待处理任务进行合理分配,分散到各个计算机上运行。这样,在降低软件设计的复杂性的同时,可以大大提高工作效率和降低成本。

4. 集中管理

和分布处理相反,对地理位置相对分散的组织和部门,可通过计算机网络来实现集中管理,如数据库情报检索系统、交通运输部门的订票系统、军事指挥系统等。

5. 均衡负荷

当网络中某台计算机的任务负荷太重时,通过网络和应用程序的控制和管理,将作业分散到网络中的其他计算机中,由多台计算机共同完成。

(三)分类

说到计算机网络,大家通常会听到很多名词,如局域网、广域网、ATM 网络、IP 网络等。上述这些名词都是计算机网络按照不同的分类标准分类之后得到的一种具体的称呼。一般情况下,计算机网络可以按照网络覆盖范围、传输技术、网络拓扑结构以及传输介质等来分类。

1. 按网络覆盖范围分类

虽然计算机网络类型的划分标准不同,但是从网络覆盖的地理范围划分是一种大家都认可的通用网络划分标准。根据该标准可以将各种不同网络类型划分为局域网、城域网、广域网和互联网 4 种。需要说明的是,这里的网络划分并没有严格意义上地理范围的区分,只能是一个定性的概念。

(1)局域网(local Area Network,LAN)是我们最常见、应用最广的一种网络。早期的局域网就在一个房间内,后来扩展到一栋楼甚至几栋楼里面。现在随着整个计算机网络技术的发展和提高,局域网可以扩大到一个企业、一个学校及一个社区等。但不管局域网如何扩展,它所覆盖的地区范围还是较小。局域网在计算机数量配置上没有太多的限制,少的可以只有两台,多的可达几百台。一般来说在企业局域网中,工作站的数量在几十到两百台。在网络所涉及的地理距离上一般是几米至 10km 以内。

局域网的特点是连接范围小、用户数少、配置容易、连接速率高。目前局域网最快的以太网速率可以达到 10Gbit/s。为了适应局域网的快速发展,IEEE 的 802 标准委员会定义了多种主要局域网标准,如以太网(Ethernet)、令牌环网(Token Ring)、光纤分布式接口网络(Fiber Distributed Data Interface,FDDI)、异步传输模式网(Asynchronous Transfer Model,ATM)以及最新的无线局域网(Wireless local Area Network,WLAN)。这些内容都将在后面章节中详细介绍。局域网可以在全网范围内提供对处理资源、存储资源、输入/输出资源等昂贵设备的共享,使用户节省投资,也便于集中管理和均衡分担负荷。局域网示意图如图1-4所示。

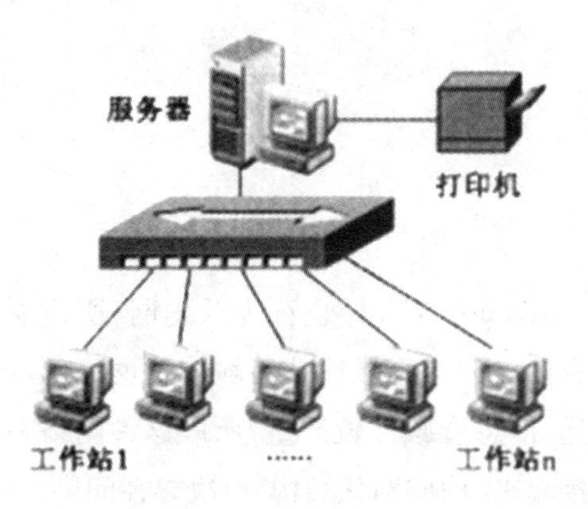

图1-4　局域网示意图

(2)城域网(Metropolitan Area Network,MAN)的规模比局域网大,一般来说是在一个城市范围内计算机互联。其用户可以不在同一个地理小区范围内。这种网络的连接距离可以在10~100km,采用的是IEEE 802.6标准。城域网比局域网扩展的距离更长,连接的计算机数量更多,从地理范围上是对局域网络的延伸。一般情况下,在一个大型城市或都市地区中,一个城域网网络通常连接着多个局域网。例如:连接政府机构的局域网、医院的局域网、公司企业的局域网等。由于光纤技术的发展和引入,使城域网中高速的局域网互联成为可能。

城域网一般采用ATM技术做骨干网。ATM是一个用于数据、语音、视频以及多媒体应用程序的高速网络传输方法。它包括一个接口和一个协议,该协议能够在一个常规的传输信道上,在比特率不变及变化的通信量之间进行切换。ATM包括硬件、软件以及与ATM协议标准一致的介质。ATM提供一个可伸缩的主干基础设施,以便能够适应不同规模、速度以及寻址技术的网络。ATM的最大缺点就是成本太高,所以一般在政府城域网中应用,如邮政、银行、医院等。允许互联网上的用户远程访问各类大型数据库,可以得到网络文件传送服务、远地进程管理服务和远程文件访问服务,从而避免软件研制上的重复劳动以及数据资源的重复存储,也便于集中管理。城域网示意图如图1-5所示。

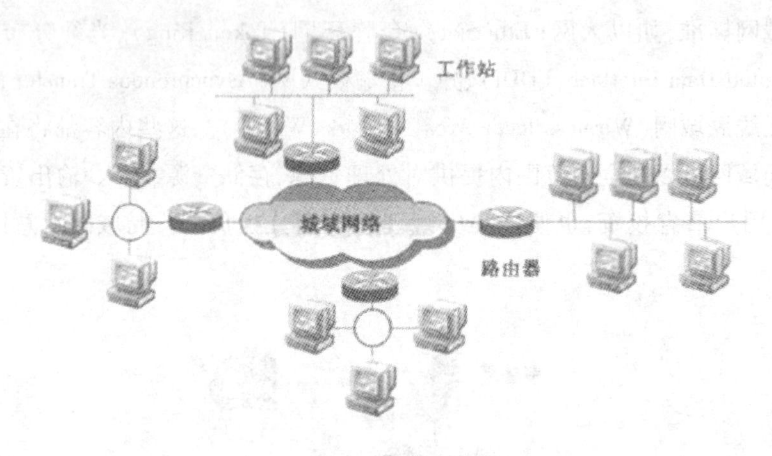

图 1－5　城域网示意图

(3)广域网(Wide Area Network,WAN)也称为远程网,所覆盖的范围比城域网广,它一般是在不同城市或者不同省份之间的局域网或者城域网网络互联,地理范围可从几百公里到几千公里。因为距离较远,信息衰减比较严重,所以这种网络一般是要租用专线,通过接口信息处理协议和线路连接起来,构成网状结构,解决寻径问题。由于城域网的出口带宽有限,且连接的用户多,所以用户的终端连接速率一般较低,通常为 9.6kbit/s～45Mbit/s,如我国的第一个广域网——CHINAPAC 网。广域网示意图如图 1－6 所示。

广域网使用的主要技术为存储一转发技术。城域网与局域网之间的连接是通过接入网来实现的。接入网又称为本地接入网或居民接入网,它是近年来由于用户对高速上网需求的增加而出现的一种网络技术,是局域网与城域网之间的桥接区,广域网、城域网与局域网的连接关系示意图如图 1－7 所示。

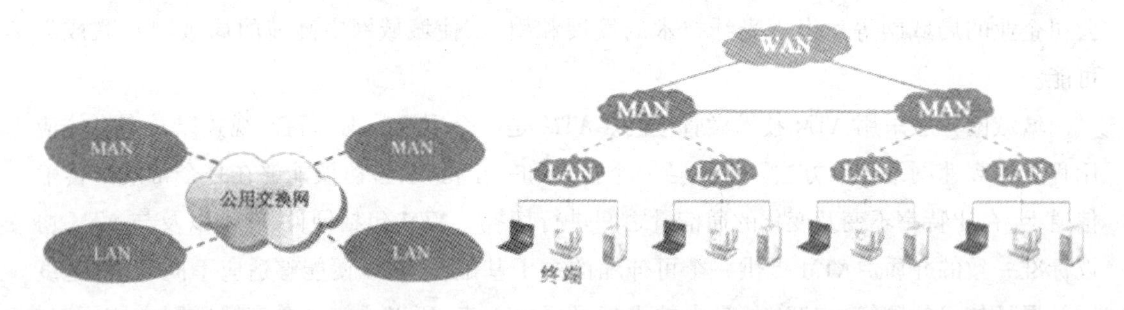

图 1－6　广域网示意图　　　图 1－7　广域网、城域网与局域网的连接关系示意图

(4)因特网(Internet)是英文单词 Internet 的谐音,又称为互联网,是规模最大的网络,就是常说的 Web、WWW 和万维网等。Internet 发展至今,已经逐步改变了人们的生活和生产方式,我们可以足不出户购买商品、可以在虚拟社区建立自己的人际关系、可以在网络中找到自己合适的工作等。我们都是 Internet 的消费者,同时也是 Internet 信息的生产者。整个网络的计算机每时每刻随着人们网络的接入和撤销在不断地发生变化,其网络实现技术也是

最复杂的。

上述网络的几种分类，在现实生活中应用最多的还是局域网。因为它灵活，无论在工作单位还是在家庭实现起来都比较容易，应用也最广泛。

广域网和因特网的区别：广域网在全网范围内采用的传输技术是相同的，比如：CHI—NAPAC 采用的传输技术就是 X.25 标准；而 Internet 可以将大大小小的局域网、广域网、城域网等连接起来，其中每一种网络采用的传输技术标准可以不相同，所以 Internet 的实现手段要远远复杂于城域网。

2. 按传输技术分类

按照传输技术分类就是根据网络中信息传递的方式，可将其分为广播式网络和点对点网络。

(1)广播式网络，即在整个网络中有一个设备传递信息，其他所有设备都能收到该信息。其特点是应用的范围较小。所以广播式网络的规模不能太大，一般应用在局域网技术当中。

(2)点对点网络，即信息的传递是一点一点地交换下去。类似接力比赛，接力棒依次传递。该方式可以应用于大规模的网络信息传递。

3. 按网络拓扑结构分类

把计算机网络按照计算机与计算机之间的连接方式来划分，可分为星形网络、环形网络、总线型网络、树形网络和网状网络。

4. 按传输介质分类

(1)有线网络，即计算机与计算机之间连接的媒体是看得见的，如双绞线、光纤等传输介质。

(2)无线网络，即计算机与计算机之间连接的媒体是看不见的，是利用空中的无线电波来传递信息的，如手机和笔记本可以利用 Wi-Fi 上网。

三、计算机网络的组成与结构

一般而言，可以将计算机网络分成三个主要组成部分：若干个主机，功能是为用户提供服务；一个通信子网，主要由节点交换机和连接这些节点的通信链路所组成，功能是为不同节点之间传递信息；一系列的协议，这些协议的功能是为在主机和主机之间、主机和子网中各节点之间的通信提供信息传递的标准，它是通信双方事先约定好的和必须遵守的规则。

为了便于分析与理解，根据数据通信和数据处理的功能，一般从逻辑结构上将网络划分为通信子网与资源子网两个部分(有的书籍将其划分为：核心部分与边缘部分)。图 1-8 给出了典型的计算机网络逻辑结构。

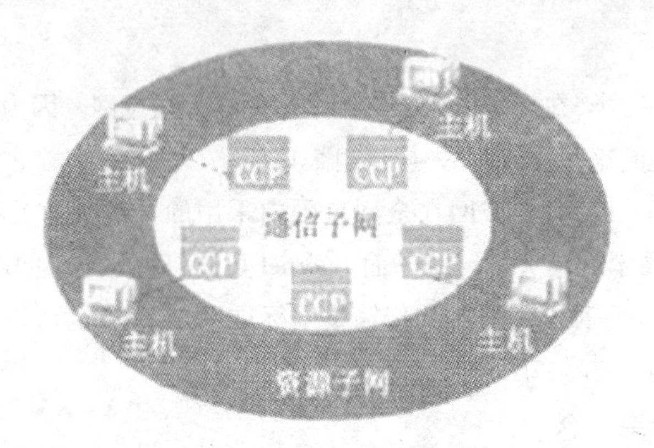

图 1-8 计算机网络逻辑结构

(一)通信子网

通信子网由通信控制处理机(Communication Control processor,CCP)、通信线路与其他通信设备构成,负责完成网络数据传输、转发等通信处理任务。

CCP 在网络拓扑结构中被称为网络节点,具体的设备就是路由器。它有两方面功能:一是与资源子网中的主机、终端连接的接口,将主机和终端连入网内;二是作为通信子网中的信息存储一转发节点,完成信息的接收、校验、存储、转发等功能,实现将源主机信息准确发送到目的主机的作用。路由器之间的连接方式一般采用点对点的连接方式;路由器之间的信息交换方式采用的就是分组交换技术。而"计算机网络技术"课程讲解的主要内容就是网络中的一台主机发送了一个应用请求,该请求如何到达一台服务器(路由器),该服务器如何理解这个请求,并将这个请求发送到另一个中间转接服务器或者是目的主机。

通信线路为通信控制处理机与通信控制处理机、通信控制处理机与主机之间提供通信信道。计算机网络采用了多种通信线路,如电话线、双绞线、同轴电缆、光缆、无线通信信道、微波与卫星通信信道等。

(二)资源子网

资源子网由主机系统、终端、终端控制器、联网外设、各种软件资源与信息资源组成。资源子网实现全网的面向应用的数据处理和网络资源共享,它由各种硬件和软件组成。

1. 主机系统。它是资源子网的主要组成单元,安装有本地操作系统、网络操作系统、数据库、用户应用系统等软件。它通过传输介质与通信子网的通信控制处理机(路由器)相连接。普通用户终端通过主机系统连入网内。早期的主机系统主要是指大型机、中型机与小型机。

2. 终端。它是用户访问网络的界面。终端可以是简单的输入、输出终端,也可以是带有微处理器的智能终端。智能终端除具有输入、输出信息的功能外,本身还具有存储与处理信息的能力。终端既可以通过主机系统连入网内，也可以通过终端设备控制器、报文分组组装与拆卸装置或通信控制处理机连入网内。现在常用的个人计算机、平板电脑、手机等都是终端设备。

3. 网络操作系统。它是建立在各主机操作系统之上的一个操作系统，用于实现不同主机之间的用户通信，以及全网硬件和软件资源的共享，并向用户提供统一的、方便的网络接口，便于用户使用网络。

4. 网络数据库。它是建立在网络操作系统之上的一种数据库系统，既可以集中驻留在一台主机上(集中式网络数据库系统)，也可以分布在每台主机上(分布式网络数据库系统)。它向网络用户提供存取、修改网络数据库的服务，以实现网络数据库的共享。

5. 应用系统。它是建立在上述部件基础的具体应用，以实现用户的需求。图 1－9 所示为主机操作系统、网络操作系统、网络数据库系统和应用系统之间的层次关系。在图 1－9 中，UNIX、Windows 为主机操作系统，其余为网络操作系统(Network Operating System，NOS)、网络数据库系统(Network Data Base System，NDBS)和应用系统(Application System，AS)。

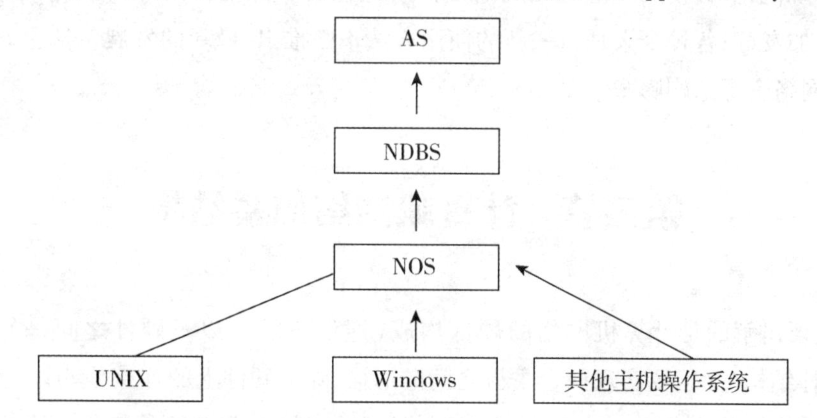

图 1－9　主机操作系统、网络操作系统、网络数据库系统和应用系统之间的关系

四、因特网

1969 年，为了能在爆发核战争时保障通信联络，美国国防部高级研究计划署(Advanced Research Projects Agency，ARPA)资助建立了世界上第一个分组交换试验网 ARPANET，连接美国 4 所大学。ARPANET 的建立和不断发展标志着计算机网络发展的新纪元，是因特网的雏形。

20 世纪 70 年代末到 80 年代初，计算机网络蓬勃发展，各种各样的计算机网络应运而生，如 MILNET、USENET、BITNET、CSNET 等，在网络的规模和数量上都得到了很大的发展。一系列网络的建设，产生了不同网络之间互联的需求，并最终导致了 TCP/IP(Transmission Control Protocol/Internet Protocol)协议的诞生。

1980 年，TCP/IP 研制成功。1982 年，ARPANET 开始采用 IP。

1986 年美国国家科学基金会(National Sciencc Foundation,NSF)资助建立了基于 TCP/IP 技术的主干网 NSFNET(National Science Foundation Net),连接美国的若干个超级计算中心、主要大学和研究机构,世界上第一个互联网产生,并迅速连接到世界各地。20 世纪 90 年代,随着 Web 技术和相应浏览器的出现,互联网的发展和应用出现了新的飞跃。1995 年,NSF-NET 开始商业化运行。

1994 年 4 月 20 日,中国国家计算机与网络设施(The National Computing and Networking Facility of China,NCFC)工程通过美国 Sprint 公司联入 Internet 的 64K 国际专线开通,实现了与 Internet 的全功能连接。从此中国被国际上正式承认为真正拥有全功能 Internet 的国家。

Internet 是我们生存和发展的基础设施,它直接影响着人们的生活方式。随着世界各国信息高速公路计划的实施,Internet 主干网的通信速度将大幅度提高;有线、无线等多种通信方式将更加广泛、有效地融为一体;Internet 的商业化应用将大量增加,商业应用的范围也将不断扩大;Internet 的覆盖范围、用户入网数以令人难以置信的速度发展;Internet 的管理与技术将进一步规范化,其使用规范和相应的法律规范正逐步健全和完善;网络技术不断发展,用户界面更加友好;各种令人耳目一新的使用方法不断推出,最新的发展包括实时图像和语音的传输;网络资源急剧膨胀。

第二节 计算机网络体系结构

前面主要讲解的是计算机网络的硬件构成(通信子网),以及硬件之间是如何互联的(网络的拓扑结构)。但要实现两台主机之间的通信,除了硬件上的连接(有线或无线方式)之外,还需要软件上的支持,这就是计算机网络的体系结构,其功能是实现计算机的远程访问和资源共享,即解决异地独立工作的计算机之间如何实现正确、可靠的通信。计算机网络分层体系结构模型就是为了解决计算机网络的这一关键问题而设计的,是从软件角度考虑的。对于计算机网络而言,硬件的连接并不难,主要是软件上如何实现互联。

一、计算机网络分层结构

(一)分层

计算机网络的基本功能是网络通信。根据网络通信中节点的不同可分为两种基本方式:第一种为相邻节点之间的通信;第二种为不相邻节点之间的通信。相邻节点之间的通信可以通过直达通路通信,称为点对点通信;不相邻节点之间的通信需要中间节点链接起来形成间接可达通路,完成通信,称为端到端通信。所以说,点对点通信是端到端通信的基础,端到端通信是对点对点通信的延伸。

1. 点对点通信:需要在通信的两台计算机上有相应的通信软件。该通信软件需要有与两台主机操作管理系统的接口,还需具备两个接口界面,即向用户应用的界面与通信的界面。因此通信软件的设计就自然划分为两个相对独立的模块,形成用户服务层和通信服务层两个基本层次体系。

2. 端到端通信:该通信是通过链路把若干点对点的通信线路通过中间节点(路由器)链接起来而形成的,因此,端到端的通信要依靠各节点间点对点通信连接的正确和可靠。此外,必须要解决两个问题。第一,中间节点要具有路由转接功能,即源节点的信息可通过中间节点的路由转发,形成一条到达目的节点的端到端的可达链路;第二,端节点上应具有启动、建立和维护该条端到端链路的功能。启动和建立链路是指发送方节点与接收方节点在正式通信前双方进行的通信,以建立端到端链路的过程。维护链路是指在端到端链路通信过程中对差错或流量控制等问题的处理。

因此在端到端通信的过程,两个层次已经不能满足要求,需要在通信服务层与应用服务层之间增加一个新的层次,该层次用来负责处理网络端到端的正确可靠的通信问题,称为网络服务层。

通信服务层:其基本功能是实现相邻计算机节点之间的点对点通信,主要由两个步骤构成。第一步,发送方把一定大小的数据块从内存发送到网卡上;第二步,网卡将数据以串行通信方式将数据发送到物理通信线路上。在接收方则执行相反的过程。由于两个步骤对数据的处理方式不同,可进一步将通信服务层划分为物理层和数据链路层。

网络服务层:其基本功能是保证数据通过端到端方式正确传递。它由两部分组成,第一,建立、维护和管理端到端链路的功能;第二,进行路由选择的功能。而端到端通信链路的建立、维护和管理功能又可分为两个方面,一方面是与其下面网络层有关的链路建立管理功能;另一方面是与其上面端用户启动链路,并建立与使用链路通信的有关管理功能。因此根据这三部分功能,将网络服务层又划分为 3 个层次,即会话层、传输层和网络层。会话层处理端到端链路中与高层用户有关的问题;传输层处理端到端链路通信中错误的确认和恢复,以确保信息的可靠传递;网络层主要处理与实际链路连接过程有关的问题,以及路由选择的问题。

用户服务层:其基本功能主要是处理网络用户接口的应用请求和服务。由于高层用户接口要求支持多用户、多任务、多种应用功能,甚至用户是由不同机型、不同的操作系统组成的。由于应用环境的复杂性,因此,将用户服务层划分为两个层次,即应用层和表示层。应用层用来支持不同网络的具体应用服务;表示层用来实现为所有应用或多种应用都需要解决的某些共同的用户服务要求。

综上所述,将计算机网络体系结构划分为相对独立的 7 个层次:应用层、表示层、会话层、传输层、网络层、链路层和物理层。

（二）连接方式

网络层所提供的服务可分为两类：面向连接的网络服务（Connection Oriented Network Service，CONS）和无连接网络服务（Connection Less Network Service，CLNS）。

面向连接的网络服务又称为虚电路（Virtual Circuit，VC）服务，它是由网络连接的建立、数据传输和网络连接的释放3个阶段组成，是可靠的数据传输，其报文分组按顺序传输的方式进行传递，适用于长报文、会话型的传输要求。虚电路方式在数据发送前，需要在发送方和接收方之间建立一条逻辑连接的虚电路，如图1－10所示，它是将电路交换方式与报文交换方式结合起来的一种连接方式。

面向连接的网络服务的主要特点如下：

1. 在数据传输之前，需要在源节点和目的节点之间建立一条逻辑连接。由于源节点和目的节点之间的物理连接是存在的（即从源节点到目的节点总可以找到一条或多条的通路，在此通路中至少需要一个或多个中间节点转接），所以并不需要真正建立一条直通的物理链路。

2. 在建立虚电路连接的基础上，所有的分组数据通过该链路顺序传递，可以不必携带目的地址和源地址等信息，并且在接收方也不会出现丢失、乱序和重复的问题。

3. 不需要路由选择。

4. 一个节点可以同时建立多条虚电路。

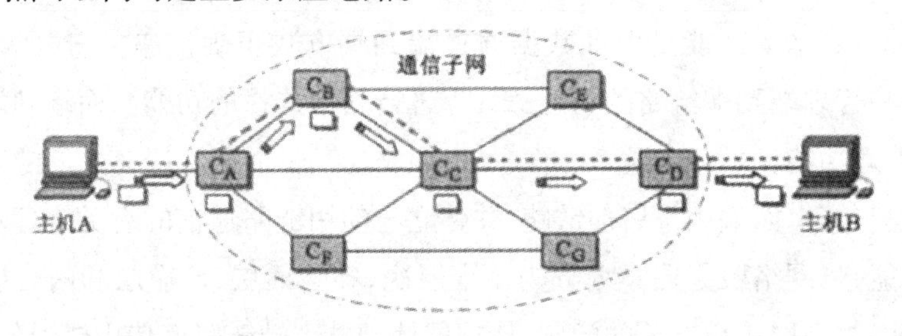

图1－10　面向连接的网络服务

无连接的网络服务的两节点之间的通信不需要事先建立好一个连接，如图1－11所示，数据分组在传输过程中可以根据路由选择通过不同的路径到达接收方，在传输过程中会出现丢失、乱序和重复的现象。无连接的网络服务有3种类型：数据报服务、确认交付服务与请求回答服务。数据报服务不要求接收方应答，这种方法额外开销较小，但可靠性无法保证，主要应用在如视频和音频信息的传递。确认交付服务要求接收方用户每收到一个报文均给发送方用户发送回一个应答报文。确认交付类似于挂号的电子邮件，而请求回答类似于一次事务处理中用户的“一问一答”。

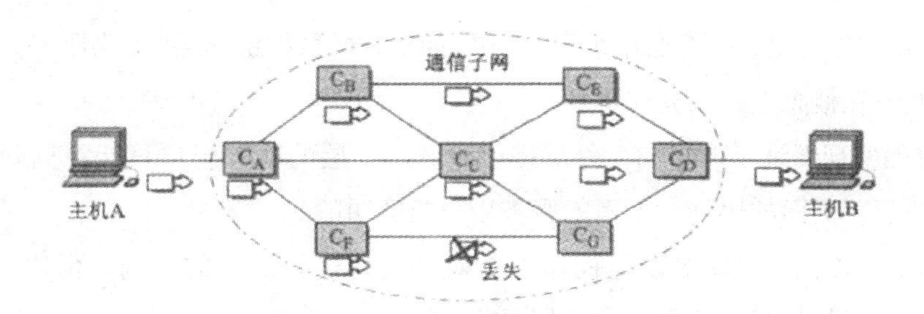

图 1－11　无连接的网络服务

无连接的网络服务的主要特点如下：

(1)同一组数据经过分组之后，每一个分组可以通过不同的传输路径到达接收方。

(2)分组到达接收方会出现丢失、乱序和重复问题。

(3)由于分组不是按序到达，所以在传输过程中每个分组都需要携带目的地址和源地址。

(4)在节点之间需要路由选择，根据选择结果决定分组的传输路径。

(三)协议与服务

通俗地讲服务就是用户可以通过它做什么。协议就是让服务可以正常进行。在计算机网络中为了实现各种服务，就必须在计算机之间进行通信和对话。为了能让通信的双方能够正确理解、接受和执行，双方就要遵守相同的规定。

1. 协议的组成要素

如果两个人要进行交谈就采用双方都能听懂的语言以及可以接受的语速。在计算机网络通信中，通信双方在通信内容、如何通信以及何时通信方面要遵守相互可以接受的一组约定和规则，这些达成共识的约定和规则统称为协议。所以，协议是指通信双方必须遵守的控制信息交换的规则集合，其作用是控制并指导通信双方的对话过程，发现对话过程中出现的差错并确定对差错的处理策略。一般来说，协议由语法、语义、同步 3 个要素组成。

(1)语法：确定通信双方之间“如何讲”，由逻辑说明构成，即确定通信时双方采用的数据格式、编码、信号电平以及应答方式等。

(2)语义：确定通信双方之间“讲什么”，由通信过程的说明构成，即要对发布请求、执行动作以及返回应答给予解释，并确定用于协调和差错处理的控制信息。

(3)同步：确定事件的顺序以及速度匹配。

所以说，网络协议是计算机网络的不可缺少的组成部分。

2. 服务

协议是控制两个对等双方(如双方的网络层)进行通信规则的集合。在协议的控制下，两个对等双方间(如双方的网络层)的通信使得本层能够向上一层(如双方的传输层)提供服务,而要实现本层协议,还需要使用下面一层(如双方的数据链路层)提供服务。

协议和服务在概念上的区分如下:

(1)协议的实现保证了能够向上一层提供服务。本层的服务用户只能看见服务而无法看见下面的协议。下面的协议对上面的服务用户是透明的。

(2)协议是“水平的”,即协议是控制两个对等实体进行通信的规则。但服务是“垂直的”,即服务是由下层通过层间接口向上层提供的。

二、ISO/OSI 参考模型

自 20 世纪 70 年代起,国外主要计算机生产厂家陆续推出了各自的网络产品及自身的网络体系结构,互不兼容,属于专用的。为了使不同计算机厂家生产的计算机能够互相通信,以便在更大的范围内建立计算机网络,有必要建立一个国际范围的网络体系结构标准。

ISO 于 1981 年正式推荐了一个网络系统结构——七层参考模型,叫做开放系统互连参考模型(Open System Interconnection Reference Model,OSI/RM)。该标准模型的建立,使得各种计算机网络按其标准进行划分,进而极大地推动了计算机网络通信的发展。

OSI 参考模型将整个网络通信的功能划分为 7 个层次,又称为七层协议,如图 1 - 12 所示。它们由低到高分别是物理层、数据链路层、网络层、传输层、会话层、表示层和应用层。每层根据自身特点完成一定的功能,并直接为其上一层提供服务,所有 7 个层次都互相支持。其中,第四层到第七层主要面对用户,负责互操作性;第一层到第三层面对通信,负责两个网络设备间的物理连接。

OSI 参考模型对各个层次的划分遵循下列原则:

网络中各节点都有相同的层次,相同的层次具有相同的功能。

同一节点中,其相邻两层之间通过接口进行通信,接口通常既可以是软件接口,如传输层与网络层之间,也可以是硬件接口,如数据链路层与物理层之间。

每一层使用下一层提供的服务,并向其上一层提供服务,比如,网络层使用数据链路层提供的链路通信服务,使自己的信息在各节点间传递,同时网络层也为传输层提供服务,传输层的信息通过网络层的路由转接,传递到目的点。

不同节点的同等层根据协议实现同等层之间的通信,屏蔽数据流动方向,对用户来说好像数据在相同层之间流动。

注意,这里讲解的分层模型是从软件的角度出发,即两台主机之间要想进行通信必须在硬件上首先是连接的,且在此基础上讨论每一层次要解决的问题。

(一)物理层

由于网络中传递的信息不论是文字、声音还是图像等都要转换成二进制比特流才能进行传递,因此物理层负责如何在计算机之间传递二进制比特流。

物理层的主要任务如下:

(1)建立规则,以便在物理媒体上传输二进制比特流。

(2)定义电缆连接到网卡上的方式。

(3)规定在电缆上发送数据的传送技术。

(4)定义位同步及检查。

物理层是 OSI 参考模型七层协议的最底层,向下直接与物理传输介质相连接,向上对数据链路层提供服务。物理层协议是各种网络设备进行互联时必须遵守的低层协议。设立物理层的目的是实现两个网络物理设备之间的二进制比特流的透明传输,对数据链路层屏蔽物理传输介质的特性,以便对高层协议有最大的透明性。

(二)数据链路层

数据链路层是 OSI 参考模型的第二层,它介于物理层与网络层之间。物理层已经解决了二进制比特流在两点间的传递问题,但是物理层数据的传递会受周围环境的影响而使数据出现差错。设立数据链路层的主要任务是将一条原始的、有差错的物理线路变为对网络层而言是一条无差错的数据链路。

数据链路层的主要任务如下:

(1)数据链路层必须执行链路管理。

(2)桢传输。

(3)差错检验等功能。

物理连接与数据链路连接的区别:数据链路连接是建立在物理层提供比特流传输服务的基础上;物理层传输的单位是二进制比特流,数据链路层使用物理层的服务来传输数据链路层协议数据单元——帧。帧类型可以分为两种,一种是控制帧,另一种是信息帧。控制帧用于数据链路的建立、数据链路维护与数据链路释放,以及信息帧发送过程中的流量控制与差错控制功能,进而保证信息帧在数据链路上的正确传输,从而完成 OSI 参考模型规定数据链路层基本功能的实现,为网络层提供可靠的节点 - 节点间帧传输服务。

(三)网络层

物理层协议与数据链路层协议都是相邻两个直接相连接节点间的通信协议,它不能解决数据经过通信子网中多个转接节点的通信问题。所以网络层的主要目的就是要为其传输单位 - 数据报,选择最佳路径通过通信子网到达目的主机,在此同时网络用户不必关心网络的拓扑结构类型以及传输中所使用的通信介质。

网络层的主要任务如下:

(1)定义网络操作系统通信过程中应用的协议。

(2)确定信息的地址。

(3)把逻辑地址和名字翻译成物理地址。

(4)确定从源主机沿着网络到目的主机的路由选择。

(5)处理交换、路由以及对数据包阻塞的控制问题。

(四)传输层

在上述三层中主要解决信息的传递问题,数据链路层虽然可以发现传输过程中出现的错误,但它并不进行处理,只是将错误的帧丢弃;网络层在数据报的路由转接过程中,也会发生丢失和来不及处理而丢弃的问题,因此要实现不可靠线路上的可靠传输,这一问题必须解决。传输层就是负责错误的确认和恢复,以确保信息的可靠传递。在必要时,它对信息重新打包,把过长信息分成小包发送;而在接收方,把这些小包重构成初始的信息。

传输层是 OSI 参考模型中比较特殊的一层,同时也是整个网络体系结构中十分关键的一层。设置传输层的主要目的是在源主机进程之间提供可靠的端一端通信。

传输层的主要任务如下:

(1)为高层数据传输建立、维护和拆除传输连接,实现透明的端到端数据传送。

(2)提供端到端的错误恢复和流量控制。

(3)信息分段与合并,将高层传递的大段数据分段形成传输层报文。

(4)考虑复用多条网络连接,提高数据传输的吞吐量。

传输层主要关心的问题是建立、维护和中断虚电路,传输差错校验和恢复以及信息流量控制等。它提供面向连接和无连接两种服务。

(五)会话层

会话层是建立在传输层的基础之上,利用传输层提供的服务,使得两个会话层之间不考虑它们之间相隔多远、使用了什么样的通信子网等网络通信细节,进行透明的、可靠的数据传输。当两个应用进程进行相互通信时,希望有个作为第三者的进程能组织它们的通话,协调它们之间的数据流,以便应用进程专注于信息交互。设立会话层就是为了达到这个目的。从 OSI 参考模型来看,在会话层之上的各层是面向应用的,会话层之下的各层是面向网络通信的。会话层在两者之间起到连接的作用。

会话层的主要任务如下:

(1)提供进行会话的两个应用进程之间的会话组织和同步服务。

(2)对数据的传送提供控制和管理,以达到协调会话过程的目的。

(3)为上一层表示层提供更好的服务。

会话层与传输层有明显的区别。传输层协议负责建立和维护端一端之间的逻辑连接。传输服务比较简单,目的是提供一个可靠的传输服务。但是由于传输层所使用的通信子网类型很多,并且网络通信质量差异很大,这就造成了传输协议的复杂性。而会话层在发出一个会话协议数据单元时,传输层可以保证将它正确地传送到对等的会话实体,从这点看会话协议得到了简化。但是为了达到为各种进程服务的目的,会话层定义的为数据交换用的各种服务是非常丰富和复杂的。

(六)表示层

表示层之下的五层是将数据从源主机传送到目的主机,而表示层则要保证这五层所传输的数据经传送后其表达意义不改变。

表示层的主要任务如下:

(1)给出数据结构的描述,使之与机器无关。

(2)相互通信的应用进程间交换信息的表示方法与表示连接服务。

在计算机网络中,互相通信的应用进程需要传输的是信息的语义,它对通信过程中信息的传送语法并不关心。表示层的主要功能是通过一些编码规则定义在通信中传送这些信息所需要的语法。从 OSI 开展工作以来,表示层取得了一定的进展,ISO/IEC8882 与 8883 分别对面向连接的表示层服务和表示层协议规范进行了定义。

(七)应用层

应用层是最终用户应用程序访问网络服务的地方。它负责协调整个网络应用程序的运行工作。是最有含义的信息传送的一层。应用程序如电子邮件、数据库等都利用应用层传送信息。

应用层是 OSI 参考模型的最高层,它为用户的应用进程访问 OSI 环境提供服务。OSI 关心的主要是进程之间的通信行为,因而对应用进程所进行的抽象只保留了应用进程与应用进程间交互行为的有关部分。在 OSI 应用层体系结构概念的支持下,目前 OSI 标准的应用层协议有以下几个:

(1)文件传送、访问与管理(File Transfer Access and Management,FTAM)协议。

(2)公共管理信息协议(Common Management Information Protocol,CMIP)。

(3)虚拟终端协议(Virtual Terminal Protocol,VTP)。

(4)事务处理(Transaction Processing,TP)协议。

(5)远程数据库访问(Remote Database Access,RDA)协议。

(6)制造业报文规范(Manufacturing Message Specification,MMS)协议。

(7)目录服务(Directory Service,DS)协议。

(8)报文处理系统(Message Handling System,MHS)协议。

当两台计算机通过网络通信时,一台机器上的任何一层的软件都假定是在和另一机器上的同一层进行通信。例如,一台机器上的应用层和另一台的应用层通信。第一台机器上的应用层并不关心数据是如何通过该机器的较低层,然后通过物理媒体,最后到达第二台机器的应用层的。

在 OSI 中,数据传输的源点和终点要具备 OSI 参考模型中的 7 层功能。图 1 - 13 表示系统(主机)A 与系统(主机)B 通信时数据传输的过程。OSI 参考模型是网络的理想模型,很少有系统完全遵循它。

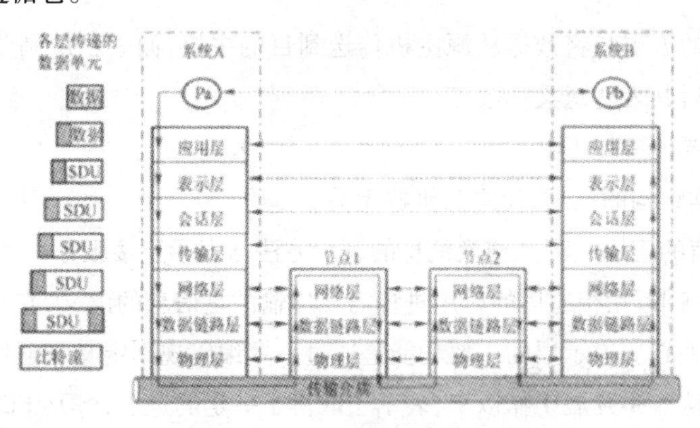

图 1 - 13　OSI 模型的数据传输过程

三、TCP/IP 参考模型

TCP/IP(Transmission Control Protocol/Internet Protocol)是 ARPANET 和其后继因特网使用的参考模型。TCP/IP 参考模型分为 4 个层次:应用层、传输层、网络互连层和主机到网络层。

在 TCP/IP 参考模型中,去掉了 OSI 参考模型中的会话层和表示层(这两层的功能被合并到传输层和应用层中实现)。同时将 OSI 参考模型中的数据链路层和物理层合并为主机到网络层。下面分别介绍各层的主要功能。

(一)主机到网络层

实际上 TCP/IP 参考模型没有真正描述这一层的实现,只是要求能够提供给网络互连层一个访问接口,以便在其上传递网络协议分组。由于这一层次未被定义,所以其具体的实现方法将随着网络类型的不同而各有不同。

(二)网络互连层

网络互连层是整个 TCP/IP 的核心。它的功能是把分组发往目的网络或主机。同时,为了尽快地发送分组,可能需要沿不同的路径同时进行分组传递。因此,分组到达的顺序和发送的顺序可能不同,这就需要上层必须对分组进行排序。

网络互连层定义了分组格式和协议,即 IP。

网络互连层除了需要完成路由的功能外,也可以完成将不同类型的网络(异构网)互连的任务。除此之外,网络互连层还具有拥塞控制的功能。

(三)传输层

在 TCP/IP 模型中,传输层的功能是使源主机和目的端主机上的对等层可以进行会话。在传输层定义了两种服务质量不同的协议。即传输控制协议(TCP)和用户数据报协议(User Datagram Protocol,UDP)。

TCP 是一个面向连接的、可靠的协议。它将一台主机发出的字节流无差错地发往互联网上的其他主机。在发送方,它负责把上层传送下来的字节流分成报文段并传递给下层。在接收方,它负责把收到的报文进行重组后递交给上层。TCP 还要处理端到端的流量控制,以避免缓慢接收的接收方没有足够的缓冲区接收发送方发送的大量数据。

UDP 是一个不可靠的、无连接的协议,主要适用于不需要对报文进行排序和流量控制的场合。

(四)应用层

TCP/IP 模型将 OSI 参考模型中的一部分会话层和表示层的功能合并到应用层中实现。应用层面向不同的网络应用引入了不同的应用层协议。其中,有基于 TCP 的,如文件传输协议(File Transfer Protocol,FTP)、虚拟终端协议(TELNET)、超文本链接协议(Hyper Text Transfer Protocol,HTTP),也有基于 UDP 的。

四、OSI 参考模型与 TCP/IP 参考模型的比较

(一)两种参考模型的相同点

OSI 参考模型与 TCP/IP 参考模型都是用来解决不同计算机之间数据传输的问题。这两种模型都是基于独立的协议的概念,采用分层的方法,每层都建立在它的下一层之上,并为它的上一层提供服务。例如:在两种参考模型中,传输层及其以下的各层都为需要通信的进程提供端到端、与网络无关的传输服务,这些层成了传输服务的提供者;同样,在传输层以上的各层都是传输服务的用户。

(二)两种参考模型的不同点

(1)OSI 参考模型的协议比 TCP/IP 参考模型的协议更具有面向对象的特性。

OSI 参考模型明确了 3 个主要概念:服务、接口和协议。这些思想和现代的面向对象的编程技术非常吻合。一个对象有一组方法,该对象外部的进程可以使用它们,这些方法的语义定义该对象提供的服务,方法的参数和结果就是对象的接口,对象内部的代码实现它的协议。当然,这些代码在该对象外部是不可见的。而 TCP/IP 参考模型最初没有明确区分服务、接口和协议,人们也试图改进它,使其更加接近 OSI 参考模型。

所以,OSI 参考模型中的协议比 TCP/IP 参考模型中的协议具有更好的面向对象的特性,在技术发生变化时,由于它的封装性和隐藏性,能够比较容易地进行替换和更新。而 TCP/IP 参考模型由于没有明确区分服务、接口和协议的概念,对于使用新技术设计、新网络来说,这种参考模型就会遇到许多不利的因素。另外,TCP/IP 参考模型完全不是通用的,不适合描述该模型以外的其他协议。

(2)TCP/IP 参考模型中对异构网(Heterogeneous Network)互连的处理比 OSI 参考模型更合理。

TCP/IP 首先考虑的是多种异构网的互连问题,并将网际协议 IP 作为 TCP/IP 的重要组成部分。但 ISO 和国际电报电话咨询委员会(Consultative Committee,International Telegraph and Telephone,CCITT)最初只考虑到使用一种标准的公用数据网将各种不同的系统互连在一起。后来,ISO 认识到了网际协议 IP 的重要性,但为时已晚,只好在网络层中划分出一个子层来完成类似 TCP/IP 中 IP 的作用。

(3)TCP/IP 参考模型比 OSI 参考模型更注重面向无连接的服务。

TCP/IP—开始就对面向连接服务和无连接服务并重,而 OSI 在开始时只强调面向连接服务。经过相当长的一段时间,OSI 才开始制定无连接服务的有关标准。例如:OSI 参考模型在传输层仅支持面向连接的通信方式,而 TCP/IP 参考模型在该层支持面向连接和无连接两种通信方式,提供给用户选择的余地,这对简单的请求—应答协议是十分重要的。

五、标准化组织与管理机构

(一)网络与 Internet 标准化组织

随着计算机通信、计算机网络和分布式处理系统的激增,协议和接口的不断进化,迫切要求不同公司制造的计算机之间以及计算机与通信设备之间方便地互连和相互通信。因此,接口、协议、计算机网络体系结构都应有共同遵守的标准。

目前,世界范围内的标准化组织与机构有以下几个。

1. 国际标准化组织

国际标准化组织(ISO)是世界上最大的非政府性标准化专门机构,是国际标准化领域中一个十分重要的组织。ISO 的任务是促进全球范围内的标准化及其有关活动,以利于国际间产品与服务的交流，以及在知识、科学、技术和经济活动中发展国际间的相互合作。ISO负责制定大型网络标准，OSI参考模型就是由该组织制定的。

2. 国际电信联盟

国际电信联盟（International Telegraph Union，ITU）是联合国机构中历史最长的一个国际组织，简称“国际电联”或“电联”。国际电联是主管信息通信技术事务的联合国机构。作为世界范围内联系各国政府和私营部门的纽带，国际电联通过其麾下的无线电通信、标准化和发展电信展览活动。ITU定义了广义网连接的电信网络标准，X.25协议就是由该组织制定的。

3. 电气和电子工程师协会

电气和电子工程师协会（Institute of Electrical and Electronics Engineers，IEEE）定位在科学和教育，并直接面向电子电气工程、通信、计算机工程、计算机科学理论和原理研究的组织，以及相关工程分支的艺术和科学。为了实现这一目标，IEEE承担着多个科学期刊和会议组织者的角色。它也是一个广泛的工业标准开发者，主要领域包括电能、能源、生物技术和保健、信息技术、信息安全、通信、消费电子、运输、航天技术和纳米技术。在教育领域IEEE积极发展和参与，例如在高等院校推行“电子工程”课程的学校授权体制。IEEE制定了网络硬件的标准，802.X协议族就是该机构制定的。

4. 因特网体系结构委员会

Internet体系结构委员会（Internet Architecture Board，IAB）创建于1992年6月，是Internet协会ISOC（Internet Society，ISOC）的技术咨询机构。

IAB监督Internet协议体系结构和发展，提供创建Internet标准的步骤，管理Internet标准化请求评价草案（Request For Comments，RFC）文档系列，管理各种已分配的Internet地址号码。

（二）Internet管理机构

实际上没有任何组织、企业或政府能够拥有Internet，但是它也受一些独立的管理机构管理，每个机构都有自己特定的职责。

1. 国家科学基金会（NSF）

尽管NSF并不是一个官方的Internet组织，并且也不能参与Internet的管理，但对Internet的过去和未来都有非常重要的作用。

2. Internet协会

Internet协会（ISOC）创建于1992年，是一个最权威的Internet全球协调与使用的国际化组织。它由Internet专业人员和专家组成，其重要任务是与其他组织合作，共同完成Internet标准与协议的制定。

3. Internet 体系结构委员会

Internet 体系结构委员会(IAB)创建于 1992 年 6 月,是 ISOC 的技术咨询机构。

IAB 监督 Internet 协议体系结构和发展,提供创建 Internet 标准的步骤,管理 Internet 标准化(草案)RFC 文档系列,管理各种已分配的 Internet 地址号码。

4. Internet 工程任务组(Internet Engineering Task Force,IETF)

IETF 的任务是为 Internet 工作和发展提供技术及其他支持。它的任务之一是简化现在的标准并开发一些新的标准,并向 Internet 工程指导小组推荐标准。

IETF 主要工作领域包括应用程序、Internet 服务、网络管理、运行要求、路由、安全性、传输、用户服务与服务应用程序。

工作组的目标是创建信息文档、创建协议细则,解决 Internet 与工程和标准制订有关的各种问题等。

5. Internet 研究部(Internet Research Task Force,IRTF)

IRTF 是 ISOC 的执行机构。它致力于与 Internet 有关的长期项目的研究,主要在 Internet 协议、体系结构、应用程序及相关技术领域开展工作。

6. Internet 网络信息中心(Internet Network Information Center,INIC)

Internet 网络信息中心负责 Internet 域名注册和域名数据库的管理。

7. Internet 赋号管理局(Internet Assigned Numbers Authority,IANA)

Internet 赋号管理局的工作是按照 IP,组织监督 IP 地址的分配,确保每一个域都是唯一的。

8. WWW 联盟

WWW 联盟是独立于其他 Internet 组织而存在的,是一个国际性的工业联盟。它和其他组织共同致力于与 Web 有关的协议的制定。

它由以下这些组织联合组成:美国麻省理工学院计算机科学实验室、欧洲国家信息与自动化学院和日本的庆应义塾大学藤泽校区。

第三节　计算机网络的主要性能指标

影响网络性能的因素有很多,如传输的距离、使用的线路、传输技术、带宽等。对于最终用户来说,响应时间是用于判断网络性能质量高低的一个基本手段。对于网络管理员来说,他们所关心的就不只是响应时间,还有网络的资源利用率。总体说来,网络性能的主要指标如表 1-1 所示,本书选取其中常用的指标进行说明。

表 1-1 网络性能的主要指标

指标项	指标描述
连通性	网络组件间的互连通性
吞吐量	单位时间内传送通过网络中给定点的数据量
带宽	单位时间内所能传送的比特数
时延	数据分组在网络传输中的延时时间
包转发率	单位时间内转发的数据包的数量
信道利用率	一段时间内信道为占用状态的时间与总时间的比值
信道容量	信道的极限带宽
带宽利用率	实际使用的带宽与信道容量的比率
包损失	在一段时间内网络传输及处理中丢失或出错数据包的数量
包损失率	包损失与总包数的比率

一、带宽

带宽包含两种含义:在通信中,带宽(Bandwidth)是指信号具有的频带宽度,单位是赫兹(Hz);现在计算机网络中带宽是数字信道所能传送的“最高数据率”的同义语,单位是比特每秒(bit/s)。当数据率较高时,可以使用 kbit/s($k = 10^3$,千)、Mbit/s($M = 10^6$,兆)、Gbit/s($G = 10^9$,吉)、Tbit/s($T = 10^{12}$,太)。现在一般常用更简单并不是很严格的记法来描述网络的速率,如100M 以太网,而省略了 bit/s,意思为数据率为100Mbit/s 的以太网。

二、吞吐量

吞吐量(Throughput)是指在规定时间、空间及数据在网络中所走的路径(网络路径)的前提下,下载文件时实际获得的带宽值。由于多方面的原因,实际上吞吐量往往比传输介质所标称的最大带宽要小得多。例如,对于一个100Mbit/s 的以太网,其额定速率为100Mbit/s,那么这个数值也是该以太网的吞吐量的绝对上限值。因此,对100Mbit/s 的以太网,其典型的吞吐量可能只有70Mbit/s。

三、时延

时延(Delay 或者 Latency)是指数据(一个报文或者分组)从网络(或链路)的一端传送到另一端所需的时间。网络延时包括发送时延、传播时延、排队时延与处理时延。

(一)发送时延

发送时延是指主机或路由器发送数据帧所需要的时间,也就是从发送数据帧的第一个比特算起,到该帧的最后一个比特发送完毕所需的时间。发送时延也可以称为传输时延。

发送的时延 = 数据帧长度(bit)/发送速率(bit/s)

对于一定的网络,发送时延并非固定不变,而是与发送的帧长成正比,与发送速率成反比。

(二)传播时延

传播时延是指电磁波在信道中传播一定的距离需要花费的时间。

传播时延 = 信道长度(m)/电磁波在信道上的传播速率(m/s)

电磁波在自由空间的传播速率是光速,即 3.0×10^5km/s。电磁波在网络传输媒体中的传播速率比在自由空间低一些,在铜线电缆中的传播速率约为 2.3×10^5km/s,在光纤中的传播速率约为 2.0×10^5km/s。

信号传输速率(发送速率)和信号在信道上的传播速率是完全不同的概念。

(三)处理时延

主机与路由器收到一个分组后,需要分析该分组的首部与数据部分,要检查源地址与目的地址,要检查校验和,确定分组传输是否出错,这些处理需要的时间叫做处理时延。

(四)排队时延

路由器需要在每个输入、输出端口都设置一些缓冲区,用来存储输入等待处理的分组排队队列,以及处理、等待转发的分组队列。当分组从一个端口进入路由器等待处理,以及在输出队列中等待转发所需要的时间叫做排队时延。

这样数据在网络中的总时延就是

总时延 = 发送时延 + 传播时延 + 处理时延 + 排队时延

对于高速网络链路,提高的仅仅是数据的发送数率,而不是比特在链路上的传播速率。荷载信息的电磁波在通信线路上的传播速率与数据的发送速率并无关系。提高数据的发送速率只是减小了数据的发送时延。

第四节 计算机网络发展趋势

随着网络技术的不断发展,现阶段已经步入 Web2.0 的网络时代。这个阶段网络的发展更加复杂,人们与网络的联系更加紧密,除了通过计算机接入网络,还能从移动设备(如 iPhone)和电视机(如 Xbox Live 360)上感受到更多登录网络的愉悦。结合网络现状,我们总结未来计算机网络的发展趋势。

一、基于云技术

互联网将出现更多基于云技术的服务项目。据最近 Telecom Trends International 的研究报告表明,2015 年前云计算服务带来的营业收入将达到455 亿美元。国家科学基金会也在鼓励科学家们研制出更多有利于实现云计算服务的网络新技术,同时从资金上大力支持科学家们研发关于如何缩短云计算服务的延迟,以及提高云计算服务的计算性能等技术。

二、移动网络

移动网络是未来另一个发展前景巨大的网络应用。它已经在亚洲和欧洲的部分城市发展迅猛。苹果 iPhone 是美国市场移动网络的一个标志事件。这仅仅是个开始。在未来的10 年里将有更多的定位感知服务可通过移动设备来实现。例如,当你逛当地商场时,会收到很多你定制的购物优惠信息;或者当你在驾驶车的时候,收到地图信息。而大型的互联网公司,如 YAHOO 等,以及移动电话运营商都将成为主要的移动门户网站。

三、物联网

物联网是在计算机互联网的基础上,利用射频自动识别(Radio Frequency Identification, RFID,也称为电子标签)、无线数据通信等技术,构造一个覆盖世界上万事万物的“Internet of Things”。在这个网络中,物品(商品)能够彼此进行“交流”,而无需人的干预。物联网的发展,也是以移动技术为代表的普适计算和泛在网络发展的结果,带动的不仅仅是技术进步,而是通过应用创新进一步带动经济社会形态、创新形态的变革,塑造了知识社会的流体特性,推动面向知识社会的下一代创新形态的形成。移动及无线技术、物联网的发展,使得创新更加关注用户体验。用户体验成为下一代创新的核心。开放创新、共同创新、大众创新、用户创新成为知识社会环境下的创新新特征,技术更加展现其以人为本的一面,以人为本的创新随着物联网技术的发展成为现实。

四、本地化门户

随着互联网的快速发展以及互联网应用的日益丰富,人们的生活已变得越来越依赖互联网,从网上来获取各种关于本地生活信息也已经成为人们的习惯。作为人们获取本地生活信息的主要渠道,本地化门户网站在近几年的时间里得到了快速的发展。本地化门户是指整合本土信息的网络资源,更好地为当地网民服务的互联网门户网站。由于本地门户网站涉及的内容都是与人们生活息息相关的信息,这为其快速发展提供了巨大的用户市场和良好的发展环境,使得本地化门户行业保持着较快的速度发展。

五、RTT

RIT(Round - Trip Time)即往返时间。它是衡量网络性能的又一个重要指标。往返时间具体是指从发送方发送数据开始,到收到来自接收方的确认回应(接收方收到数据后立即发出确认)所经历的时间。通过后面章节内容的学习,我们将会了解往返时间对网络性能,尤其是对可靠通信中网络性能的影响。

第二章 局域网与广域网技术

第一节 局域网概述

一、局域网的定义与特点

(一)局域网的定义

局域网(local Area Network,LAN)是计算机网络的一种,它既具有一般计算机网络的特征,又具有自己的特征。为了完整的给出局域网的定义,通常使用两种方式。第一种是功能上的定义,将局域网定义为一组台式计算机和其他设备,在有限的地理范围内,通过传输媒体以允许用户相互通信和共享计算机资源的方式互联在一起的系统。这种局域网适用于公司、机关、校园、工厂等。另外一种是技术上的定义,由特定类型的传输媒体(如电缆、光缆和无线媒体)和网络适配器互联在一起的计算机,并受网络系统监控的系统。

(二)局域网的特点

不论是功能性定义还是技术性定义,总的来说,与广域网(Wide Area Network,WAN)相比,局域网具有以下的特点。

1.较小的地域范围

局域网仅用于办公室、机关、工厂、学校等内部联网,其范围没有严格的定义,但一般认为距离为0.1-25km。而广域网的分布是一个地区,一个国家乃至全球范围。

2.高传输速率和低误码率

局域网传输速率一般为10-1000Mb/s,万兆位局域网也已推出。而其误码率一般在$10^{-11}-10^{-8}$之间。

3.局域网一般为一个单位所建

局域网在单位或部门内部控制管理和使用,而广域网往往是面向一个行业或全社会服务。局域网一般是采用同轴电缆、双绞线等建立单位内部专用线,而广域网则较多租用公用线路或专用线路,如公用电话线、光纤、卫星等。

4.局域网与广域网侧重点不完全一样

局域网侧重共享信息的处理,而广域网一般侧重共享位置准确无误及传输的安全性。

二、局域网的分类与组成

(一)局域网的分类

按网络的通信方式,局域网可以分为3种:对等网、客户机/服务器网络、无盘工作站网。

1.对等网

对等网络非结构化地访问网络资源。对等网络中的每一台设备可以同时是客户机和服务器。网络中的所有设备可直接访问数据、软件和其他网络资源,它们没有层次的划分。

对等网主要针对一些小型企业,因为它不需要服务器,所以对等网成本较低。它可以使职员之间的资料免去用软盘复制的麻烦。

2.客户机/服务器网络

通常将基于服务器的网络称为客户机/服务器网络。网络中的计算机划分为服务器和客户机。这种网络引进了层次结构,它是为了适应网络规模增大所需的各种支持功能设计的。

客户机/服务器网络应用于大中型企业,利用它可以实现数据共享,对财务、人事等工作进行网络化管理,并可以进行网络会议。它还提供强大的Internet信息服务,如FTP、Web等。

3.无盘工作站网

无盘工作站顾名思义就是没有硬盘的计算机,是基于服务器网络的一种结构。无盘工作站利用网卡上的启动芯片与服务器连接,使用服务器的硬盘空间进行资源共享。

无盘工作站网可以实现客户机/服务器网络的所有功能,在它的工作站上,没有磁盘驱动器,但因为每台工作站都需要从“远程服务器”启动,所以对服务器、工作站以及网络组建的需求较高。由于其出色的稳定性、安全性,因此,一些对安全系数要求较高的企业常常采用这种结构。

(二)局域网的组成

局域网一般由服务器、工作站、网络接口设备、传输介质4个部分组成。

1.服务器

运行网络操作系统(NOS),提供硬盘、文件数据及打印机共享等服务功能,是网络控制的核心。从应用来说,配置较高的兼容机都可以用作服务器,但从提高网络的整体性能,尤其是从网络的系统稳定性来说，选用专用服务器更好。

服务器分为文件服务器、打印服务器、数据库服务器，在 Internet 上，还有 Web、FTP、E－mail 等专用服务器。

目前常见的 NOS 主要有 NetWare、Linux、UNIX 和 Windows NT/2000/2003 Server4 种，朝着能支持多种通信协议、多种网卡和工作站的方向发展。

2. 工作站

工作站可以有自己的操作系统，能独立工作。通过运行工作站网络软件，访问服务器共享资源，常见的有 DOS 工作站、Windows 系列工作站。

3. 网络接口设备

网络接口设备将工作站式服务器连到网络上，实现资源共享和相互通信，数据转换和电信号匹配。包括网卡和接口设备。网卡的主要性能指标有速率（10Mb/s、100Mb/s、10/100Mb/s 自适应、1000Mb/s）和传输介质接口类型。

4. 传输介质

目前常用的传输介质有双绞线、同轴电缆、光纤等，室内布线常用 5 类及超 5 类双绞线，而楼与楼之间用光纤连接。

三、局域网的体系结构

局域网络出现不久，其产品的数量和品种迅速增多。为了使不同厂商生产的网络设备之间具有兼容性、互换性和互操作性，以便让用户更灵活地进行设备选型，国际标准化组织开展了局域网的标准化工作。美国电气与电子工程师协会 IEEE（Institute of Electrical and E-lectronic Engineers）于 1980 年 2 月成立了局域网络标准化委员会（简称 IEEE 802 委员会），专门进行局域网标准的制定。经过多年的努力，IEEE 802 委员会公布了一系列标准，称为 IEEE 802 标准。

（一）局域网的参考模型

IEEE 802 标准所描述的局域网参考模型与 OSI 参考模型的关系如图 2－1 所示。局域网参考模型只对应于 OSI 参考模型的数据链路层与物理层，它将数据链路层划分为两个子层：逻辑链路控制（logical Link Control，LLC）子层与介质访问控制（Media Access Control，MAC）子层。

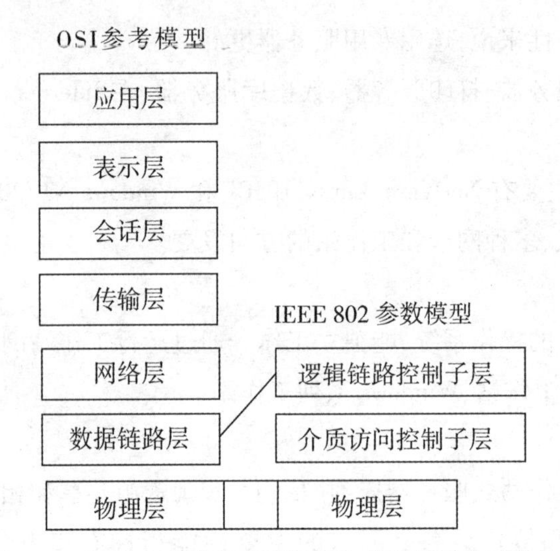

图 2－1 IEEE 802 参考模型与 OS1 参考模型的对应关系

1. 物理层

物理层涉及通信在信道上传输的原始比特流，它的主要作用是确保二进制位信号的正确传输，包括位流的正确传送与正确接收。这就是说，物理层必须保证在双方通信时，一方发送二进制“1”，另一方接收的也是“1”，而不是“0”。

2. 逻辑链路控制子层

逻辑链路控制(LLC)是数据链路层的一个功能子层。它构成了数据链路层的上半部，与网络层和 MAC 子层相邻。LLC 在 MAC 子层的支持下向网络层提供服务。可运行于所有 802 局域网和城域网协议之上的数据链路协议被称为逻辑链路控制(LLC)。LLC 子层与传输介质无关，它独立于介质访问控制方法，隐藏了各种 802 网络之间的差别，向网络层提供一个统一的格式和接口。LLC 子层的作用是在 MAC 子层提供的介质访问控制和物理层提供的比特服务的基础上，将不可靠的信道处理为可靠的信道，确保数据帧的正确传输。LLC 子层的具体功能包括：数据帧的组装与拆卸、帧的收发、差错控制、数据流控制和发送顺序控制等功能，并为网络层提供两种类型的服务：面向连接服务和无连接服务。

3. 介质访问控制子层

介质访问控制(MAC)也是数据链路层的一个功能子层。MAC 构成了数据链路层的下半部，它直接与物理层相邻。MAC 子层主要制定管理和分配信道的协议规范，换句话说，就是用来决定广播信道中信道分配的协议属于 MAC 子层。MAC 子层是与传输介质有关的一个数据链路层的功能子层，它的主要功能是进行合理的信道分配，解决信道竞争问题。它支持在 LLC 子层中完成介质访问控制功能，为竞争的用户分配信道使用权，并具有管理多链路的功能。MAC 子层为不同的物理介质定义了介质访问控制标准。目前，IEEE 802 已制定的介质访问控制标准有著名的带冲突检测的载波监听多路访问(CSMA/CD)、令牌环(Token Ring)和令牌总线(Token Bus)等。介质访问控制方法决定了局域网的主要性能，它对局域网的响应时间、吞吐量和网络利用率等都有十分重要的影响。

（二）IEEE 802 标准

1980 年 2 月 IEEE 成立了专门负责制定局域网标准的 IEEE 802 委员会。该委员会开发了一系列局域网和城域网标准，最广泛使用的标准是以太网家族、令牌环、无线局域网、虚拟网等。IEEE 802 委员会于 1984 年公布了五项标准 IEEE 802.1 - IEEE 802.5，随着局域网技术的迅速发展，新的局域网标准不断被推出，新的吉位以太网技术目前也已标准化。

IEEE 802 委员会为局域网制定的一系列标准，统称为 IEEE 802 标准。

四、局域网的传输介质与方式

（一）局域网的传输介质

常用的传输介质包括双绞线、同轴电缆和光导纤维，另外，还有通过大气的各种形式的电磁传播，如微波、红外线和激光等。

1. 双绞线

双绞线是把两根绝缘铜线拧成有规则的螺旋形。双绞线的抗干扰性较差，易受各种电信号的干扰，可靠性差。若把若干对双绞线集成一束，并用结实的保护外皮包住，就形成了典型的双绞线电缆。把多个线对扭在一块可以使各线对之间或其他电子噪声源的电磁干扰最小。

用于网络的双绞线和用于电话系统的双绞线是有差别的。

双绞线主要分为两类，即非屏蔽双绞线（Unshielded Twisted - Pair，UTP）和屏蔽双绞线（Shielded Twisted - Pair，STP）。

EIA/TIA 为非屏蔽双绞线制定了布线标准，该标准包括 5 类 UTP。

1 类线。可用于电 i 舌传输，但不适合数据传输，这一级电缆没有固定的性能要求。

2 类线。可用于电话传输和最高为 4Mb/s 的数据传输，包括 4 对双绞线。

3 类线。可用于最高为 10Mb/s 的数据传输，包括 4 对双绞线，常用于 10BaseT 以太网。

4 类线。可用于 16Mb/s 的令牌环网和大型 10BaseT 以太网，包括 4 对双绞线。其测试速度可达 20Mb/s。

5 类线。可用于 100Mb/s 的快速以太网，包括 4 对双绞线。

双绞线使用 RJ - 45 接头连接计算机的网卡或集线器等通信设备。

2. 同轴电缆

同轴电缆是由一根空心的外圆柱形的导体围绕着单根内导体构成的。内导体为实芯或多芯硬质铜线电缆，外导体为硬金属或金属网。内外导体之间有绝缘材料隔离，外导体外还有外皮套或屏蔽物。

同轴电缆可以用于长距离的电话网络，有线电视信号的传输通道以及计算机局域网络。50Ω 的同轴电缆可用于数字信号发送，称为基带；75Ω 的同轴电缆可用于频分多路转换的模拟信号发送，称为宽带。在抗干扰性方面，对于较高的频率，同轴电缆优于双绞线。

有 5 种不同的同轴电缆可用于计算机网络，如表 2－1 所示。

表 2－1　同轴电缆的类型

电缆类型	网络类型	电缆电阻/端接器(Ω)
RG－8	10Base5 以太网	50
RG－11	10Basc5 以太网	50
RG－58A/U	10Base2 以太网	50
RG－59U	ARCnet，有线电视网	75
RG－62A/U	ARCnet	93

3. 光缆

它是采用超纯的熔凝石英玻璃拉成的比人的头发丝还细的芯线。光纤通信就是通过光导纤维传递光脉冲进行通信的。一般的做法是在给定的频率下以光的出现和消失分别代表两个二进制数字，就像在电路中以通电和不通电表示二进制数一样。

光导纤维导芯外包一层玻璃同心层构成圆柱体，包层比导芯的折射率低，使光线全反射至导芯内，经过多次反射，达到传导光波的目的。每根光纤只能单向传送信号，因此，光缆中至少包括两条独立的导芯，一条发送，另一条接收。一根光缆可以包括二至数百根光纤，并用加强芯和填充物来提高机械强度。

光导纤维可以分为多模和单模两种。

(1) 只要到达光纤表面的光线入射角大于临界角，便产生全反射，因此，可以由多条入射角度不同的光线同时在一条光纤中传播，这种光纤称为多模光纤。

(2) 如果光纤导芯的直径小到只有一个光的波长，光纤就成了一种波导管，光线则不必经过多次反射式的传播，而是一直向前传播，这种光纤称为单模光纤。

在使用光导纤维的通信系统中采用两种不同的光源：发光二极管(LED)和注入式激光二极(ILD)。发光二极管当电流通过时产生可见光，价格便宜，多模光纤采用这种光源。注入式激光二极管产生的激光定向性好，用于单模光纤，价格昂贵。

光纤的很多优点使得它在远距离通信中起着重要作用，光纤有如下优点。

①有较大的带宽，通信容量大。

②传输速率高，能超过千兆位/秒。

③传输衰减小，连接的范围更广。

④不受外界电磁波的干扰，因而电磁绝缘性能好，适宜在电气干扰严重的环境中应用。

⑤光纤无串音干扰,不易被窃听和截取数据,因而安全保密性好。

目前,光缆通常用于高速的主干网络。

4. 无线介质

通过大气传输电磁波的三种主要技术是:微波、红外线和激光。这三种技术都需要在发送方和接收方之间有一条视线通路。

由于这些设备工作在高频范围内(微波工作在300MHz-300GHz),因此,有可能实现很高的数据的传输率。

在几公里范围内,无线传输有每秒几兆比等的数据传输率。

红外线和激光都对环境干扰特别敏感,对环境干扰不敏感的要算微波。微波的方向性要求不强,因此,存在着窃听、插入和干扰等一系列不安全问题。

(二)局域网的传输方式

局域网中使用的传输方式有基带和宽带两种。基带用于数字信号传输,常用的传输介质有双绞线或同轴电缆,宽带用于无线电频率范围内的模拟信号的传输,常用同轴电缆。表2-2给出了这两种传输方式的比较。

表2-2 基带、宽带传输方式比较

基带	宽带
数字信号传输	模拟信号的传输(需用Modem)
全部带宽用于单路信道传输	使用FDM技术,多路信道复用
双向传输	单向传输
总线型拓扑	总线型或树型拓扑
距离达数公里	距离达数十公里

1. 基带系统

使用数字信号传输的LAN定义为基带LAN。数字信号通常采用曼彻斯特编码传输,介质的整个带宽用于单信道的信号传输,不采用频分多路复用技术。数字信号传输要求用总线型拓扑,因为数字信号不易通过树型拓扑所要求的分裂器和连接器。基带系统只能延伸数公里的距离,因为信号的衰减会引起脉冲减弱和模糊,以致无法实现更大距离上的通信。基带传输是双向的,介质上任意一点加入的信号沿两个方向传输到两端的端接器(即终端接收阻抗器),并在那里被吸收,如图2-2所示。

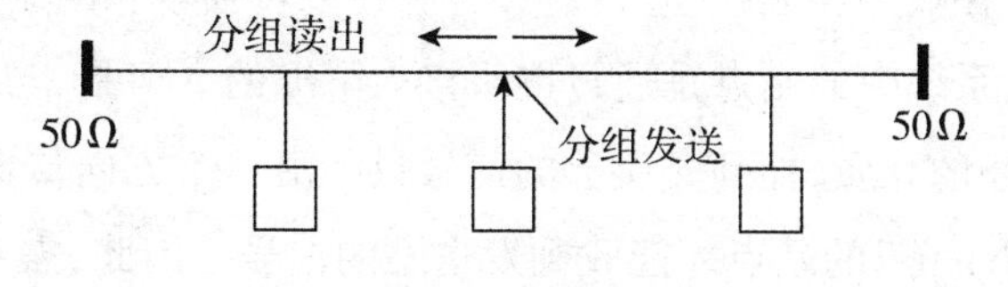

图2-2 双向基带系统

总线 LAN 常采用 50Ω 的基带同轴电缆。对于数字信号来说,50Ω 电缆受到来自接头插入容抗的反射不那么强,而且对低频电磁噪声有较好的抗干扰性。最简单的基带同轴电缆 LAN 由一段无分支的同轴电缆构成,两端接有防反射的端接器,推荐的最大长度为 500m。站点通过接头接入主电缆,任何两接头间的距离为 2.5m 的整倍数,这是为了保证来自相邻接头的反射在相位上不致于叠加。推荐的最多接头数目为 100 个,每个接头包括 1 个收发器,其中包含发送和接收用的电子线路。

为了延伸网络的长度,可以采用中继器。中继器由组合在一起的两个收发器组成,连到不同的两段同轴电缆上。中继器在两段电缆间向两个方向传送数字信号,在信号通过时将信号放大和复原。因而,中继器对于系统的其余部分来说是透明的。由于中继器不做缓冲存储操作,所以并没有将两段电缆隔开,因此,如果不同段上的两个站同时发送的话,它们的分组将互相干扰(冲突)。为了避免多路径的干扰,在任何两个站之间只允许有 1 条包含分段和中继器的路径。IEEE 802 标准中,在任何两个站之间的路径中最多只允许有 4 个中继器,这就将有效的电缆长度延伸到 2.5km。图 2－3 是一个具有 3 个分段和两个中继器的基带系统例子。

双绞线基带 LAN 用于低成本、低性能要求的场合,比绞线安装容易,但往往限制在 1km 以内,数据速率为 1Mb/s－10Mb/s。

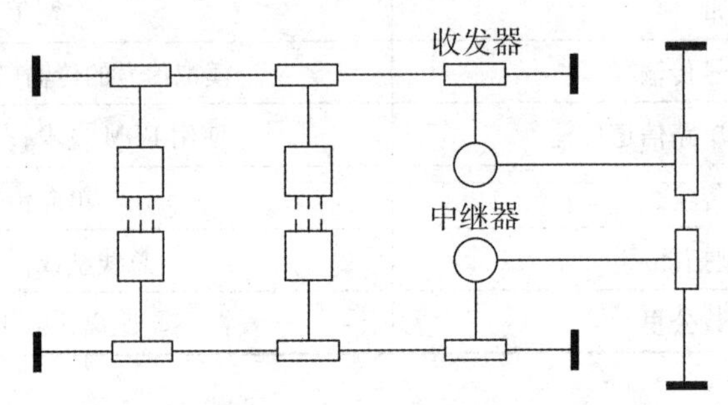

图 2－3　带中继器的基带系统

2. 宽带系统

在 LAN 范围内,宽带一般用于传输模拟信号,这些模拟载波信号工作在高频范圃(通常为 10MHz－400MHz),因而可用 FDM 技术把宽带电缆的带宽分成多个信道或频段。宽带系统采用总线型/树型拓扑结构,可以达到比基带大得多的传输距离(达数十千米),因为携带数字数据的模拟信号,在噪声和衰减损失数据之前,可以传播较长的距离。

宽带同基带一样,系统中的站点是通过搠头接入电缆的。但是,与基带不同的是宽带本质上是一种单方向传输的介质,加到介质上的信号只能沿一个方向传播。这种单向性质,意味着只有处于发送站“下游”的站点才能收到发送站的信号。因此,需有两条数据路径,这些路径在网络的端头处接在一起。对于总线型拓扑,端头就是总线的一端;对于树型拓扑,端头是具有分枝的树根。所有站沿一条数据路径(入径)向端头传输,在端头接收到的信号,再沿另一条数据路径(出径)离开端头传输,所有的站点都在出径上接收。

第二节 以太网

一、以太网概述

以太网(Ethernet)是基于总线型的广播式网络,采用 CSMA/CD 介质访问控制方法,在已有的局域网标准中,它是最成功的局域网技术,也是当前应用最广泛的一种局域网。以太网最早是 1975 年由美国 Xerox(施乐)公司研制成功,以历史上表示传播电磁波的以太(Ether)命名的网络。以太网最初采用总线型结构,用无源介质(如同轴电缆)作为总线来传输信息,现在也采用星型结构。以太网费用低廉,便于安装,操作方便,因此得到广泛应用。

从它的应用领域来看,以太网不仅是局域网的主流技术,而且采用以太网技术组建城域网也已成熟。在我国以太网技术正在进入家庭联网领域。所以无论从计算机网络发展的历史,还是从网络技术未来发展的前景看,都不难得出这样的结论:以太网技术是极为重要的,它不仅是局域网和城域网的主流技术,而且以太网技术在广域网的应用方面也将发挥它的作用。

(一)以太网的产生与发展

我们今天所知道的以太网是 Xerox 公司创立的,1973 年 Xerox 公司的工程师 Metcalfe 将它们建立的局域网络命名为以太网(Ethernet),其灵感来自“电磁辐射是可以通过发光的以太来传播的”这一想法。1980 年 DEC、Intel 和 Xerox 三家公司公布了以太网蓝皮书,也称为 DIX(三家公司名字的首字母)版以太网 1.0 规范。

在 DIX 开展以太网标准化工作的同时,世界性专业组织 IEEE 组成一个定义与促进工业 LAN 标准的委员会,并以办公室环境为主要目标,该委员会名叫 802 工程。DIX 集团虽已推出了以太网规范,但还不是国际公认的标准,所以在 1981 年 6 月,IEEE 802 工程决定组成 802.3 分委员会,以产生基于 DIX 工作成果的国际公认标准。一年半以后,即 1982 年 12 月 19 日,19 个公司宣布了新的 IEEE 802.3 草稿标准。1983 年该草稿最终以 IEEE 10Base-5 形式面世。802.3 与 DIX 以太网 2.0 在技术上是有差别的,不过这种差别甚微。今天的以太网和 802.3 可以认为是同义词。紧接着出现的技术是细缆以太网,定为 10 Base-2,它比 10 Base-5 所使用的粗缆技术有很多优点:不需要外加收发器和收发器电缆,价格便宜,且安装和使用更为方便。

接着发生的两件大事使得以太网再度掀起高潮：一是 1985 年 Novell 开始提交 NetWare，这是一个专为 IBM 兼容个人计算机联网用的高性能操作系统；二是 10Base－T，一个能在无屏蔽双绞线上全速以 10Mb/s 运行的以太网。它使结构化布线成为可能，用单根线将每节点连到中央集线器上（这是对传统星型结构的突破〉。这样显然在安装、排除故障、重建结构上有许多优点，从而使安装费用和整个网络的成本下降。

在 20 世纪 80 年代末，有以下三个市场因素驱动网络基础结构向前发展。

①越来越多的 PC 加入到网络之中，导致网络流量水平上扬。

②市场上 PC 的销量越来越大，速度也越来越快。

③大量以太网 LAN 正在进行连接。由于以太网的共享介质技术能使这些不同的 LAN 连接起来，从而导致信息流量猛增。这些需求导致了快速型以太网和交换式以太网的产生。100Base－T 以太网已列为 IEEE 802 标准，千兆以太网已有产品陆续上市。

（二）以太网的体系结构

以太网只涉及 OSI 的物理层和数据链路层，它和 OSI 参考模型的关系如图 2－4 所示。

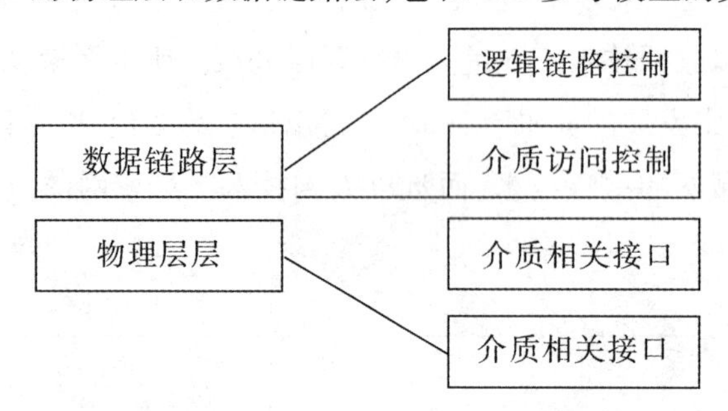

图 2－4　以太网和 OSI 参考模型的对照

以太网结构中，数据链路层被分割为两个子层，即介质访问控制子层（MAC）和逻辑链路控制子层（LLC）。这是因为在传统的数据链路控制中缺少对包含多个源地址和多个目的地址的链路进行访问管理所需的逻辑控制，因此，在 LLC 不变的情况下，只需改变 MAC 便能够适应不同的介质和访问方法，LLC 与介质材料相对无关。

除数据链路层分割为两个子层外，物理层确定了两个接口，即介质相关接口（MDI）和连接单元接口（AUI）。MDI 随介质而改变，但不影响 LLC 和 MAC 的工作。AUI 是在粗缆 Ethernet 的收发器电缆，在细缆和 10Base－T 情况下，AUI 已不复存在。

二、传统以太网

目前，以太网的数据率已达到每秒百兆比特、吉比特甚至 10 吉比特，因此，通常用“传统以太网”来表示最早进入市场的 10Mb/s 的以太网。

(一)10Base－5

10Base－5 是总线型粗同轴电缆以太网(或称标准以太网)的简略标识符,是基于粗同轴电缆介质的原始以太网系统。目前由于 10Base－T 技术的广泛应用,在新建的局域网中,10Base－5 很少被采用,但有时 10Base－5 还会用作连接集线器(Hub)的主干网段。

10Base－5 的含义是:“10”表示传输速率为 10Mb/s;“Base”是 Baseband(基带)的缩写,表示 10Base－5 使用基带传输技术;“5”指的是最大电缆段的长度为 5×100m。10Base－5 标准中规定的网络指标和参数见表 2－3。

表 2－3　几种以太网络的指示和参数

参数	网络			
	10Base－2	10Base－5	10Base－T	10Base－F
网段最大长度	185m	500m	100m	2000m
网络最大长度	925m	2500m	4 个集线器	2 个光集线器
网站间最小距离	0.5m	2.5m		
网段的最多节点数	30	100		
拓扑结构	总线型	总线型	星型	星型
传输介质	细同轴电缆	粗同轴电缆	3 类 UTP	多模光纤
连接器	BNC－T	AUI	RJ－45	ST 或 SC
最多网段数	5	5	5	3

10Base－5 网络所使用的硬件有:

①带有 AUI 插座的以太网卡。它插在计算机的扩展槽中,使该计算机成为网络的一个节点,以便连接入网。

②50Ω 粗同轴电缆。这是 10Base－5 网络定义的传输介质。

③外部收发器。两端连接粗同轴电缆,中间经 AUI 接口由收发器电缆连接网卡。

④收发器电缆。两头带有 AUI 接头,用于外部收发器与网卡之间的连接。

⑤50Ω 终端匹配器。电缆两端各接一个终端匹配器,用于阻止电缆上的信号散射。

(二)10Base－2

10Base－2 是总线型细同轴电缆以太网的简略标识符。它是以太网支持的第二类传输介质。10Base－2 使用 50Ω 细同轴电缆作为传输介质,组成总线型网。细同轴电缆系统不需要外部的收发器和收发器电缆,减少了网络开销,素有“廉价网”的美称,这也是它曾被广泛应用的原因之一。目前由于大部分新建局域网都使用 10Base－T 技术,安装细同轴电缆的已不多见,但是在一个计算机比较集中的计算机网络实验室,为了便于安装、节省投资,仍可采用这种技术。

10Base－2 中 10Base 的含义与 10Base－5 完全相同。“2”指的是最大电缆段的长度为 2×100m(实际是 185m)。10Base－2 标准中规定的网络指标和参数见表 2－3。根据 10Base－2 网络的总体规模,它可以分割为若干个网段,每个网段的两端要用 50Ω 的终端匹配器端接,同时要有一端接地。

10Base－2 网络所使用的硬件有:

①带有 BNC 插座的以太网卡(使用网卡内部收发器)。它插在计算机的扩展槽中,使该计算机成为网络的一个节点,以便连接入网。

②50Ω 细同轴电缆。这是 10Base－2 网络定义的传输介质。

③BNC 连接器。用于细同轴电缆与 T 型连接器的连接。

④50Ω 终端匹配器。电缆两端各接一个终端匹配器,用于阻止电缆上的信号散射。

(三)10Base－T

1990 年,IEEE 802 标准化委员会公布了 10Mb/s 双绞线以太网标准 10Base－T。该标准规定在无屏蔽双绞线(UTP)介质上提供 10Mb/s 的数据传输速率。每个网络站点都需要通过无屏蔽双绞线连接到一个中心设备 Hub 上,构成星型拓扑结构。

10Base－T 双绞线以太网系统操作在两对 3 类无屏蔽双绞线上,一对用于发送信号,另一对用于接收信号。为了改善信号的传输特性和信道的抗干扰能力,每一对线必须绞在一起。双绞线以太网系统具有技术简单、价格低廉、可靠性高、易实现综合布线和易于管理、维护、易升级等优点。正因为它比 10Base－5 和 10Base－2 技术有更大的优越性,所以 10Base－T 技术一经问世,就成为连接桌面系统最流行、应用最广泛的局域网技术。

与采用同轴电缆的以太网相比,10Base－T 网络更适合在已铺设布线系统的办公大楼环境中使用。因为在典型的办公大楼中,95% 以上的办公室与配电室的距离不超过 100m。同时,10Base－T 网络采用的是与电话交换系统相一致的星型结构,可容易地实现网络线与电话线的综合布线。这就使得 10Base－T 网络的安装和维护简单易行且费用低廉。此外,10Base－T 采用了 RJ－45 连接器,使网络连接比较可靠。10Base－T 标准中规定的网络指标和参数见表 2－3。

10Base－T 网络所使用的硬件有:

①带有 RJ－45 插座的以太网卡。它插在计算机的扩展槽中,使该计算机成为网络的一个节点,以便连接入网。

②3 类以上的 UTP 电缆(双绞线)。这是 10Base－T 网络定义的传输介质。

③RJ－45 连接器。电缆两端各压接一个 RJ－45 连接器,一端连接网卡,另一端连接集线器。

④10Base－T 集线器。

(四)10Base－F

10Base－F 是 10Mb/s 光纤以太网，它使用多模光纤作为传输介质，在介质上传输的是光信号而不是电信号。因此，10BaSeF 具有传输距离长、安全可靠、可避免电击的危险等优点。由于光纤介质适宜连接相距较远的站点，所以 10Base－F 常用于建筑物间的连接。它能够构建园区主干网，并能实现工作组级局域网与主干网的连接。10Base－F 标准中规定的网络指标和参数见表 2－3。因为光信号传输的特点是单方向，适合于端一端式通信，因此，10Base－F 以太网络呈星型结构。

光纤的一端与光收发器(光 Hub)连接，另一端与网卡连接。根据网卡的不同，光纤与网卡有两种连接方法：

①把光纤直接通过 ST 或 SC 接头连接到可处理光信号的网卡(此类网卡是把光纤收发器内置于网卡中的)上。

②通过外置光收发器连接，即光纤外收发器一端通过 AUI 接口连接电信号网卡，另一端通过 ST 或 SC 接头与光纤连接。

采用光/电转换设备也可将粗、细电缆网段与光缆网段组合在一个网中。

三、高速局域网

传统以太网(Ethernet)的数据传输速率是 10Mb/s，若局域网那个中有 N 个节点，那么每个节点平均能分配到的带宽为(10/N)Mb/s。随着网络规模的不断扩大，节点数目的不断增加，平均分配到各节点的带宽将越来越少，这使得网络效率急剧下降。解决得办法是提高网络的数据传输速率，把速率达到或超过 100Mb/s 的局域网成为高速局域网。

(一)快速以太网

1993 年，IEEE 802 委员会将 100Base－T 的快速以太网定为正式的国际标准 IEEE 802.3u。作为对 IEEE 802.3 的补充。它是一个很像标准以太网，但比它快 10 倍的以太网，故称为快速以太网(Fast Ethernet)。100Base－T 的网络拓扑结构和工作模式类似于 10Mb/s 的星型拓扑结构，介质访问控制仍采用 CSMA/CD 方法。100Base－T 的一个显著特点是它尽可能地采用了 IEEE 802.3 以太网的成熟技术，因而很容易被移植到传统以太网的环境中。

100Base－T 和传统以太网的不同之处在于物理层。原 10Mb/s 以太网的附属单元接口由新的媒体无关接口所代替，接口下采用的物理媒体也相应地发生了变化。为了方便用户网络从 10Mb/s 升级到 100Mb/s，100Base－T 标准还包括有自动速度侦听功能。这个功能使一个适配器或交换机能以 10Mb/s 和 100Mb/s 两种速度发送，并以另一端的设备所能达到的最快速度进行工作。同时也只有交换机端口才可以支持双工高速传输。

IEEE 802.3u 新标准还规定了以下 3 种不同的物理层标准。

100Base－TX：支持两对五类非屏蔽双绞线（UTP）或两对一类屏蔽双绞线（STP）。一对五类 UTP 或一对一类 STP 用于发送，而另一对双绞线用于接受。因此，100Base－TX 是一个全双工系统，每个节点可以同时以 100Mb/s 的速率发送与接收数据。

100BaSe－T4：支持四对三类非屏蔽双绞线，其中三对用于数据传输，一对用于冲突检测。

100Base－FX：支持二芯的多模或单模光纤。100Base－FX 主要是用于高速主干网，从节点到集线器的距离可以达到 2km，它是一种全双工系统。

（二）千兆位以太网

10Mb/s 和 100Mb/s 以太网在 20 世纪 80 年代和 90 年代主宰了网络市场，现在千兆位以太网已经向我们走来，有人预测，它会在 21 世纪独领风骚。现在，千兆位以太网标准 IEEE 802.3z 已顺利进入标准制定阶段，1996 年 7 月，IEEE 802.3 工作组成立了 802.3z 千兆位以太网特别小组。它的主要目标是制定一个千兆位以太网标准，这项标准的主要任务如下：

①允许以 1000Mb/s 的速度进行半双工和全双工操作。

②使用 802.3 以太网帧格式。

③使用 CSMA/CD 访问方式，提供为每个冲突域分配一个转发器的支持。

④使用 10Base－T 和 100Base－T 技术，提供向后兼容性。

在连接距离方面，特别小组确定了三个具体目标：最长 550m 的多模式光纤链接；最长 3km 的单模式光纤链接以及至少为 25m 的基于铜缆的链接。目前，IEEE 正积极探索可在 5 类非屏蔽双绞线（UTP）上支持至少 100m 连接距离的技术。

千兆位以太网将显著增加带宽，并通过与现有的 10/100Mb/s 以太网标准的向后兼容能力，提供卓越的投资保护。目前各大网络公司都在推出自己的千兆以太网技术。

1000Base－T 标准可以支持多种传输介质。

（三）万兆位以大网

随着网络应用的快速发展，高分辨率图像、视频和其他大数据量的数据类型都需要在网上传输，促使对带宽的需求日益增长，并对计算机、服务器、集线器和交换机造成越来越大的压力。

1999 年 3 月开始，经过 3 年多的工作，IEEE 协会在 2002 年 6 月 12 日，批准了 10Gb/s 以太网的正式标准——802.3ae，全称是“10Gb/s 工作的介质接入控制参数、物理层和管理参数”。万兆位以太网是在以太网技术的基础上发展起来的，是一种“高速”以太网技术，它适用于新型的网络结构，能够实现全网技术统一。这种以太网采用 IEEE 802.3 以太网介质访问控制（MAC）协议、帧格式和帧长度。万兆位以太网与快速以太网和千兆以太网一样，是全双工的，因此，它本身没有距离限制。它的优点是减少了网络的复杂性，兼容现有的局域网技术并将其扩展到广域网，同时有望降低系统费用，并提供更快、更新的数据业务。

不过，因为工作速率大大提高，适用范围有了很大的变化，所以它与原来的以太网技术相比也有很大的差异，主要表现在物理层实现方式、帧格式和 MAC 的工作速率及适配策略方面。

10Gb/s 局域以太网物理层的特点是：支持 802.3MAC 全双工工作方式，允许以太网复用设备同时携带 10 路 1Gb/s 信号，帧格式与以太网的帧格式一致，工作速率为 10Gb/s。

10Gb/s 局域网可用最小的代价升级现有的局域网，并与 10/100/1000Mb/s 兼容，使局域网的网络范围最大达到 40km。

10Gb/s 广域网物理层的特点是采用 OC - 192C 帧格式在线路上传输，传输速率为 9.58464Gb/s，所以 10Gb/s 广域以太网 MAC 层必须有速率匹配功能。当物理介质采用单模光纤时，传输距离可达 300km；采用多模光纤时，可达 40km。10Gb/s 广域网物理层还可选择多种编码方式。

在帧格式方面，由于万兆位以太网实质是高速以太网，因此，为了与以前的所有以太网兼容，必须采用以太网的帧格式承载业务。为了达到 10Gb/s 的高速率，并实现与骨干网无缝连接，在线路上采用 OC - 192c 帧格式传输。

万兆位以太网标准包括 10GBase - X、10GBase - R 和 10GBase - W3 种类型。10GBase - X 使用一种特紧凑包装，含有 1 个较简单的 WDM 器件、4 个接收器和 4 个在 1300nm 波长附近以大约 25mn 为间隔工作的激光器，每一对发送器/接收器在 3.125Gb/s 速度（数据流速度为 2.5Gb/s）下工作；10GBase - R 是一种使用 64B/66B 编码（不是在千兆以太网中所用的 8B/10B）的串行接口，数据流为 10.000Gb/s，因而产生的时钟速率为 10.3Gb/s；100Base - W 是广域网接口，与 SONETOC - 192 兼容，其时钟为 9.953Gb/s，数据流为 9.585Gb/s。

万兆位以太网最主要的特点包括：

①保留 802.3 以太网的帧格式。

②保留 802.3 以太网的最大帧长和最小帧长。

③只使用全双工工作方式，彻底改变了传统以太网的半双工的广播工作方式。

④使用光纤作为传输介质（而不使用铜线）。

⑤使用点到点链路，支持星型结构的局域网。

⑥数据率非常高，不直接和端用户相连。

⑦创造了新的光物理介质相关（PMD）子层。

总之,万兆位以太网技术基本上承袭了过去的以太网、快速以太网及千兆以太网技术,因此,在用户普及率、使用的方便性、网络的互操作性及简易性上都占有很大的引进优势。在升级到万兆位以太网解决方案时,用户无需担心既有的程序或服务是否会受到影响,因此,升级的风险是非常低的。这不仅在以往的以太网升级到千兆以太网中得到了体现,同时在未来升级到万兆位以太网,甚至4万兆(40Gb/s)、10万兆(100Gb/s)以太网时,都将是一个明显的优势,这也意味着未来一定会有广阔的市场前景。

(四)其他高速局域网

1. 光纤分布式数据接口(FDDI)

光纤由于其众多的优越特性,在数据通信中得到了日益广泛的应用。用光纤作为媒体的局域网技术主要是光纤分布数据接口(Fiber Distributed Data Interface,FDDI)。FDDI以光纤作为传输媒体,它的逻辑拓扑结构是一个环,更确切地说是逻辑计数循环(logical Counter Rotating Ring),它的物理拓扑结构可以是环型、带树型的环或带星型的环。

FDDI的数据传输速率可高达100Mb/s,覆盖的范围可达几公里。FDDI可以在主机与外设之间、主机与主机之间、主干网与IEEE 802低速网之间提供高带宽和通用目的的互联。FDDI采用了IEEE 802体系结构,其数据链路层中的MAC子层可以执行在IEEE 802标准定义的LLC操作。

2. 高性能并行接口(HIPPI)

高性能并行接口(High - Performance Parallel Interface,HIPPI)主要用于超级计算机与一些外围设备(如海量存储器、图形工作站等)的高速接口。1987年设计的HIPPI的数据传送标准是800Mb/s。这是因为对于1024×1024像素的画面,若每个像素使用24bit的色彩编码和每秒30个画面,则总的数据率为750Mb/s。之后,又制定了1600Mb/s和6,4Gb/s的数据率标准,HIPPI是一个ANSI标准。

第三节 交换式局域网与虚拟局域网

一、交换式局域网

在传统的共享介质局域网中,所有节点共享一条公共通信传输介质,不可避免将会有冲突发生。随着局域网规模的扩大,网中节点数的不断增加,每个节点平均能分配到的带宽越来越少。因此,当网络通信负荷加重时,冲突与重发现象将大量发生,网络效率将会急剧下降。为了克服网络规模与网络性能之间的矛盾,人们提出将共享介质方式改为交换方式,从而促进了交换式局域网的发展。

(一)交换式局域网的结构

交换式局域网是指以数据链路层的帧或更小的数据单元(信元)为数据交换单位,以交换设备为基础构成的网络。

提高网络效率、减少拥塞有多种方案,如利用网桥/路由器将现有网络分段,采用快速以太网等,而利用交换机的交换式网络技术则被广为使用。以太网交换机也称为以太网络交换机,具体到设备,就是交换式集线器或称交换机。它的功能与网桥相似,但速度更快。交换机提供多端口,通常拥有一个共享内存交换矩阵,用来将 LAN 分成多个独立冲突段并以全线速度提供这些段间互连。数据帧直接从一个物理端口送到另一个物理端口,在用户间提供并行通信,允许多对用户同时进行传送,例如,一个 24 端口交换机可支持 24 个网络节点的两对链路间的通信。这样实际上达到了增加网络带宽的目的。这种工作方式类似于电话交换机,其连接方式为星型方式,如图 2-5 所示。

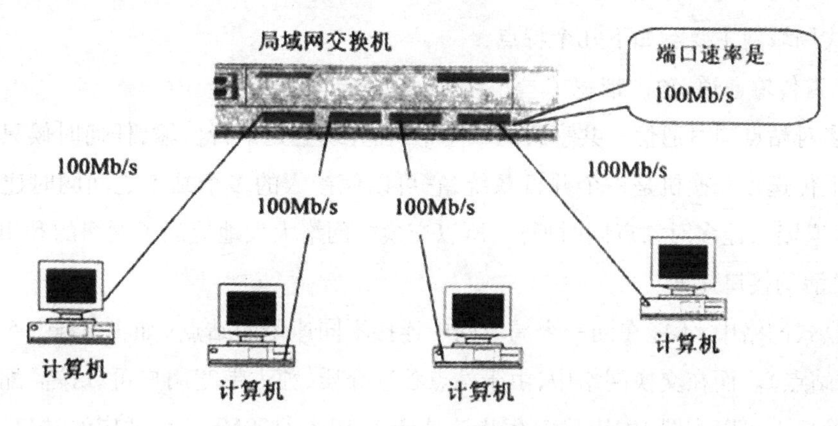

图 2-5　交换式局域网

交换式局域网的核心设备是局域网交换机,局域网交换机可以在它的多个端口之间建立多个并发连接。典型的交换式局域网是交换式以太网,它的核心部件是以太网交换机。以太网交换机可以有多个端口,每个端口可以单独与一个节点连接,也可以与一个共享介质式的以太网集线器(Hub)连接。如果一个端口只连接一个节点,那么这个节点就可以独占 10Mb/s 的带宽,这类端口通常被称作“专用 10Mb/s 端口”;如果一个端口连接一个以太网集线器,那么这个端口将被以太网中的多个节点所共享,这类端口被称为“共享 10Mb/s 端口”。典型的交换式以太网的结构如图 2-6 所示。

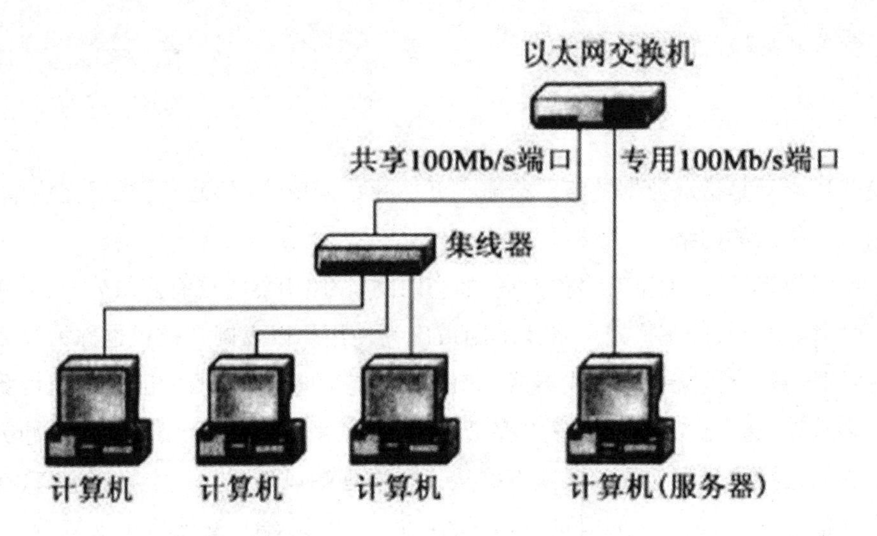

图 2-6　交换式以太网的结构

2. 交换式局域网的特点

交换式局域网主要有如下几个特点:

(1)独占传输通道,独占带宽

允许多对站点同时通信。共享式局域网中,在介质上是串行传输,任何时候只允许一个帧在介质上传送。交换机是一个并行系统,它可以使接入的多个站点之间同时建立多条通信链路(虚连接),让多对站点同时通信,所以交换式网络大大地提高了网络的利用率。

(2)灵活的接口速度

在共享式网络中,不能在同一个局域网中连接不同速率的站点(如 10Base-5 仅能连接 10Mb/s 的站点)。而在交换网络中,由于站点独享介质,独占带宽用户可以按需配置端口速率。在交换机上可以配置 10Mb/s、100Mb/s 或者 10Mb/s/100Mb/s 自适应的端口,用于连接不同速率的站点,接口速度有很大的灵活性。

(3)高度的可扩充性和网络延展性

大容量交换机有很高的网络扩展能力,而独享带宽的特性使扩展网络没有带宽下降的后顾之忧。因此,交换式网络可以构建一个大规模的网络,如大的企业网、校园网或城域网。

(4)易于管理、便于调整网络负载的分布,有效地利用网络带宽

交换网可以构造“虚拟网络”,通过网络管理功能或其他软件可以按业务或其他规则把网络站点分为若干个逻辑工作组,每一个工作组就是一个虚拟网(VLAN)。虚拟网的构成与站点所在的物理位置无关。这样可以方便地调整网络负载的分布,提高带宽利用率。

(5)交换式局域网可以与现有网络兼容

如交换式以太网与以太网和快速以太网完全兼容,它们能够实现无缝连接。

(6)互联不同标准的局域网

局域网交换机具有自动转换帧格式的功能,因此,它能够互联不同标准的局域网,如在一台交换机上能集成以太网、FDDI 和 ATM。

(三)局域网交换机的工作原理

典型的局域网交换机是以太网交换机。以太网交换机可以通过交换机端口之间的多个并发连接,实现多节点之间数据的并发传输。这种并发数据传输方式与共享式以太网在某一时刻只允许一个节点占用共享信道的方式完全不同。

1. 以太网交换机的工作过程

典型的交换机结构与工作过程如图 2 -7 所示。

图 2 -7 中的交换机有 6 个端口,其中端口 1、4、5、6 分别连接了节点 A、节点 B、节点 C 和节点 D。于是,交换机"端口/MAC 地址映射表"就可以根据以上端口与节点 MAC 地址的对应关系建立起来。

当节点 A 需要向节点 C 发送信息时,节点 A 首先将目的 MAC 地址指向节点 C 的帧发往交换机端口 1。交换机接收该帧,并在检测到目的 MAC 地址后,在交换机的"端口/MAC 地址映射表"中查找节点 C 所连接的端口号。一旦查到节点 C 所连接的端口号 5,交换机将在端口 1 与端口 5 之间建立连接,将信息转发到端口 5。

与此同时,节点 D 需要向节点 B 发送信息。于是,交换机的端口 6 与端口 4 也建立一条连接,并将端口 6 接收到的信息转发至端口 4。

这样,交换机在端口 1 至端口 5 和端口 6 至端口 4 之间建立了两条并发的连接。节点 A 和节点 D 可以同时发送信息,接入交换机端口 5 的节点 C 和接入交换机端口 4 的节点 B 可以同时接收信息。根据需要,交换机的各端口之间可以建立多条并发连接。交换机利用这些并发连接,对通过交换机的数据信息进行转发和交换。

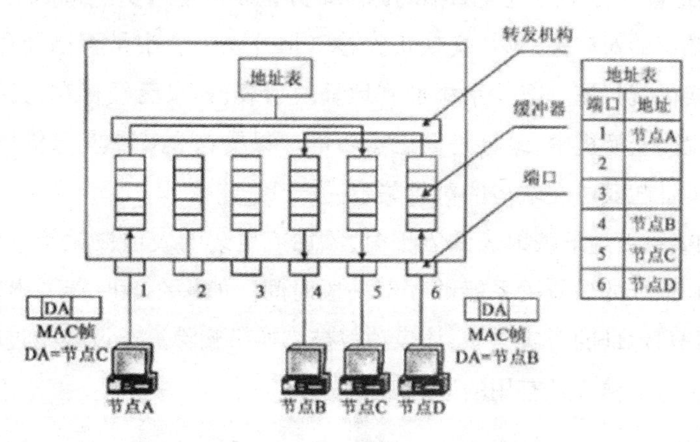

图 2 -7 交换机的结构与工作过程

2. 交换机的帧转发方式

以太网交换机的帧转发方式可以分为以下三类。

(1)直接交换方式。在直接交换方式中,交换机只要接收并检测到目的地址字段,立即将该帧转发出去,而不管这一帧数据是否出错。帧出错检测任务由节点主机完成。这种交换方式的优点是交换延迟时间短;缺点是缺乏差错检测能力,不支持不同输入输出速率的端口之间的帧转发。

(2)存储转发交换方式。在存储转发方式中,交换机首先完整的接收发送帧,并先进行差错检测。如果接收帧是正确的,则根据帧目的地址确定输出端口号,然后再转发出去。这种交换方式的优点是具有帧差错检测能力,并能支持不同输入输出速率的端口之间的帧转发,缺点是交换延迟时间将会增长。

(3)改进直接交换方式。改进的直接交换方式则将二者结合起来,它在接收到帧的前64 字节后,判断以太网帧的帧头字段是否正确,若是正确的则转发出去。此方法对于短的以太网帧来说,其交换延迟时间与直接交换方式比较接近;而对于长的以太网帧来说,由于它只对帧的地址字段与控制字段进行了差错检测,因此交换延迟时间将会减少。

3. 地址学习

以太网交换机利用"端口/MAC 地址映射表"进行信息的交换,因此,"端口/MAC 地址映射表"的建立和维护显得相当重要。一旦地址映射表出现问题,就可能造成信息转发错误。那么,交换机中的"端口/MAC 地址映射表"是怎样建立和维护的呢? 这里有两个问题需要解决,一是交换机如何知道哪台计算机连接到哪个端口;二是当计算机在交换机的端口之间移动时,交换机如何维护地址映射表。显然,通过人工建立交换机的地址映射表是不切实际的,交换机应该自动建立地址映射表。

通常,以太网交换机利用"地址学习"法来动态建立和维护"端口/MAC 地址映射表"。以太网交换机的地址学习是通过读取帧的源地址并记录帧进入交换机的端口进行的。当得到 MAC 地址与端口的对应关系后,交换机将检查地址映射表中是否已经存在该对应关系。如果不存在,交换机就将该对应关系添加到地址映射表;如果已经存在,交换机将更新该表项。因此,在以太网交瘓机中,地址是动态学习的。只要这个节点发送信息,交换机就能捕获到它的 MAC 地址与其所在端口的对应关系。

在每次添加或更新地址映射表的表项时,添加或更改的表项被赋予一个计时器。这使得该端口与 MAC 地址的对应关系能够存储一段时间。如果在计时器溢出之前没有再次捕获到该端口与 MAC 地址的对应关系,该表项将被交换机删除。通过移走过时的或老化的表项,交换机维护了一个精确且有用的地址映射表。

4. 生成树协议

生成树协议(Spanning Tree Protocol,STP)是网桥或交换机使用的协议,在后台运行,用于阻止网络第二层上产生回路(1oop)。STP 一直监视着网络,找出所有的链路并关闭多余的链路,保证不产生回路。

STP 首先选择一个根网桥,这个根网桥将决定网络拓扑。对任何一个已知网络,只能有一个根网桥。根网桥端口是指定端口,指定端口运行在转发状态。转发状态的端口收发信息。如果在网络中还有其他交换机,都是非根网桥。到根网桥代价最小的端口称为指定端口,它们收发信息。代价由链路带宽决定。

被确定到根网桥有最小代价路径的端口称为指定端口,也称为转发端口,和根网桥端口一样,也运行在转发状态。网桥上的其他端口称为非指定端口,不收发信息,处于阻塞(Block)状态。

(1)生成树端口状态。生成树端口状态有以下四种状态:

阻塞。不转发帧,监听 BPDU(网桥之间必须要进行一些信息的交流,这些信息交流单元就称为配置消息 BPDU,Bridge Protocol Data Unit)。当交换机启动后,所有端口默认状态下处于阻塞状态。

监听。监听 BPDU,确保在传送数据帧之前网络上没有回路。

学习。学习 MAC 地址,建立过滤表,但不转发帧。

转发。能在端口上收发数据。

交换机端口一般处于阻塞或转发状态。

(2)收敛。收敛发生在网桥和交换机状态在转发和阻塞之间切换的时候。在这段时间内不转发数据帧。所以,收敛的速度对于确保所有设备具有相同的数据库来说是很重要的。

二、虚拟局域网

(一)虚拟局域网概述

VLAN(Virtual local Area Network)即虚拟局域网,里然 VLAN 所连接的设备来自不同的网段,但是相互之间可以进行直接通信,如同处于一个网段当中。它是一种将局域网内的设备逻辑地而不是物理地划分为一个个网段从而实现虚拟工作组的新兴技术。IEEE 于 1999 年颁布了用以标准化 VLAN 实现方案的 802.1q 协议标准草案。

VLAN 技术允许网络管理者将一个物理的 LAN 逻辑地划分成不同的广播域(或称虚拟 LAN,即 VLAN),每一个 VLAN 都包含一组有着相同需求的计算机工作站,与物理上形成的 LAN 有着相同的属性。但由于它是逻辑地而不是物理地划分,所以同一个 VLAN 内的各个工作站无需被放置在同一个物理空间里,即这些工作站不一定属于同一个物理 LAN 网段。如图 2-8 所示,显示了虚拟局域网的物理结构与逻辑结构的对比。一个 VLAN 内部的广播和单播流量都不会转发到其他 VLAN 中,从而有助于控制流量、减少设备投资、简化网络管理、提高网络的安全性。

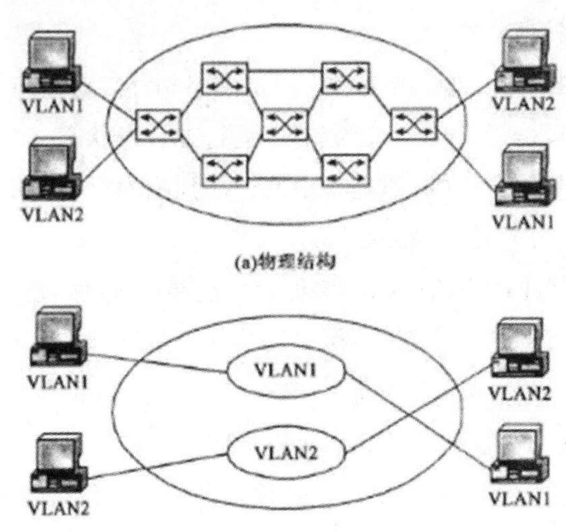

图 2－8　虚拟局域网的物理结构与逻辑结构

VLAN 是为解决以太网的广播问题和安全性而提出的一种协议，它在以太网帧的基础上增加了 VLAN 头，用 VLANID 把用户划分为更小的工作组，限制不同工作组间的用户二层互访，每个工作组就是一个虚拟局域网。虚拟局域网的好处是可以限制广播范围，并能够形成虚拟工作组，动态管理网络。

(二)虚拟局域网的特点

在使用带宽、灵活性、性能等方面，虚拟局域网都显示出很大优势。虚拟局域网的使用能够方便地进行用户的增加、删除、移动等工作，提高网络管理的效率。它具有以下特点。

1. 减少了因网络成员变换带来的开销

使用虚拟局域网最大的特点就是能够减少网络中用户的增加、删除、移动等工作带来的隐含开销。

2. 提高网络访问的速度

虚拟局域网在同一个虚拟局域网成员之间提供低延迟、线速的通信，其能够在网络内划分网段或者微网段，提高网络分组的灵活性。VLAN 技术通过把网络分成逻辑上的不同广播域，使网络上传送的包只在与位于同一个 VLAN 的端口之间交换。这样就限制了某个局域网只与同

一个 VLAN 的其他局域网互相连，避免浪费带宽，从而消除了传统网络的固有缺陷，即数据帧经常被传送到并不需要它的局域网中。这也改善了网络配置规模的灵活性，尤其是在支持广播/多播协议和应用程序的局域网环境中，会遭遇到如潮水般涌来的包。而在 VLAN 结构中，可以轻松地拒绝其他 VLAN 的包，从而大大减少网络流量。

3. 减少了路由器的使用

在没有路由器的情况下,使用 VLAN 的可支持虚拟局域网的交换机可以很好地控制广播流量。在 VLAN 中,从服务器到客户端的广播信息只会在连接在虚拟局域网客户机的交换机端口上被复制,而不会广播到其他端口,只有那些需要跨越虚拟局域网的数据包才会穿过路由器,在这种情况下,交换机起到路由器的作用。因为在使用 VLAN 的网络中,路由器用于连接不同的 VLAN。

4. 虚拟工作组

虚拟工作组就是完成同一任务的不同成员不必集中到同一办公室中,工作组成员可以在网络中的任何物理位置通过 VLAN 联系起来,同一虚拟工作组产生的网络流量都在工作组建完毕,也可以减少网络负担。虚拟工作组也能够带来巨大的灵活性,当有实际需要时,一个虚拟工作组可以建立起来,当工作完成后,虚拟工作组又可以很简单地予以撤除,这样无论是网络用户还是管理员使用虚拟局域网都是最理想的选择。

5. 有效地控制网络广播风暴

控制网络广播风暴的最有效的方法是采用网络分段的方法,这样,当某一网段出现过量的广播风暴后,不会影响到其他网段的应用程序。网络分段可以保证有效地使用网络带宽,最小化过量的广播风暴,提高应用程序的吞吐量。使用交换式网络的优势是可以提供低延时和高吞吐量,但是增加了整个交换网络的广播风暴。使用 VLAN 技术可以防止交换网络的过量广播风暴,将某个交换端口或者用户定义给特定的 VLAN,在这个 VLAN 中的广播风暴就不会送到 VLAN 之处相邻的端口,这些端口不会受到其他 VLAN 产生的广播风暴的影响。

6. 有利于网络的集中管理

网络管理员可以对虚拟局域网的划分和管理进行远程配置,如设置用户、限制广播域的大小、安全等级、网络带宽分配、交通流量控制等工作都可以在工作室完成,还可以对网络使用情况进行监视的管理。

7. 安全性大大提高

不使用虚拟局域网时,网络中的所有成员都可以访问整个网络的其他所有计算机,资源安全性没有保证,同时加大了产生广播风暴的可能性。使用 VLAN 后,根据用户的应用类型和权限划分不同的虚拟工作组,可以对网络用户的访问范围以及广播流量进行控制,使网络安全性能大大提高。

(三)虚拟局域网的划分方法

有多种方式可以划分 VLAN,比较常见的方式是根据端口、MAC 地址、网络层和 IP 组播进行划分。

1. 按端口来划分 VLAN

许多 VLAN 厂商都利用交换机的端口来划分 VLAN 成员。被设定的端口都在同一个广播域中。例如,一个交换机的 1、2、3、4、5 端口被定义为虚拟网 A,同一交换机的 6、7、8 端口组成虚拟网 B,这样做允许各端口之间的通信,并允许共享型网络的升级。但是这种划分模式将虚拟网限制在了一台交换机上。

第 2 代端口 VLAN 技术允许跨越多个交换机的多个不同端口划分 VLAN,不同交换机上的若干个端口可以组成同一个虚拟网。

以交换机端口来划分网络成员,其配置过程简单明了。根据端口来划分 VLAN 的方式是最常用的一种方式。

2. 按 MAC 地址划分 VLAN

根据每个主机的 MAC 地址来划分,即对每个 MAC 地址的主机都配置它属于哪个组。这种划分方法的最大优点就是当用户物理位置移动时,即从一个交换机换到其他的交换机时,VLAN 不用重新配置,所以,可以认为这种根据 MAC 地址的划分方法是基于用户的 VLAN,这种方法的缺点是初始化时,所有的用户都必须进行配置,如果有几百个甚至上千个用户的话,配置是非常累的。而且这种划分的方法也导致了交换机执行效率的降低,因为在每一个交换机的端口都可能存在很多个 VLAN 组的成员,这样就无法限制广播包了。另外,对于使用笔记本电脑的用户来说,他们的网卡可能经常更换,这样,VLAN 就必须不停地配置。

3. 按网络层划分 VLAN

根据每个主机的网络层地址或协议类型(如果支持多协议)划分,虽然这种划分方法是根据网络地址,比如 IP 地址,但它不是路由,与网络层的路由毫无关系。

这种方法的优点是用户的物理位置改变了,不需要重新配置所属的 VLAN,而且可以根据协议类型来划分 VLAN,这对网络管理者来说很重要,还有,这种方法不需要附加的帧标签来识别 VLAN,这样可以减少网络的通信量。缺点是效率低,因为检查每一个数据包的网络层地址是需要消耗处理时间的(相对于前面两种方法),一般的交换机芯片都可以自动检查网络上数据包的以太网帧头,但要让芯片能检查 IP 帧头,需要更高的技术,同时也更费时。当然,这与厂商的实现方法有关。

4. 按 IP 组播划分 VLAN

IP 组播实际上也是一种 VLAN 的定义,即认为一个组播组就是一个 VLAN,这种划分的方法将 VLAN 扩大到了广域网,因此,这种方法具有更大的灵活性,而且也很容易通过路由器进行扩展,当然这种方法不适合局域网,主要是效率不高。

各种划分 VLAN 的方法所达到的效果也不尽相同。现在许多厂家已经着手在各自的网络产品中融合众多虚拟局域网的方法,以便使网络管理员能够根据实际情况选择一种最适合当前需要的途径。如一个使用 TCP/IP 和 NetBIOS 协议的网络可以在原有 IP 子网的基础上划分 VLAN，而 IP 网段内部又可以通过 MAC 地址进一步进行 VLAN 的划分，有时网络用户和网络共享资源可以同时属于多个虚拟局域网。

第四节 广域网技术

一、广域网的概念与组成

（一）广域网的概念

广域网并没有严格的定义，通常是指覆盖范围可达一个地区、国家甚至全球的长距离网络。它将不同城市、省区甚至国家之间的 LAN、MAN 利用远程数据通信网连接起来的网络，可以提供计算机软、硬件和数据信息资源共享。因特网就是最典型的广域网，VPN 技术也可以属于广域网。

在广域网内，节点交换机和它们之间的链路一般由电信部门提供，网络由多个部门或多个国家联合组建而成，规模很大，能实现整个网络范围内的资源共享和服务。广域网一般向社会公众开放服务，因而通常被称为公用数据网（Public Data Network，PDN）。

传统的广域网采用存储转发的分组交换技术构成，目前帧中继和 ATM 快速分组技术也开始大量使用。

随着计算机网络技术的不断发展和广泛应用，一个实际的网络系统常常是 LAN、MAN 和 WAN 的集成。三者之间在技术上也不断融合。

广域网的线路一般分为传输主干线路和末端用户线路，根据末端用户线路和广域网类型的不同，有多种接入广域网的技术。使用公共数据网的一个重要问题就是与它们的接口，拥有主机资源的用户只要遵循通信子网所要求的接口标准，提出申请并付出一定的费用，都可接入该通信子网，利用其提供的服务来实现特定资源子网的通信任务。

与覆盖范围较小的局域网相比，广域网具有以下特点。

覆盖范围广，可达数千甚至数万公里。

广域网没有固定的拓扑结构。

广域网通常使用高速光纤作为传输介质。

局域网可以作为广域网的终端用户与广域网相连。

广域网主干带宽大，但提供给终端用户的带宽小。

数据传输距离远，往往要经过多个广域网设备转发，延时较长。

广域网管理、维护困难。

对照OSI参考模型，广域网技术主要位于底层的3个层次，分别是物理层、数据链路层和网络层。图2-9列出了一些经常使用的广域网技术与OSI参考模型之间的对应关系。

<table>
<tr><th colspan="2">OSI层</th><th></th><th>WAN规范</th></tr>
<tr><td colspan="2">Network Layer(网络层)</td><td rowspan="4"></td><td>X.25PLP</td></tr>
<tr><td rowspan="5">Data Link Layer
(数据链路层)</td><td rowspan="3">LLC</td><td>LAPB</td></tr>
<tr><td>Frame Relay</td></tr>
<tr><td>HDLC</td></tr>
<tr><td rowspan="2">MAC</td><td rowspan="8">SMD
S</td><td>PPP</td></tr>
<tr><td>SDLC</td></tr>
<tr><td colspan="2" rowspan="6">Physical Layer
(物理层)</td><td>X.21Bis</td></tr>
<tr><td>EIA/T1A-232</td></tr>
<tr><td>E1A/TIA-449</td></tr>
<tr><td>V.24V.35</td></tr>
<tr><td>HSSIG.73</td></tr>
<tr><td>EIA-530</td></tr>
</table>

图2-9　广域网技术与OS1参考模型的对应关系

（二）广域网的组成

广域网是由一些节点交换机以及连接这些交换机的链路组成的。节点交换机执行数据分组的存储和转发功能，节点交换机之间都是点到点的连接，并且一个节点交换机通常与多个节点交换机相连，而局域网则通过路由器与广域网相连。如图2-10所示，S是指节点交换机，R是指路由器。

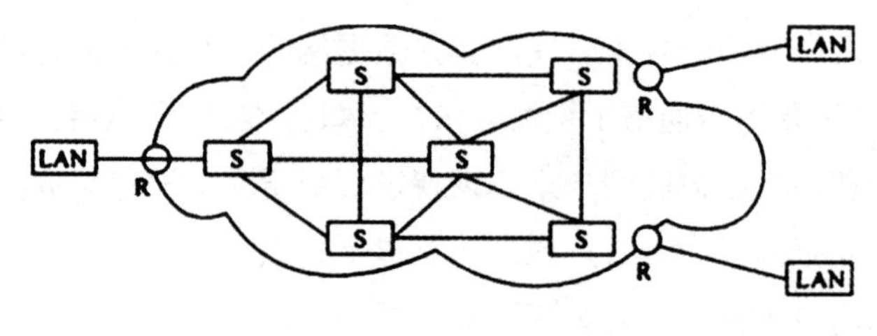

图2-10　广域网的组成

二、广域网提供的服务

广域网提供的服务主要有面向无连接的网络服务和面向连接的网络服务。

（一）面向无连接的网络服务

面向无连接的网络服务的具体实现就是数据报服务，其特点如下。

（1）在数据发送前，通信的双方不建立连接。

（2）每个分组独立进行路由选择，具有高度的灵活性。但也需要每个分组都携带地址信息，而且，先发出的分组不一定先到达，没有服务质量保证。

（3）网络也不保证数据不丢失，用户自己来负责差错处理和流量控制，网络只是尽最大努力将数据分组或包传送到目的主机，称为尽最大努力交付。

（二）面向连接的网络服务

面向连接的网络服务的具体实现是虚电路服务，其特点如下。

（1）在数据发送前要建立虚拟连接，每个虚拟连接对应一个虚拟连接标识，网络中的节点交换机看到这个虚拟连接标识，就知道该将这个分组转发到那个端口。

（2）建立虚拟连接要消耗网络资源。但是，虚拟连接的建立相当于一次就为所有分组进行了路由选择，分组只需要携带较短的虚拟连接标识，而不用携带较长的地址信息。不过，如果虚电路中有一段故障，则所有分组都无法到达。

（3）虚电路服务可以保证按发送的顺序收到分组，有服务质量保证。而且差错处理和流量控制可以选择是由用户负责还是由网络负责。

（三）两种服务的比较

计算机网络上传送的报文长度，一般较短。如果采用128个字节为分组长度，则往往一次传送一个分组就够了。在这种情况下，用数据报既迅速，又经济。如果用虚电路服务，为了传送一个分组而建立和释放虚拟连接就显得太浪费网络资源了。

两种服务的根本区别在于由谁来保证通信的可靠性。虚电路服务认为，网络作为通信的提供者，有责任保证通信的可靠性，网络来负责保证可靠通信的一切措施，这样，用户端就可以做得很简单。数据报服务认为，网络应在任何恶劣条件下都可以生存。同时，多年实践证明，不管网络提供的服务多么可靠，用户仍需要负责端到端的可靠性。不如干脆由用户负责通信的可靠性，以简化网络结构。虽然网络出了差错由主机来处理要耗费一定时间，但由于技术的进步使网络出错的机率越来越小，所以让主机负责端到端的可靠性不会给主机增加很大的负担，反而利于更多的应用在简单网络上运行。

采用数据报服务的广域网的典型代表是Internet，而采用虚电路服务的广域网主要有X.25网络、帧中继网络和ATM网络。

三、广域网中的数据交换技术

在早期的广域网中,数据通过通信子网的交换方式分为两类,即线路交换方式和存储转发交换方式。分组交换技术在实际应用中,又可分为两类,即数据报方式和虚电路方式。

(一)线路交换方式

线路交换方式与电话交换方式的工作过程很类似。两台计算机通过通信子网进行数据交换之前,首先要在通信子网中建立一个实际的物理线路连接。典型的线路交换方式的工作过程如图 2-11 所示。

线路交换方式的通信过程分为以下三个阶段。

1. 线路建立阶段

如果主机 A 要向主机 B 传输数据,首先要通过通信子网在主机 A 与主机 B 之间建立线路连接。主机 A 首先向通信子网中节点 A 发送“呼叫请求包”,其中含有需要建立线路连接的源主机地址与目的主机地址,节点 A 根据目的主机地址,根据路选算法,如选择下一个节点为 B,则向节点 B 发送“呼叫请求包”。节点 B 接到呼叫请求后,同样根据路选算法,如选择下一个节点为节点 C,则向节点 C 发送“呼叫请求包”。节点 C 接到呼叫请求后,也要根据路选算法,如选择下一个节点为节点 D,则向节点 D 发送“呼叫请求包”。节点 D 接到呼叫请求后,向与其直接连接的主机 B 发送“呼叫请求包”。主机 B 如接受主机 A 的呼叫连接请求,则通过已经建立的物理线路连接“节点 D-节点 C-节点 B-节点 A”,向主机 A 发送“呼叫应答包”。至此,从“主机 A-节点 A-节点 B-节点 C-节点 D-主机 B”的专用物理线路连接建立完成。该物理连接为此次主机 A 与主机 B 的数据交换服务。

2. 数据传输阶段

在主机 A 与主机 B 通过通信子网的物理线路连接建立以后,主机 A 与主机 B 就可以通过该连接实时、双向交换数据。

3. 线路释放阶段

在数据传输完成后,就要进入路线释放阶段。一般可以由主机 A 向主机 B 发出“释放请求包”,主机 B 同意结束传输并释放线路后,将向节点 D 发送“释放应答包”,然后按照节点 C-节点 B-节点 A-主机 A 次序,依次将建立的物理连接释放。这时,此次通信结束。

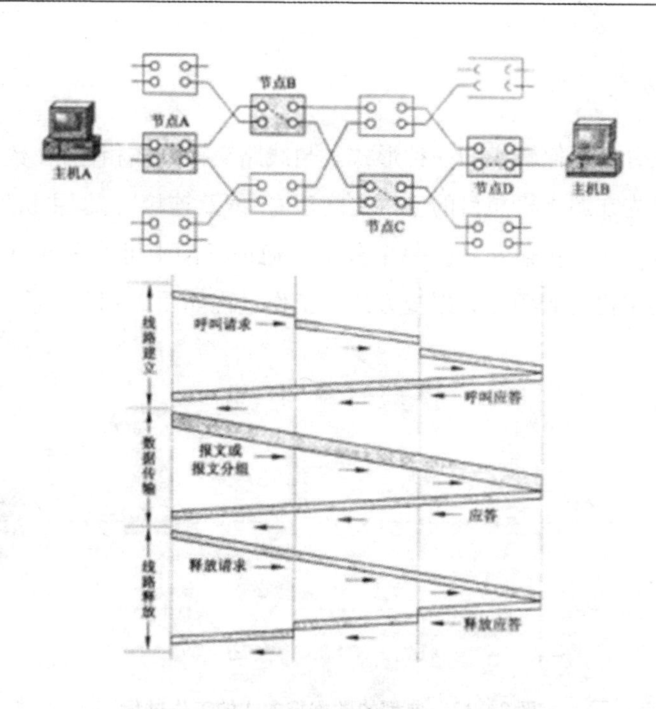

图 2-11　典型线路交换方式的工作过程

(二)存储转发方式

在进行线路交换方式研究的基础上,人们提出了存储转发交换方式。

存储转发交换方式与线路交换方式的主要区别表现在以下两个方面:发送的数据与目的地址、源地址、控制信息按照一定格式组成一个数据单元(报文或报文分组)进入通信子网;通信子网中的节点是通信控制处理机,它负责完成数据单元的接收、差错校验、存储、路选和转发功能。

存储转发交换方式可以分为两类:报文交换与报文分组交换。因此,在利用存储转发交换原理传送数据时,被传送的数据单元相应可以分为两类:报文与报文分组。

如果在发送数据时,不管发送数据的长度是多少,都把它当作一个逻辑单元,那么就可以在发送的数据上加上目的地址、源地址与控制信息,按一定的格式打包后组成一个报文。另一种方法是限制数据的最大长度,典型的最大长度是1000或几千比特。发送站将一个长报文分成多个报文分组,接收站再将多个报文分组按顺序重新组织成一个长报文。

报文分组通常也被称为分组。由于分组长度较短,在传输出错时,检错容易并且重发花费的时间较少,这就有利于提高存储转发节点的存储空间利用率与传输效率,因此,成为当今公用数据交换网中主要的交换技术。目前,美国的TELENET、TYMNET以及中国的CHINAPAC都采用了分组交换技术。这类通信子网称为分组交换网。

（三）数据报方式

数据报是报文分组存储转发的一种形式。与线路交换方式相比，在数据报方式中，分组传送之间不需要预先在源主机与目的主机之间建立“线路连接”。源主机所发送的每一个分组都可以独立地选择一条传输路径。每个分组在通信子网中可能是通过不同的传输路径，从源主机到达目的主机。典型的数据报方式的工作过程如图 2－12 所示。

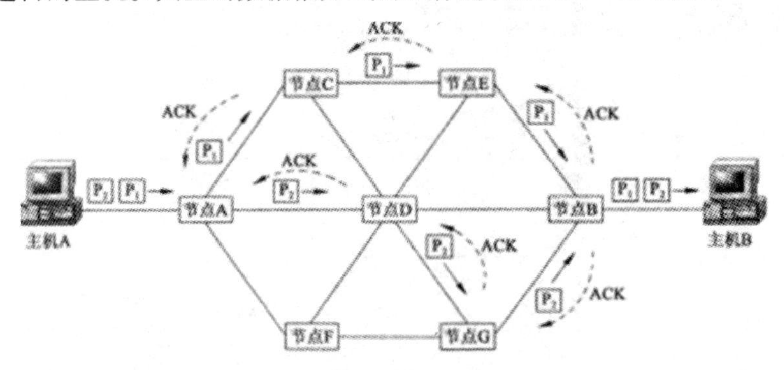

图 2－12　典型的数据报方式的工作过程

数据报方式的工作过程可以分为以下三个步骤：

①源主机 A 将报文 M 分成多个分组 P_1，P_2，…，P_n，依次发送到与其直接连接的通信子网的通信控制处理机 A（即节点 A）。

②节点 A 每接收一个分组均要进行差错检测，以保证主机 A 与节点 A 的数据传输的正确性；节点 A 接收到分组 P_1，P_2，…，P_n后，要为每个分组进入通信子网的下一节点启动路选算法。由于网络通信状态是不断变化的，分组 P_1的下一个节点可能选择为节点 C，而分组 P_2的下一个节点可能选择为节点 D，因此，同一报文的不同分组通过子网的路径可能是不同的。

③节点 A 向节点 C 发送分组 P_1时，节点 C 要对 P_1传输的正确性进行检测。如果传输正确，节点 C 向节点 A 发送正确传输的确认信息 ACK；节点 A 接收到节点 C 的 ACK 信息后，确认 P_1已正确传输，则废弃 P_1的副本。其他节点的工作过程与节点 C 的工作过程相同。这样，报文分组 P_1通过通信子网中多个节点存储转发，最终正确地到达目的主机 B。

（四）虚电路方式

虚电路方式试图将数据报方式与线路交换方式结合起来，发挥两种方法的优点，达到最佳的数据交换效果。虚电路方式在分组发送之前，需要在发送方和接收方建立一条逻辑连接的虚电路。典型的虚电路方式的工作过程如图 2－13 所示。

虚电路方式的工作过程可以分为以下三个阶段：

1. 虚电路建立阶段

在虚电路建立阶段，节点A启动路选算法选择下一个节点（如节点B），向节点B发送呼叫请求分组；同样，节点B也要启动路选算法选择下一个节点。依此类推，呼叫请求分组经过节点A－节点B－节点C－节点D，发送到目的节点D。目的节点D向源节点A发送呼叫接收分组，至此虚电路建立。

2. 数据传输阶段

在数据传输阶段，虚电路方式利用已建立的虚电路，逐站以存储转发方式顺序传送分组。

3. 虚电路拆除阶段

在虚电路拆除阶段，将按照节点D－节点C－节点B－节点A的顺序依次拆除虚电路。

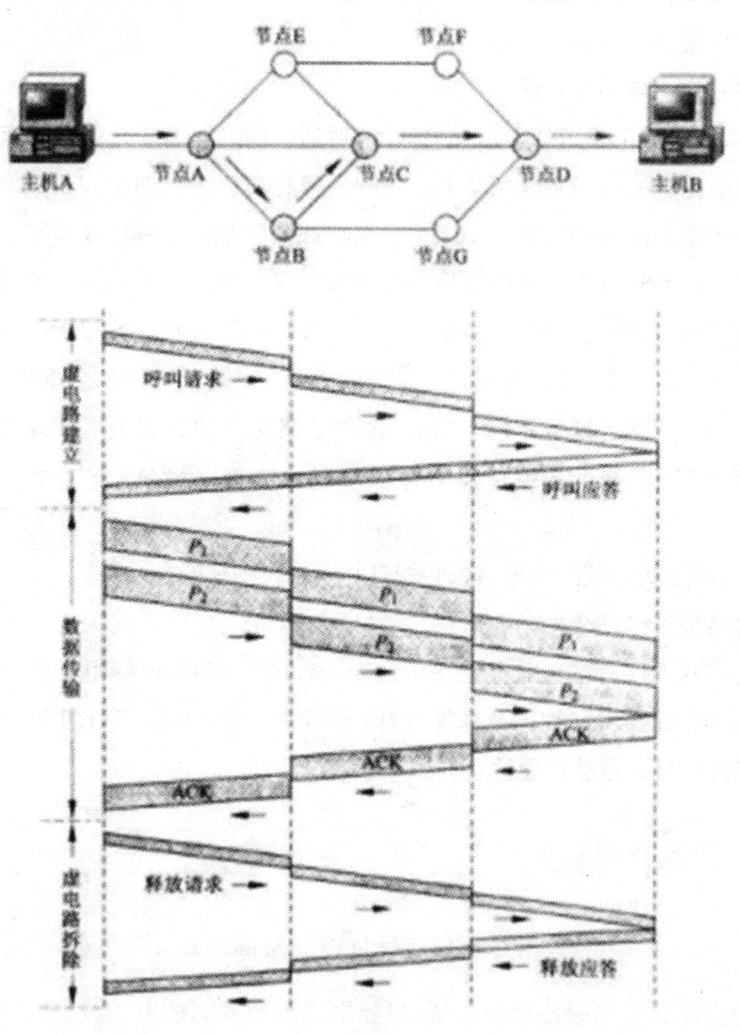

图2－13 典型的虚电路方式的工作过程

四、广域网实例

(一)公用电话交换网(PSTN)

公用电话交换网(Public Switch Telephone Network,PSTN),也被称为“电话网”,是人们打电话时所依赖的传输和交换网络。PSTN是一种以模拟技术为基础的电路交换网络,在众多的广域网互联技术中,通过PSTN进行互联所要求的通信费用最低,但其数据传输质量及传输速率也最差最低,同时PSTN的网络资源利用率也比较低。

通过公用电话交换网可以实现以下功能:

①拨号接入Internet、Intranet和LAN。

②实现两个或多个LAN之间的互联。

③实现与其他广域网的互联。

PSTN提供的是一个模拟的专用信息通道,通道之间经由若干个电话交换机节点连接而成,PSTN采用电路交换技术实现网络节点之间的信息交换。当两个主机或路由器设备需要通过PSTN连接时,在两端的网络接入点(即用户端)必须使用调制解调器来实现信号的调制与解调转换。从OSI/RM的7层模型的角度来看,PSTN可以看成是物理层的一个简单的延伸,它没有向用户提供流量控制、差错控制等服务。而且,由于PSTN是一种电路交换的方式,因此,一条通路自建立、传输直至释放,即使它们之间并没有任何数据需要传送时,其全部带宽仅能被通路两端的设备占用。因此,这种电路交换的方式不能实现对网络带宽的充分利用。尽管PSTN在进行数据传输时存在一定的缺陷,但它仍是一种不可替代的联网技术。

PSTN的入网方式比较简单灵活,通常有以下几种选择方式。

1. 通过普通拨号电话线入网

只要在通信双方原有的电话线上并接Modem,再将Modem与相应的入网设备相连即可。目前,大多数入网设备(如PC)都提供有若干个串行端口,在串行口和Modem之间采用RS-232等串行接口规范进行通信。如图2-14所示。

图2-14 通过PSTN访问Internet

这种方法在家庭环境中使用很方便,只要由连接到家庭的电话线,购买一个Modem,并向当地电信局申请一个Internet帐号,就可以拨号来连接到Internet。

Modern的数据传输速率最大能够提供到56kb/s。这种连接方式的费用比较经济,收费价格与普通电话的费率相同，适用于通信不太频繁的场合（如家庭用户入网）。

2. 通过租用电话专线入网

与普通拨号电话线方式相比，租用电话专线可以提供更高的通信速率和数据传输质量，但相应的费用也较前一种方式更高。使用专线的接入方式与使用普通拨号线的接入方式没有太大区别，但是省去了拨号连接的过程。通常，当决定使用专线方式时，用户必须向所在地的电信部门提出申请，由电信部门负责架设和开通。

（二）综合业务数字网（ISDN）

由于公共电话网络（PSTN）对于非话音业务传输的局限性，因此，并不能满足人们对数据、图形、图像乃至视频图像等非话音信息的通信需求，而电信部门所建设的网络基本上都只能提供某种单一的业务，比如用户电报网、电路交换数据网、分组交换网以及其他专用网等。尽管花费大量的资金和时间建设的上述专用网在一定程度上解决了问题，但是上述这些专用网由于通信网络标准不统一，仍然无法满足人们对通信的需求。因此，20 世纪 70 年代初，欧洲国家的电信部门开始试图寻找新技术来解决问题，这种新技术就是综合业务数字网，其英文全称是 Integrated Services Digital Network，即 ISDN。

1. ISDN 的连接结构

ISDN 是在数字电话网的基础上，实现用户到用户的全数字连接，使用单一的网络、统一的用户——网络结构，为用户提供广泛形式的综合业务。

ISDN 的基本连接结构如图 2－15 所示。

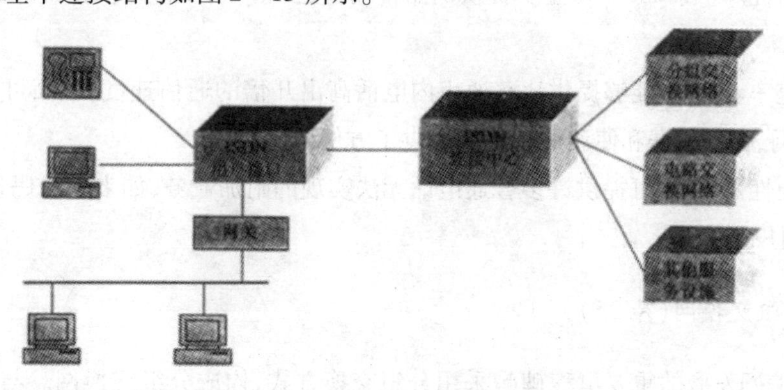

图 2－15　ISDN 的基本连接结构

由图 2－15 可见，ISDN 将与现有的各种专用或公用通信网络互连，并连接一些服务设施（如计算智能更新、数据库等），向用户开放综合的电信业务、数据处理业务等。

通过 ISDN，可以用电路交换和分组交换的方式为用户提供多种信号传输方式和传输速率的访问服务。

通过 ISDN 有两种方式接入 Internet，一种是基本速率接入方式，它提供给用户 128kb/s

的带宽。另一种是基群速率接入方式,用户实际能得到1920kb/s的带宽。我国ISDN网的建设,大多是在PSTN基础上叠加建网,即在PSTN交换机上增扩ISDN功能,所以ISDN接入可以像普通电话线接入方式一样简便廉价。

2. ISDN的通道

根据CCITT建议,在用户-网络接口处向用户提供的通路有以下类型:

B通路:64kb/s,供传递用户信息用。

D通路:16kb/s或64kb/s,供传输信令和分组数据使用。

H_0通路:384kb/s,供传递用户信息用(如立体声节目、图像和数据等)。

H_{11}通路:1536kb/s,供传递用户信息用(如高速数据传输、会议电视等)。

H_{12}通路:1920kb/s,供传递用户信息用(如高速数据传输、图像和会议电视等)。

ISDN是由两个B通道和一个D通道组成,即基本接口为2B+D。每个B通道可提供64kb/s的语音或数据传输,用户不但可以同时绑定两个通道以128k的速率上网,也可以在以64k上网的同时在另一个通道上打电话。ISDN是数字的多路复用用户线路,它分为N-ISDN(窄带ISDN)与B-ISDN(宽带ISDN),N-ISDN线路的传输速率为160kb/s,B-ISDN线路的传输速率为155.52Mb/s。

3. ISDN的特点

(1)综合性。ISDN用户只需接入一个网络,就可进行各种不同方式的通信业务,用户在接口上可连接多个通信终端。

(2)多路性。一条ISDN可至少提供两路传输通道,用户可同时使用两种以上不同方式的通信业务。

(3)高速率。ISDN能够提供比普通市内电话高出几倍的通信速度,最高可以达128kb/s,为用户上网、传输数据和使用可视电话提供了方便。

(4)方便性。ISDN可提供许多普通电话无法实现的附加业务,如来电号码显示、限制对方来电、多用户号码等。

(三)分组交换网(X.25)

数据通信网发展的重要里程碑是采用分组交换方式,构成分组交换网。与电路交换网相比,在分组交换网的两个站之间通信时,网络内不存在一条专用物理电路,因此不会像电路交换那样,所有的数据传输控制仅仅涉及到两个站之间的通信协议。在分组交换网中,一个分组从发送站传送到接收站的整个传输控制,不仅涉及到该分组在网络内所经过的每个节点交换机之间的通信协议,还涉及到发送站、接收站与所连接的节点交换机之间的通信协议。国际电信联盟电信标准部门ITU-T为分组交换网制定了一系列通信协议,世界上绝大多数分组交换网都采用这些标准。其中最著名的标准是X.25协议,它在推动分组交换网的发展中做出了很大的贡献。人们把分组交换网简称为 X.25 网。

使用 X.25 协议的公共分组交换网诞生于 20 世纪 70 年代，它是一个以数据通信为目标的公共数据网(PDN)。在 PDN 内，各节点由交换机组成，交换机间用存储转发的方式交换分组。

X.25 能接入不同类型的用户设备。由于 X.25 内各节点具有存储转发能力，并向用户设备提供了统一的接口，从而能够使得不同速率、码型和传输控制规程的用户设备都能接入 X,25，并能相互通信。

X.25 协议是数据终端设备(DTE)和数据电路终接设备(DCE)之间的接口规程。

X.25 网络设备分为数据终端设备(Data Terminal Equipment，DTE)、数据电路终接设备(DCE)和分组交换设备(PSE)。X.25 协议规定了 DTE 和 DCE 之间的接口通信规程。

X.25 使得两台 DTE 可以通过现有的电话网络进行通信。为了进行一次通信，通信的一端必须首先呼叫另一端，请求在它们之间建立一个会话连接；被呼叫的一端可以根据自己的情况接收或拒绝这个连接请求。一旦这个连接建立，两端的设备可以全双工地进行信息传输，并且任何一端在任何时候均有权拆除这个连接。

X.25 是 DTE 与 DCE 进行点到点交互的规程。DTE 通常指的是用户端的主机或终端等，DCE 则常指同步调制解调器等设备。DTE 与 DCE 直接连接，DCE 连接至分组交换机的某个端口，分组交换机之间建立若干连接，这样，便形成了 DTE 与 DCE 之间的通路。在一个 X.25 网络中，各实体之间的关系如图 2-16 所示。

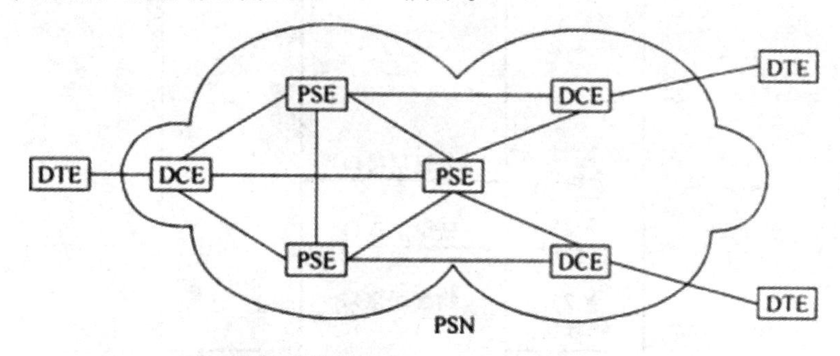

DTE 数据终端设备(Data Terminal Equipment)

DCE 数据电路终端设备(Data Circuit - terminating Equipment)

PSE 分组交换没备(Packet Switching Equipment)

PSN 分组交换网(Packet Switching Network)

图 2-16　X.25 网络模型

1. X.25 的组成

X.25 分组交换网主要由分组交换机、用户接入设备和传输线路组成。

(1)分组交换机。分组交换机是 X.25 的枢纽，根据它在网中所在的地位，可分为中转交换机和本地交换机。其主要功能是为网络的基本业务和可选业务提供支持，进行路由选择和流量控制,实现多种协议的互联,完成局部的维护、运行管理、故障报告、诊断、计费及网络统计等。

现代的分组交换机大都采用功能分担或模块分担的多处理器模块式结构来构成。具有可靠性高、可扩展性好、服务性好等特点。

(2)用户接入设备。X.25 的用户接入设备主要是用户终端。用户终端分为分组型终端和非分组型终端两种。X.25 根据不同的用户终端来划分用户业务类别,提供不同传输速率的数据通信服务。

(3)传输线路。X.25 的中继传输线路主要有模拟信道和数字信道两种形式。模拟信道利用调制解调器进行信号转换,传输速率为 9.6kb/s,48kb/s 和 64kb/s,而 PCM 数字信道的传输速率为 64kb/s、128kb/s 和 2Mb/s

2. X.25 的分层

X.25 协议按照 OSI 参考模型的结构,定义了从物理层到分组层共三层的内容,如图 2-17 所示。X.25 第三层(分组层)规程描述了分组层所使用分组的格式和两个三层实体之间进行分组交换的规程。X.25 第二层(链路层)规程也称为平衡型链路访问规程(Link Access Procedure,Balanced,LAPB),LAPB 定义了 DTE 与 DCE 之间交互的帧的格式和规程。X.25 第一层(物理层)则定义了 DTE 与 DCE 之间进行连接时的一些物理电气特性。

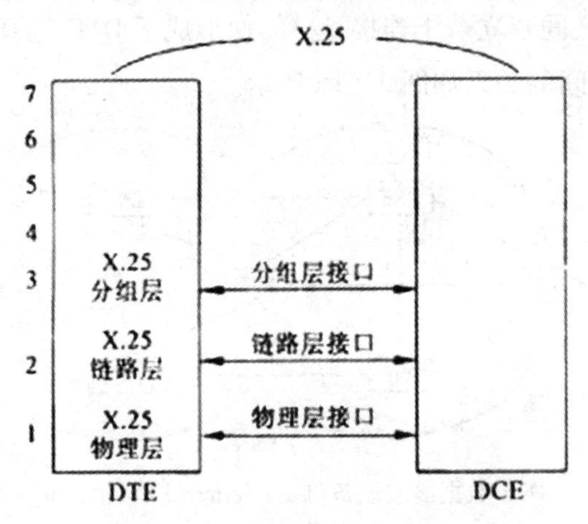

图 2-17 DTE/DCE 接口

X.25 的物理层。X.25 协议的物理层规定采用 X.21 建议。X.21 建议规定如下:

机械特性:采用 ISO 4903 规定的 15 针连接器和引线分配,通常使用 8 线制。

电气特性:平衡型电气特性。

同步串行传输。

点到点全双工方式。

适用于交换电路和租用电路。

由于 X. 21 是为数字电路使用而设计的,如果是模拟线路(如地区用户线路),X. 25 建议还提供了另一种物理接口标准 X. 21bis,它与 V. 24/RS232 兼容。

链路层。链路层具备以下几个功能:

差错控制,采用 CRC 循环冗余校验,发现出错时自动请求重发功能。

帧的装配和拆卸及帧同步功能。

帧的排序和对正确接收的帧的确认功能。

数据链路的建立、拆除和复位控制功能及流量控制功能。

X. 25 的链路规程是要在物理层提供的双向信息输送管道上实施信息传输的控制,它所面对的是二进制串行比特流,它并不关心物理层采用何种接口方式输送这些比特流。

X. 25 的链路层规定了在 DTE 和 DCE 之间的线路上交换帧的过程。从分层的观点来看,链路层好像是给 DTE 的分组层接口和 DCE 的分组层接口之间架设了一道桥梁。DTE 的分组层和 DCE 的分组层之间可以通过这座桥梁不断传送分组。

国际标准规定的 X. 25 链路层 LAPB 采用高级数据链路控制规程(HDLC)的帧结构,并且是它的一个子集。它通过置异步平衡方式(SABM)命令要求建立链路。建立链路只需要由两个站中的任意一个站发送 SABM 命令,另一站发送 UA 响应即可以建立双向的链路。

虽然 LAPB 是作为 X. 25 的第二层被定义的,但是,作为独立的链路层协议,您可以直接使用 LAPB 承载非 X. 25 的上层协议进行数据传输。图 2 - 18 描述了 LAPB、X. 25,X. 25 交换三者之间的关系。

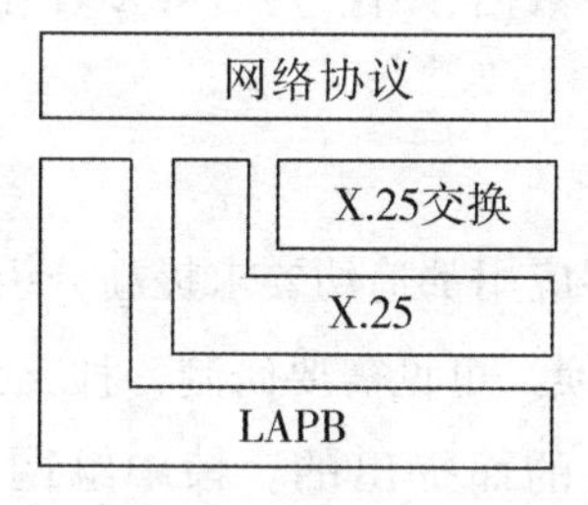

LAPB、X. 25 与 X. 25 交换的关系

分组层。分组层对应于 OSI/RM 中的网络层,它利用链路层提供的服务在 DTE - DCE 接口交换分组,将一条逻辑链路按统计时分复用 STDM 方式划分为多个逻辑子信道,允许多台计算机或终端同时使用高速的数据通道,以充分利用逻辑链路的传输能力和交换机资源。

(四)数字数据网(DDN)

数字数据网(Data Network,DDN)是一种利用数字信道提供数据信号传输的数据传输网,也是面向所有专线用户或专用网用户的基础电信网。它为专线用户提供中、高速数字型点对点传输电路,或为专用网用户提供数字型传输网通信平台。

DDN 由数字通道、DDN 节点、网管控制和用户环路组成。由 DDN 提供的业务又称为数字业务 DDS。

DDN 的传输媒介有光缆、数字微波、卫星信道以及用户端可用的普通电缆和双绞线，DDN 主干及延伸至用户端的线路铺设十分灵活、便利，采用计算机管理的数字交叉（PXC）技术，为用户提供半永久性连接电路。

DDN 实际上是我们常说的数据租用专线，有时简称专线。它也是近年来广泛使用的数据通信服务，我国的 DDN 网称为 ChinaDDN。ChmaDDN—般提供 N×64kb/s 的数据速率，目前最高为 2Mb/s。它由 DDN 交换机和传输线路（如光缆和双绞线）组成。现在，中国教育科研网（CERNET）的许多用户就是通过 ChinaDDN 实现跨省市连接的。

DDN 具有以下几个特点：

DDN 是同步数据传输网，不具备交换功能。但可根据与用户所订协议，定时接通所需路由（这便是半永久性连接概念）。

传输速率高，网络时延小。由于 DDN 采用了同步转移模式的数字时分复用技术，用数据信息根据事先约定的协议，在固定的时间段以预先设定的通道带宽和速率顺序传输，这样只需按时间段识别通道就可以准确地将数据信息送到目的终端。由于信息是顺序到达终端，免去了目的终端对信息的重组，因此，减小了时延。目前 DDN 可达到的最高传输速率为 155Mb/s，平均时延不大于 450μs。

DDN 为全透明网。DDN 是任何规程都可以支持，不受约束的全透明网，可支持网络层以及其上的任何协议，从而可满足数据、图像、声音等多种业务传输的需要。

（五）帧中继（FR）

在 20 世纪 80 年代后期，许多应用都迫切要求提高分组交换服务的速率。然而 X,25 网络的体系结构并不适合于高速交换。可见需要研制一种支持交换的网络体系结构。帧中继（Frame Relay，FR）就是为这一目的而提出的。帧中继网络协议在许多方面非常类似于 X.25。

1. 帧中继的特点

（1）高效。帧中继在 OSI 的第二层以简化的方式传送数据，仅完成物理层和链路层核心层的功能，简化节点机之间的处理过程，智能化的终端设备把数据发送到链路层，并封装在帧的结构中，实施以帧为单位的信息传送，网络不进行纠错、重发、流量控制等，帧不需要确认，就能在每个交换机中直接通过。一些第二、三层的处理，如纠错、流量控制等，留给智能终端去处理，从而简化了节点机之间的处理过程。

（2）经济。帧中继采用统计复用技术（即宽带按需分配）向客户提供共享的网络资源，每一条线路和网络端口都可以由多个终端按信息流共享，同时，由于帧中继简化了节点之间的协议处理，将更多的带宽留给客户数据，客户不仅可以使用预定的带宽，在网络资源富裕时,网络允许客户数据突发占用为预定的带宽。

(3)可靠。帧中继传输质量好,保证网络传输不容易出错,网络为保证自身的可靠性,采取了 PVC 管理和拥塞管理,客户智能化终端和交换机可以清楚了解网络的运行情况,不向发生拥塞和已删除的 PVC 上发送数据,以避免造成信息的丢失,保证网络的可靠性。

2. 帧中继提供的服务

帧中继是面向连接的方式,它的目标是为局域网互联提供合理的速率和较低的价格。它可以提供点对点的服务,也可以提供一点对多点的服务。它采用了两种关键技术,即虚拟租用线路和“流水线”方式。

(1)虚拟租用线路。所谓虚拟租用线路是与专线方式相对而言的。例如,一条总速率 640kb/s 的线路,如果以专线方式平均地租给 10 个用户,每个用户最大速率为 64kb/s,这种方式有两个缺点:一是每个用户速率都不可以大于 64kb/s;二是不利于提高线路利用率。采用虚拟租用线路的情况就不一样了,同样是 640kb/s 的线路租给十个用户,每个用户的瞬时最大速率都可以达到 640kb/s,也就是说,在线路不是很忙的情况下,每个用户的速率经常可以超过 64kb/s,而每个用户承担的费用只相当于 64kb/s 的平均值。

(2)“流水线”方式。所谓的“流水线”方式是指数据帧只在完全到达接收节点后再进行完整的差错校验,在传输中间节点位置时,几乎不进行校验,尽量减少中间节点的处理时间,从而减少了数据在中间节点的逗留时间。每个中间节点所做的额外工作就是识别帧的开始和结尾,也就是识别出一帧新数据到达后就立刻将其转发出去。X. 25 的每个中间节点都要进行繁琐的差错校验、流量控制等,这主要是因为它的传输介质可靠性低所造成的。帧中继正是因为它的传输介质差错率低才能够形成“流水线”工作方式。

3. 帧中继适用场合

(1)局域网间互联。帧中继可以应用于银行、大型企业政府部门的总部与其他地方分支机构的局域网之间的互联,远程计算机辅助设计(CAD),计算机辅助制造(CAM),文件传送,图像查询业务,图像监视及会议电视等。

(2)组建虚拟专用网。帧中继只能使用通信网络的物理层和链路层的一部分来执行其交换功能,有着很高的网络利用率,利用它构成的虚拟专用网,不但具有高速和高吞吐量,其费用也相当低。

(3)电子文件传输。由于帧中继使用的是虚拟电路,信号通路及带宽可以动态分配,特别适用于突发性的使用,因而它在远程医疗、金融机构及 CAD/CAM 的文件传输、计算机图像、图表查询等业务方面有着特别好的适用性。

(六)异步传输模式(ATM)

ATM 技术问世于 20 世纪 80 年代末,是一种正在兴起的高速网络技术。国际电信联盟

(ITU)和ATM论坛正在制定其技术规范。ATM被电信界认为是未来宽带基本网的基础。与

FDDI和100Base－T不同,是一种新的交换技术异步传输模式(Asynchronous Transfer Mode,ATM),也是实现B－ISDN的核心技术,也是目前多媒体信息的新工具。ATM网络被公认为是传输速率达Gb/s数量级的新一代局域网的代表。

1. ATM的体系结构

在ATM交换网络中,称为端点的用户接入设备通过用户一网络接口(UNI)连接到网络中的交换机,而交换机之间是通过网络一网络接口(NNI)连接的。图2－19给出了ATM网络的例子。

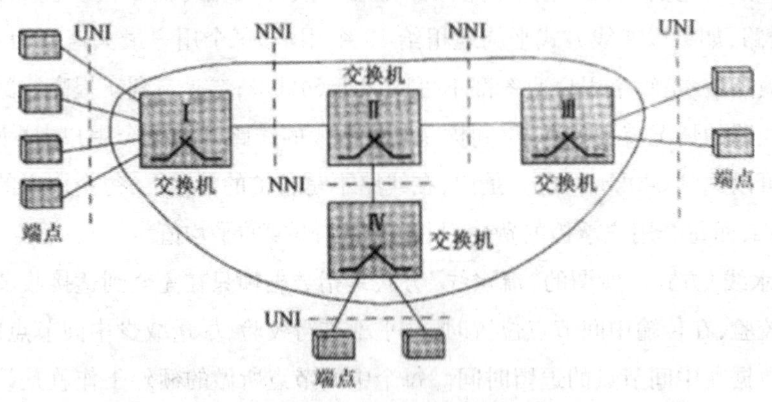

图2－19　ATM网络的体系结构

2. ATM的入网方式

ATM的一般入网方式如图2－20所示,与网络直接相连的可以是支持ATM协议的路由器或装有ATM卡的主机,也可以是ATM子网。在一条物理链路上,可同时建立多条承载不同业务的虚电路,如语音、图像和文件的传输等。

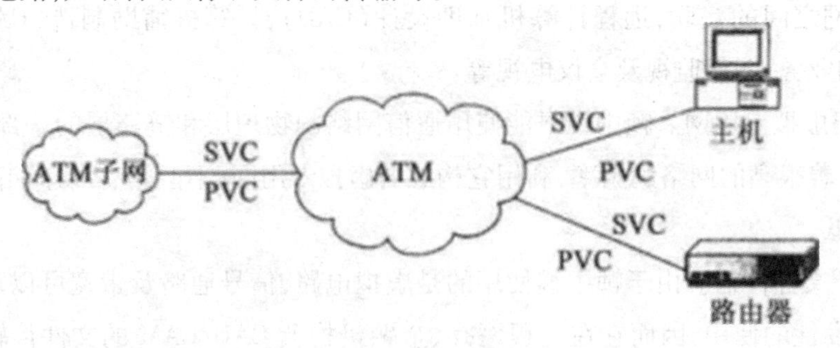

图2－20　ATM的入网方式

3. ATM的特点

ATM可用于广域网(WAN)、城域网(MAN)、校园主干网、大楼主干网以及连到台式机等。ATM与传统的网络技术,如以太网、令牌环网、FDDI相比,有很大的不同,归纳起来具有

以下几个特点：

(1)ATM是面向连接的分组交换技术，综合了电路交换和分组交换的优点。

(2)ATM允许声音、视频、数据等多种业务信息在同一条物理链路上传输，它能在一个网络上用统一的传输方式综合多种业务服务。

(3)ATM提供质量保证QoS服务。ATM为不同的业务类型分配不同等级的优先级，如为视频、声音等对时延敏感的业务分配高优先级和足够的带宽。

(4)ATM是极端灵活和可变的带宽而不是固定带宽。不同于传统的LAN和WAN标准，ATM的标准被设计成与传送的技术无关。为了提高存取的灵活性和可变性，ATM支持的速率一般为155Mb/s－24Gb/s，现在也有25Mb/s和50Mb/s的ATM。ATM可以工作在任何一种不同的速度、不同的介质上和使用不同的传送技术。

(5)交换并行的点对点存取而不是共享介质，交换机对端点速率可作适应性调整。

(6)以小的、固定长的信元为基本传输单位，每个信元的延迟时间是可预计的。

(7)通过局域网仿真(LANE)，ATM可以和现有以太网、令牌环网共存。由于ATM网与以太网等现有网络之间存在着很大差异，所以必须通过LANE、MPOA和IP Over ATM等技术，它们才能结合，而这些技术会带来一些局限性，如影响网络性能和QoS服务等。

ATM目前的不足之处是设备昂贵，并且标准还在开发中，未完全确定。另外，因为它是全新的技术，在网络升级时几乎要换掉现行网络上的所有设备。因此，目前ATM在广域网中的应用并不广泛。

第三章 无线网络技术

第一节 无线网络概述

一、无线网络的发展史

不可否认,性能与便捷性始终是IT技术发展的两大方向标,而产品在便捷性的突破往往来得更加迟缓,需要攻克的技术难关更多,也因此而更加弥足珍贵。事实上,数字无线通信并不是一种新的思想。早在1901年的时候,意大利物理学家Guglidmo Marconi演示了从轮船向海岸发送无线电报的试验,在试验中他使用了Morse Code(莫尔斯编码,用点和划来表示二进制数字)。经过不断地发展和完善,现代的数字无线系统的性能已经非常强大了,但是其基本的思想并没有变化。

无线网络的历史起源可以追溯到五十年前的第二次世界大战期间,当时美国陆军采用无线电信号做资料的传输。他们研发出了一套无线电传输科技,并且采用相当高强度的加密技术,得到美军和盟军的广泛使用,这项技术让许多学者得到了一些灵感,在1971年时,夏威夷大学的研究员创造了第一个基于封包式技术的无线电通讯网络。这被称为Aloha的网络,可以算是相当早期的无线局域网络(WLAN)。它包括了7台计算机,它们采用双向星型拓扑横跨四座夏威夷的岛屿,中心计算机放置在瓦胡岛上。从这时开始,无线网络可说是正式诞生了。

从20世纪70年代到90年代早期,人们对无线连接的需求日益增长,但这种需求只能通过一些少量的基于专利技术的昂贵硬件来实现,而且不同制造商的产品之间没有互操作性和安全机制,性能与当时标准的10Mb/s有线以太网相比还有很大差距。

IEEE 802.11标准是无线网络发展过程中的重要里程碑,同时也是Wi-Fi这一强大且公认的品牌发展的起点。IEEE 802.11系列标准为设备制造商和运营商提供了一个通用的标准,使他们更关注于无线网络产品及业务的开发,它对无线网络的贡献可以与一些最基本的支撑技术相媲美。

1990年,IEEE正式启用了802.11项目,无线网络技术逐渐走向成熟,IEEE 802.11

（WIFI）标准诞生以来，先后有 802.11a，802.11b，802.11g、802.11e，802.11f，802.11h、802.11i，802.11j 等标准制定或者酝酿，现在，为实现高宽度、高质量的 WLAN 服务，802.11n 不久也将问世。

在过去的十年里，从 IEEE 802.11 标准的最初版本演变的各种各样的 Wi－Fi 标准得到了广泛的关注，与此同时，其他的无线网络技术也经历着相似的历程。1994 年公布了第一个 IDA（Infrared Data Association，红外数据协会）标准，同一年 Ericsson 开始了移动电话及其附件之间互联的研究，这项研究使得蓝牙（Bluetooth）技术在 1999 年被 IEEE 802.15.1 工作小组采纳。

在这一快速发展过程中，无线网络技术的种类已能满足各种数据速率（低速和高速）、各种工作距离（近和远）、各种功率消耗（低和极低）的所有要求。

二、无线网络的特点

相对于有线网络而言，无线网络具有安装便捷、使用灵活、利于扩展和经济节约等优点。具体可归纳以下几点。

（一）移动性强

无线网络摆脱了有线网络的束缚，可以在网络覆盖的范围内的任何位置上网。无线网络完全支持自由移动，持续连接，实现移动办公。

（二）带宽流量大

适合进行大量双向和多向多媒体信息传输。在速度方面，802.11b 的传输速度可提供可达 11Mb/s 数据速率，而标准 802.11g 无线网速提升五倍，其数据传输率将达到 54Mb/s，充分满足用户对网速的要求。

（三）有较高的平安性和较强的灵活性

由于采用直接序列扩频、跳频、跳时等一系列无线扩展频谱技术，使得其高度平安可靠；无线网络组网灵活、增加和减少移动主机相当轻易。

（四）维护成本低

无线网络尽管在搭建时投入成本高些，但后期维护方便，维护成本比有线网络低 50% 左右。

三、无线网络的分类

无线网络是无线设备之间以及无线设备与有线网络之间的一种网络结构。无线网络的发展可谓日新月异,新的标准和技术不断涌现。

(一)按覆盖范围分

由于覆盖范围的不同,无线网络可以分为4类:无线局域网、无线个域网、无线城域网和无线广域网。

1. 无线局域网

无线局域网(Wireless local Area Network,WLAN)一般用于区域间的无线通信,其覆盖范围较小。代表技术是IEEE 802.11系列。数据传输速率为11－56Mb/s,甚至更高。

2. 无线个域网

无线个域网(Wireless Personal Area Network,WPAN)的无线传输距离在10m左右,典型的技术是IEEE 802.15(WPAN)和BlueTooth,数据传输速率在10Mb/s以上。

3. 无线城域网

无线城域网(Wireless Metropolitan Area Network,WMAN)主要是通过移动电话或车载装置进行的移动数据通信,可以覆盖城市中大部分的地区。代表技术是2002年提出的IEEE 802.20,主要研究移动宽带无线接入(Mobile Broadband Wireless Access,MBWA)技术和相关标准的制定。该标准更加强调移动性,它是由IEEE 802.16的宽带无线接入(Broad Band Wireless Access,BBWA)发展而来的。

4. 无线广域网

无线广域网(Wireless Wide Area Network,WWAN)主要是通过移动通信卫星进行数据通信的网络,其粗盖范围最大。代表技术有3G,以及未来的4G等,数据传输速率在2Mb/s以上。由于3GPP和3GPP2的标准化工作日趋成熟,一些国际标准化组织(如1TU)将目光瞄准了能提供更高无线传输速率和灵活统一的全IP网络平台的下一代移动通信系统,一般称为后3G、增强型IMT－2000(Enhanced IMT－2000)、后IMT－2000(System Beyond IMT－2000)或4G。

(二)按应用角度分

从无线网络的应用角度看,还可以划分为无线传感器网络、无线Mesh网络、无线穿戴网络、无线体域网等,这些网络一般是基于已有的无线网络技术,针对具体的应用而构建的无线网络。

1. 无线传感器网络

无线传感器网络(Wireless Sensor Networks,WSN)是当前在国际上备受关注的、涉及多学科高度交叉、知识高度集成的前沿热点研究领域。它综合了传感器技术、嵌入式计算技术、现代网络及无线通信技术、分布式信息处理技术等,能够通过各类集成化的微型传感器协作地实时监测、感知和采集各种环境或监测对象的信息，这些信息通过无线方式被发送，并以自组多跳的网络方式传送到用户终端，从而实现物理世界、计算世界以及人类社会三元世界的连通。

无线传感器网络以最少的成本和最大的灵活性，连接任何有通信需求的终端设备，采集数据，发送指令。若把无线传感器网络的各个传感器或执行单元设备视为"种子"，将一把"种子"（可能100粒，甚至上千粒）任意抛撒开，经过有限的"种植时间"，就可从某一粒"种子"那里得到其他任何"种子"的信息。作为无线自组双向通信网络，传感网络能以最大的灵活性自动完成不规则分布的各种传感器与控制节点的组网，同时具有一定的移动能力和动态调整能力。

2. 无线 Mesh 网络

无线 Mesh 网络（无线网状网络）也称为"多跳（Multi - hop）"网络，它是一种与传统无线网络完全不同的新型无线网络，是由无线 Ad Hoc 网络顺应人们无处不在的 Internet 接入需求演变而来。

在传统的无线局域网（WLAN）中，每个客户端均通过一条与 AP 相连的无线链路来访问网络，用户要想进行相互通信，必须首先访问一个固定的接入点（AP），这种网络结构被称为单跳网络。而在无线 Mesh 网络中，任何无线设备节点都可以同时作为 AP 和路由器，网络中的每个节点都可以发送和接收信号，每个节点都可以与一个或者多个对等节点进行直接通信。这种结构的最大好处在于：如果最近的 AP 由于流量过大而导致拥塞的话，那么数据可以自动重新路由到一个通信流量较小的邻近节点进行传输。以此类推，数据包还可以根据网络的情况，继续路由到与之最近的下一个节点进行传输，直到到达最终目的地为止。

实际上，Internet 就是一个 Mesh 网络的典型例子。例如，当人们发送一份 E - mail 时，电子邮件并不是直接到达收件人的信箱中，而是通过路由器从一个服务器转发到另外一个服务器，最后经过多次路由转发才到达用户的信箱。在转发的过程中，路由器一般会选择效率最高的传输路径，以便使电子邮件能够尽快到达用户的信箱。因此，无线 Mesh 网络也被形象地称为无线版本的 Internet。

与传统的交换式网络相比，无线 Mesh 网络去掉了节点之间的布线需求，但仍具有分布式网络所提供的冗余机制和重新路由功能。在无线 Mesh 网络里，如果要添加新的设备，只需要简单地接上电源就可以了，它可以自动进行配置，并确定最佳的多跳传输路径。添加或移动设备时，网络能够自动发现拓扑变化，并自动调整通信路由，可以获取最有效的传输路径。

3. 无线穿戴网络

无线穿戴网络是指基于短距离无线通信技术（蓝牙和 ZigBee 技术等）与可穿戴式计算机（Wearcomp）技术、穿戴在人体上、具有智能收集人体和周围环境信息的一种新型个域网

(PAN)。可穿戴计算机为可穿戴网络提供核心计算技术,以蓝牙和 ZigBee 等短距离无线通信技术作为其底层传输手段,结合各自优势组建一个无线、高度灵活、自组织,甚至是隐蔽的微型 PAN。可穿戴网络具有移动性、持续性和交互性等特点。

4. 无线体域网

无线体域网(BAN)是由依附于身体的各种传感器构成的网络。通过远程医疗监护系统提供及时现场护理(POC)服务,是提升健康护理手段的有效途径。在远程健康监护中,将 BAN 作为信息采集和及时现场护理(POC)的网络环境,可以取得良好的效果,赋予家庭网络以新的内涵。借助 BAN,家庭网络可以为远程医疗监护系统及时有效地采集监护信息;可以对医疗监护信息预读,发现问题,直接通知家庭其他成员,达到及时救护的目的。

四、无线网络技术的多样性

目前,无线网络的传输速率和传输距离都有了很大提高。从 20kb/s 的 ZigBee 到超过 500Mb/s 的超宽带,无线网络传输的数据速率已超过四个数量级;从 5cm 的近场通信(Near Field Communication,NFC)到超过 50km 的 WiMAX 及 Wi - Fi,无线网络传输的传输距离则超过六个数量级。无线网络的发展可谓日新月异,新的标准和技术不断涌现。缘于无线网络技术的不断发展,作者在此对无线网络技术的多样性进行简单探讨。

为了能够无限拓展无线网络的能力,许多企业、研究院所和工程师个人充分运用了各种引人注目的技术,如跳频扩频和低密度奇偶校验码(low Density Parity Check Codes,LDPC)等,为推动无线网络的发展做出了很大的贡献。其中,跳频扩频技术是在二战期间由一位女演员和一名作曲家发明的,它是蓝牙射频传输的基础。低密度奇偶校验码是在 1963 年发明的,它实现了高效率数据传输方面的重大突破,在尘封 40 年后,被证明是实现吉比特数量级无线网络的关键技术之一。

另外,各种技术通过结合运用得到了更好的发挥。例如,在 20 世纪 80 年代用于数字广播的正交频分复用(Orthogonal Frequency Division Multiplexing,OFDM)技术与现在的超宽带无线电技术相结合,用于超过 7GHZ 的无线电频谱上,其发射功率小于美国通信委员会(Federal Communication Commission,FCC)噪声限制。同时,OFDM 技术与多载波码分多址(Code Division Multiple Access,CDMA)技术的结合也成为实现吉比特数量级无线网络的关键技术。

如今的无线网络逐渐摒弃那些相对简单的技术,不断寻求新技术,从而来满足数据传输速率不断增长的要求。新技术要求更能缩短每个比特的传输时间、同时使用载波的幅度和相位来传输数据、利用更宽无线电带宽(如超宽带)、多次使用同一空间的多个路径进行同时传输的空间分集等。

第二节 无线局域网技术

随着 Internet 应用的迅猛发展,以及便携机、PDA(Personal Data Assistant)等移动智能终端的使用的日益增长,给广大用户提供了诸多便利(可随时随处自由接入 Internet、能享受更多的业务、安全且有保障的网络),成为发展的必然。在接入速率和适应环境上与3G 技术互为补充的无线局域网(Wireless local Area Network,WLAN)迅猛发展,成为新一代高速无线接入网络。

一、无线局域网的发展史

无线局域网是计算机间的无线通信网络。相比有线通信悠久的历史,无线网络的历史并不长,特别是充分发挥无线通信的“可移动”特点的无线局域网是 20 世纪 90 年代以后才出现的事情。

1971 年,夏威夷大学投入运行的 AlohaNet 首次将网络技术和无线通信技术结合起来。为了使分散在 4 个岛上的 7 个校区里的计算机能与主校区的中心计算机进行通信,AlohaNet 通过星型拓扑将中心计算机和远程工作站连接起来,提供双向数据通信。远程工作站之间也能通过中心计算机相互通信。当时的数据传输速率为 9.6kb/s。

20 世纪 80 年代以后,美国和加拿大的一些业余无线电爱好者、无线电报务员开始尝试着设计并建立了终端节点控制器,将各自的计算机通过无线发报设备连接起来,所以,业余无线电爱好者使用无线联网技术,要比无线网络商业化早得多。

那时,无线计算机网络采用无线媒体仅仅是为了克服地理障碍,或是为了免除布线的烦恼,使网络安装简单、使用方便,而对网络中节点的移动能力并不重视。然而,进入 20 世纪 90 年代以后,随着功能强大的便携式电脑的普及使用,人们可以在办公室以外的地方随时使用携带的计算机工作,并希望仍然能够接入其办公室的局域网,或能够访问其他公共网络。这样,支持移动计算能力的计算机网络就显得越来越重要了。

1985 年,美国联邦通信委员会(FCC)授权普通用户可以使用 ISM 频段,从而把无线局域网推向了商业化。FCC 定义的 ISM 频段为:902 - 928MHz、2.4 - 2.4835GHz、5.725 - 5.85GHz 三个频段。1996 年中国无线电管理委员会开放了 2.4 - 2.4835GHz 频段。ISM 频段为无线电网络设备供应商提供了所需的频段,只要发射机功率的带外辐射满足无线电管理机构的要求,则无需提出专门的申请就可使用 ISM 频段。

IEEE 802 工作组负责局域网标准的开发。1990 年 11 月,IEEE 成立了 802.11 委员会,开始制定无线局域网标准。1997 年 6 月 26 日,IEEE 802.11 标准制定完成,1997 年 11 月 26

日正式发布。

IEEE 802.11 无线局域网标准的制定是无线局域网发展历史中的一个重要里程碑。承袭 IEEE 802 系列,IEEE 802.11 规范了无线局域网络的媒体访问控制(Medium Access Control,MAC)层和物理(Physical,PHY)层。特别是由于实际无线传输的方式不同,IEEE 在统一的 MAC 层下面规范了各种不同的实体层,以适应当前的情况及未来的技术发展。

IEEE 802.11 标准使得各种不同厂商的无线产品得以互连。另外,标准使核心设备执行单芯片解决方案,降低了采用无线技术的代价。IEEE 802.11 标准的颁布,使得无线局域网在各种有移动要求的环境中被广泛接受。1998 年,各供应商已经推出了大量基于 IEEE 802.11 标准的无线网卡及访问结点。

1999 年,IEEE 802.11 工作组又批准了 IEEE 802.11 的两个分支:IEEE 802.11a 和 IEEE 802.11b。IEEE 802.11a 扩充了无线局域网的物理层,规定该层使用 5GHz 频段,采用正交频分复用(OFDM)调制数据,传输速率为 6－54Mb/s。这样的速率既能够满足室内的应用,也能够满足室外的应用。IEEE 802.11b 是 IEEE 802.11 标准物理层的另一个扩充.规定采用 2.4GHz ISM 频段,调制方式采用补偿编码键控(CCK)。它的一个重要特点是,多速率机制的媒体访问控制(MAC)

确保当工作站之间距离过长或干扰太大、信噪比低于某一个门限的时候,传输速率能够从 11Mb/s 自动降低到 5.5Mb/s,或者根据直接序列扩频技术调整到 2Mb/s 或 1Mb/s。

二、无线局域网的特点

(一)无线局域网的优点

与传统有线局域网相比,WLAN 具有以下几个优点。

1. 移动性和灵活性

WLAN 利用无线通信技术在空中传输数据,摆脱了有线局域网的地理位置束缚,用户可以在网络覆盖范围内的任何位置接入网络,并且可在移动过程中对网络进行不间断的访问,体现出极大的灵活性。目前的 WLAN 技术可以支持最远 50km 的传输距离和最高 90km/h 的移动速度,足以满足用户在网络覆盖区域内享受视频点播、远程教育、视频会议、网络游戏等一系列宽带信息服务。

2. 安装便捷

传统有线局域网的传输媒介主要是铜缆或光缆,布线、改线工程量大,通常需要破墙掘地、穿线架管,线路容易损坏,网中的各节点移动不方便。WLAN 的安装工作快速、简单,无需开挖沟槽和布线,并且组建、配置和维护都比较容易。通常,只需要安装一个或多个接入点设备,就可建立覆盖整个区域的局域网络。

3. 易于进行网络规划和调整

对于有线网络来说,办公地点或网络拓扑的改变通常意味着重新建网、布线,费时、费力且需要较大的资金投入。而无线网络设备可以随办公环境的变化而轻松转移和布置,有效提高了设备的利用率并保护用户的设备投资。

4. 故障定位容易、维护成本低

据相关统计,尽管目前构建 WLAN 需投入的资金要比构建有线局域网高 30% 左右(主要是部署无线网卡和无线 AP 的费用),但是由于后期维护方便,WLAN 的维护成本要比有线局域网低 50% 左右。因此,对于经常移动、增加和变更的动态环境来说,WLAN 的长远投资收益更加明显。在有线局域网中,由于线路连接不良而造成的网络中断往往很难查明,检修线路需要付出很大的代价。WLAN 则很容易定位故障,只需更换故障设备即可恢复网络连接。

5. 易于扩展

WLAN 可以以一种独立于有线网络的形式存在,在需要时可以随时建立临时网络,而不依赖有线骨干网。WLAN 组网灵活,可以满足具体的应用和安装需要。WLAN 比传统有线局域网提供更多可选的配置方式,既有适用于小数量用户的对等网络,也有适用于几千名移动用户的完整基础网络。在 WLAN 中增加或减少无线客户端都非常容易,通过增加无线 AP 就可以增大用户数量和植盖范围,可以很快地从只有几个用户的小型局域网扩展到支持上千用户的大型网络,并且能够提供节点间"漫游"等有线局域网无法实现的特性。

6. 网络覆盖范围广

WLAN 具体的通信距离和覆盖范围视所选用的天线不同而有所不同:定向天线可达到 5km - 50km;室外的全向天线可搜盖 15km - 20km 的半径范围;室内全向天线可覆盖 250m 的半径范围。

(二)无线局域网的缺点

WLAN 并非完美无缺,也有许多面临的问题需要解决,这些局限性实际上也是 WLAN 必须克服的技术难点。这些局限性有些是低层技术方面的问题,需要 WLAN 设计者在研发过程中加以考虑;有些则是应用层面的问题,需要使用者在应用时加以克服和注意。

1. 可靠性

有线局域网的信道误比特率可优于 10^{-9},这样就保证了通信系统的可靠性和稳定性。WLAN 采用无线信道进行通信,而无线信道是一个不可靠信道,存在着各种各样的干扰和噪声,从而引起信号的衰落和误码,进而导致网络吞吐性能的下降和不稳定。此外,由于无线传输的特殊性,还可能产生"隐藏终端"、"暴露终端"和"插入终端"等现象,影响系统的可靠性。

2. 带宽与系统容量

由于频率资源有限,WLAN 的信道带宽远小于有线网的带宽:由于无线信道数有限,即使可以复用,WLAN 的系统容量通常也要比有线网的容量小。因此,WLAN 的一个重要发展方向就是提高系统的传输带宽和系统容量。

3. 兼容性与共存性

兼容性包括多个方面:WLAN 要兼容现有的有线局域网;兼容现有的网络操作系统和网络软件;多种 WLAN 标准的兼容,如 IEEE 802.11b 对 IEEE 802.11 的兼容,IEEE 802.11g 对 IEEE 802.11b 的兼容;不同厂家 WLAN 产品间的兼容。

共存性也包括多个方面:同一频段的不同制式或标准的无线网的共存,如 2.4GHz 频段的 WLAN 和蓝牙系统的共存;不同频段、不同制式或标准的无线网的共存(多模共存),如 2.4GHz 频段的 WLAN 和 5.8GHz 频段 WLAN 的共存,WLAN 与 GPRS 系统的共存等。

4. 覆盖范围

WLAN 的低功率和高频率限制了其覆盖范围。为了扩大覆盖范围,需要引入蜂窝或微蜂窝网络结构,或者通过中继与桥接等其他措施来实现。

5. 干扰

外界干扰可对无线信道和 WLAN 设备形成干扰,WLAN 系统内部也会形成自干扰;同时,WLAN 系统还会干扰其他无线系统。因此,在 WLAN 的设计与使用时,要综合考虑电磁兼容性能和抗干扰性能,并采用相应的措施。

6. 安全性

WLAN 的安全性有两方面的内容:一个是信息安全,即保证信息传输的可靠性、保密性、合法性和不可篡改性;另一个是人员安全,即电磁波的辐射对人体健康的损害。

因为信道的封闭性,在有线网络中存在着固有的安全保障。但在 WLAN 中,鉴于无线电波不能局限于网络设计的范围内,因此,有被偷听和被恶意干扰的可能性。目前,WLAN 系统中存在着一些安全漏洞。无线电管理部门应规定 WLAN 能够使用的频段.规定发射功率和带外辐射等各项技术指标。

7. 节能管理

由于 WLAN 的终端设备是便携设备,如笔记本计算机、PDA(个人数字助理)等,为了节省电池的消耗,延长设备的使用时间和提高电池的使用寿命,网络应具有节能管理功能。当某站不处于数据收发状态时,应使机内收发处于休眠状态,当要收发数据时,再激活收发信机。

8. 多业务与多媒体

现有的 WLAN 标准和产品主要面向突发数据业务,而对于语音业务、图像业务等多媒体业务的适宜性很差,需要开发保证多业务和多媒体的服务质量的相关标准和产品。

9. 移动性

WLAN 虽然可以支持站的移动,但对大范围移动的支持机制还不完善,也还不能支持高速移动。即使在小范围的低速移动过程中,性能还要受到影响。

10. 小型化、低价格

这是 WLAN 能够实用并普及的关键所在。这取决于大规模集成电路,尤其是高性能、高集成度技术的进步。可喜的是,目前3GHZ 以下砷化镓 MMIC(微波单片集成电路)的技术已相当成熟,已具备了生产小型、低价格 WLAN 射频单元的技术能力。

尽管 WLAN 技术仍有许多不足之处,但其先天的优势和良好的发展前景是不容置疑的。无线网络的主要优点是安装便捷、便于调整用户数量或更改网络结构以及可提供无线覆盖范围内的全功能漫游服务,在这些方面,无线网络弥补了传统有线网络的不足。

三、无线局域网的分类

无线局域网的分类方法有很多,下面介绍几种主要的分类方法。

(一)按频段的不同分

按频段的不同来分,可以分为专用频段和自由频段两类。其中不需要执照的自由频段又可分为红外线和无线电(主要是 2.4GHz 和 5GHz 频段)两种。再根据采用的传输技术进一步细分。

(二)按业务类型的不同分

根据业务类型的不同来分,可以分为面向连接的业务和面向非连接的业务两类。面向连接的业务主要用于传输语音等实时性较强的业务,一般采用基于 TDMA 和 ATM 的技术,主要标准有 HiPerLAN2 和蓝牙等。面向非连接的业务主要用于传输高速数据,通常采用基于分组和 IP 的技术,这类 WLAN 以 IEEE 802.11x 标准最为典型。当然,有些标准可以适用于面向连接的业务和面向非连接的业务,采用的是综合语音和数据的技术。

此外,按网络拓扑和应用要求的不同,还可以分为 PeertoPeer(对等式)Jnfrastruciure(基础结构式)和接入、中继等。

四、无线局域网的物理结构

无线局域网的物理组成或物理结构如图 3 - 1 所示,它主要包括以下几个部分:站(Station,STA)、无线介质(Wireless Medium,WM)、基站(Base Station,BS)或接入点(Access Point,AP)和分布式系统(Distribution System,DS)等。

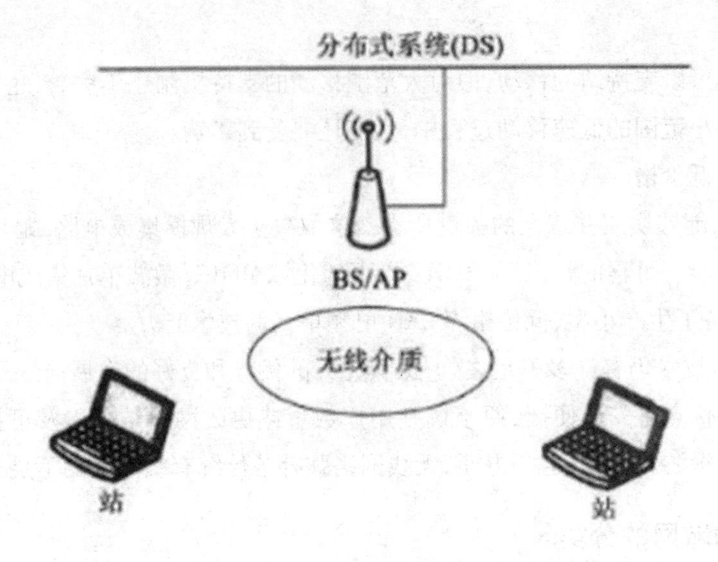

图 3－1　无线局域网的物理结构

(一)站(STA)

站(点)也称主机或终端,是 WLAN 的最基本组成单元。网络就是进行站间数据传输的,通常把连接在 WLAN 中的设备称为站。站在 WLAN 中通常用作客户端,它是具有无线网络接口的计算设备。它包括以下几部分:

1. 终端用户设备

终端用户设备是站与用户的交互设备。这些终端用户设备可以是台式计算机、便携式计算机和掌上电脑等,也可以是其他智能终端设备,如 PDA 等。

2. 无线网络接口

无线网络接口是站的重要组成部分,它负责处理从终端用户设备到无线介质间的数字通信,一般采用调制技术和通信协议的无线网络适配器(无线网卡)或调制解调器(Modem)。无线网络接口与终端用户设备之间通过计算机总线(如 PCI)或接口(如 RS－232、USB)等相连,并由相应的软件驱动程序提供客户应用设备或网络操作系统与无线网络接口之间的联系。

3. 网络软件

网络操作系统(NOS)、网络通信协议等网络软件运行于无线网络的不同设备上。客户端的网络软件运行在终端用户设备上,它负责完成用户向本地设备软件发出命令,并将用户接入无线网络。当然,对 WLAN 的网络软件有其特殊的要求。

WLAN 中的站之间可以直接相互通信,也可以通过基站或接入点进行通信。在 WLAN 中,站之间的通信距离由于天线的辐射能力有限和应用环境的不同而受到限制。

通常把 WLAN 所能覆盖的区域范围称为服务区域(Service Area,SA),而把由 WLAN 中移动站的无线收发信机及地理环境所确定的通信覆盖区域称为基本服务区(Basic Service Area,BSA)。考虑到无线资源的利用率和通信技术等因素,BSA 不可能太大,通常在 100m 以内,也就是说同一 BSA 中的移动站之间的距离应小于 100m。

(二)无线介质(WM)

无线介质是无线局域网中站与站之间、站与接入点之间通信的传输媒介。这里所说的介质为空气。空气是无线电波和红外线传播的良好介质。

通常,由无线局域网物理层标准定义无线局域网中的无线介质。

(三)无线接入点(AP)

无线接入点(简称接入点)类似蜂窝结构中的基站,是 WLAN 的重要组成单元。无线接入点是一种特殊的站,它通常处于 BSA 的中心,固定不动。其基本功能有以下几种:

(1)作为接入点,完成其他非 AP 的站对分布式系统的接入访问和同一 BSS 中的不同站间的通信关联。

(2)作为无线网络和分布式系统的桥接点完成 WLAN 与分布式系统间的桥接功能。

(3)作为 BSS 的控制中心完成对其俾非 AP 的站的控制和管理。

无线接入点是具有无线网络接口的网络设备,至少要包括以下几部分。

(1)与分布式系统的接口(至少一个)。

(2)无线网络接口(至少一个)和相关软件。

(3)桥接软件、接入控制软件、管理软件等 AP 软件和网络软件。

无线接入点也可以作为普通站使用,称为 AP Client。WLAN 中的接入点也可以是各种类型的,如 IP 型的和无线 ATM 型的。无线 ATM 型的接入点与 ATM 交换机的接口为移动网络与网络接口(MNNI)。

(四)分布式系统(DS)

环境和主机收发信机特性能够限制一个基本服务区所能覆盖区域的范围。为了能覆盖更大的区域,就需要把多个基本服务区通过分布式系统连接起来,形成一个扩展业务区(Extended Service Area,ESA),而通过 DS 互相连接起来的属于同一个 ESA 的所有主机构成了一个扩展业务组(Extended Service Set,ESS)。

分布式系统(Wireless Distribution System,WDS)就是用来连接不同基本服务区的通信通道,称为分布式系统媒体(Distribution System Medium,DSM)。分布式系统媒体可以是有线信道,也可以是频段多变的无线信道。这为组织无线局域网提供了充分的灵活性。

通常,有线 DS 系统与骨干网都采用有线局域网(如 IEEE 802.3)。而无线分布式系统使用 AP 间的无线通信(通常为无线网桥)将有线电缆取而代之,从而实现不同 BSS 的连接,如图 3-2 所示。分布式系统通过入口(Portal)与骨干网相连。无线局域网与骨干网(通常是有线局域网,如 IEEE 802.3)之间相互传送的数据都必须经过 Portal,通过 Portal 就可以把无线局域网和骨干网连接起来,如图 3-3 所示。

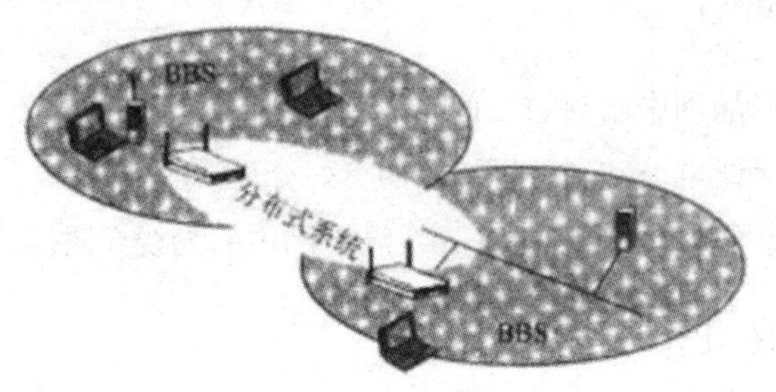

图 3-2 无线分布式系统

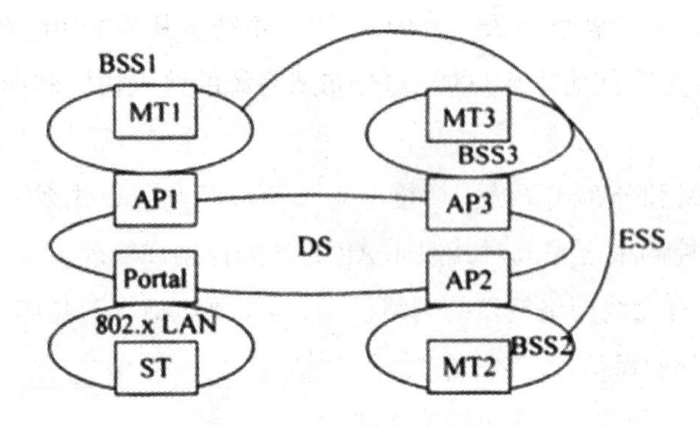

图 3-3 Portal 与 WLAN 拓扑

五、无线局域网标准

为了确保在网络中使用不同厂商网络设备的兼容,必须使用统一的业界标准,这样才能推动无线网络的发展。

(一)IEEE 802.11 标准

IEEE 802.11 是 IEEE 于 1997 年颁布的无线网络标准,当时规定了一些诸如介质接入控制层功能、漫游功能、保密功能等。而随着网络技术的发展,IEEE 对 802.11 进行了更新和完善使很多厂商对无线网络设备的开发和应用有了进一步的提高。IEEE 802.11 标准分为 802.11b、802.11a,802.11g 等几种。

1. IEEE 802.11b 标准

IEEE 802.11b 标准定义的工作频率为 2.4GHz,采用跳频扩频技术,最大传输速率为

11Mb/s，室内传输距离为 30m－100m，室外为 100m－300m。因为价格低廉，IEEE 802.11b 标准的产品被广泛使用。其升级版本为证 IEEE 802.11b＋，支持 22Mb/s 数据传输速率。IEEE 802.11b＋还能够根据情况的变化，在 11Mb/s、5.5Mb/s、2Mb/s、1Mb/s 的不同速率之间自动切换。

2. IEEE 802.11a 标准

IEEE 802.11a 标准使用 5GHz 的频段，采用跳频展频技术，数据传输速率可达到 54Mb/s。由于 IEEE 802.11b 的最高数据传输速率仅达到 11Mb/s，这就使在无线网络中的视频和音频传输存在很大问题，这就需要提高基本数据传输速率，相应的发展出 IEEE 802.11a 标准。

3. IEEE 802.11g 标准

IEEE 802.11g 标准是于 2003 年 6 月推出的新标准，结合了 IEEE 802.11b 标准支持的 2.4GHZ 工作频率和 IEEE 802.11a 标准的 54Mb/s 的传输速率，这样在兼容 IEEE 802.11b 标准的基础上拥有了高速率，使原有的 802.11b 和 802.11a 两种标准的设备都可以在同一网络中使用。IEEE 802.11g 是目前主流的无线局域网标准。它提供了高速的数据通信带宽，较为经济的成本，并提供了对原有主流无线局域网标准的兼容。

4. IEEE 802.11i 标准

IEEE 802.11i 标准是专门用于加强无线局域网安全的标准。因为无线局域网的“无线”特点，致使任何进入此网络覆盖区的用户都可以轻松地以临时用户身份进入网络，给网络带来了不安全因素。为此，IEEE 802.11i 标准专门就无线局域网的安全性方面做了明确规定，如加强用户身份论证制度，并对传输的数据进行加密等，很好地解决了现有无线网络的安全缺陷和隐患。安全标准的完善，无疑将有利于推动无线局域网应用。

（二）蓝牙技术

蓝牙（IEEE 802.15）是一项新标准。对于 IEEE 802.11 标准来说，它的出现不是为了竞争而是相互补充。“蓝牙”是一种极其先进的大容量近距离无线数字通信的技术标准，其目标是实现最高数据传输速度 1Mb/s（有效传输速率为 721kb/s）、最大传输距离为 10cm－10m，通过增加发射功率可达到 100m。蓝牙比 IEEE 802.11 更具移动性，例如，IEEE 802.11 限制在办公室和校园内，而蓝牙却能把一个设备连接到局域网和广域网，甚至支持全球漫游。此外，蓝牙成本低、体积小，可用于更多的设备。“蓝牙”最大的优势还在于，在更新网络骨干时，如果搭配“蓝牙”架构进行，可使整体网络的成本比铺设线缆低。

（三）HomeRF 标准

HomeRF 主要为家庭网络设计，是 IEEE 802.11 与数字无绳电话标准的结合，旨在降低语音数据成本,建设家庭语音、数据内联网。HomeRF 也采用了扩频技术,工作在 2.4GHZ 频带,能同步支持 4 条高质量语音信道。但目前 HomeRF 的传输速率只有 1Mb/s - 2Mb/s。

第三节　无线个域网与蓝牙技术

一、无线个域网的系统构成

当今时代,由于外围设备逐渐增多,用户不仅要在自己的计算机上连接打印机、扫描器、调制解调器等外围设备,有时还要通过 USB 接口将数码相机中的像片传输并存储到硬盘中去。不可否认,这些新技术的新用途给用户带来新体验,但是频繁地插拔某一接口、在计算机上缠绕无序的各种接线等也造成了很多不便。此外,企业内部各部门工作人员之间的信息传递对现代化企业中信息传送的移动化提出了更高的要求。在一间不大的办公室里组成有线局域网以实现信息和设备共享十分必要,无线个域网(Wireless Personal Area Network,WPAN)的产生很好地解决了密密麻麻的布线问题。

WPAN 系统通常都由以下 4 个层面构成。

(一)应用软件和程序

该层面由驻留在主机上的软件模块组成,控制 WPAN 模块的运行。

(二)固件和软件栈

该层面管理链接的建立,并规定和执行 QoS 要求。这个层面的功能常常在固件和软件中实现。

(三)基带装置

该层面负责数据传送所需的数字数据处理,其中包括编码、封包、检错和纠错。基带还定义装置运行的状态,并与主控制器接口(Host Controller Interface,HCI)交互作用。

(四)无线电

该层面链接经 D/A(数—模)和 A/D(模—数)变换处理的所有输入/输出数据。它接收来自和到达基带的数据,并且还接收来自和到达天线的模拟信号。

二、无线个域网的分类

无线个域网(WPAN)的应用范围越来越广泛,涉及的关键技术也越来越丰富。通常人们按照传输速率将无线个域网的关键技术分为三类:低速 WPAN(LR－WPAN)技术、高速 WPAN 技术和超高速 WPAN 技术。

(一)低速 WPAN(LR－WPAN)

IEEE 802.15.4 包括工业监控和组网、办公和家庭自动化与控制、库存管理、人机接口装置以及无线传感器网络等。低速 WPAN 就是以 IEEE 802.15.4 为基础,为近距离联网设计的。

由于现有无线解决方案成本仍然偏高,而有些应用无需 WLAN,甚至不需要蓝牙系统那样的功能特性,LR－WPAN 的出现满足了市场需要。LR－WPAN 可以用于工业监测、办公和家庭自动化、农作物监测等方面。在工业监测方面,主要用于建立传感器网络、紧急状况监测、机器检测;在办公和家庭自动化方面,用于提供无线办公解决方案,建立类似传感器疲劳程度监测系统,用无线替代有线连接 VCR(盒式磁带像机)、计算机外设、游戏机、安全系统、照明和空调系统;在农作物监测方面,用于建立数千个 LR－WPAN 节点装置构成的网状网,收集土地信息和气象信息,农民利用这些信息可获取较高的农作物产量。

与 WLAN 和其他 WPAN 相比,LR－WPAN 具有结构简单、数据率较低、通信距离近、功耗低等特点,可见其成本自然也较低。

除了上述特点外 LR－WPAN 在诸如传输、网络节点、位置感知、网络拓扑、信息类型等其他方面还有独特的技术特性。表 3－1 所示为 LR－WIPAN 的技术特性。

表 3－1 LR－WIPAN 技术特性

技术特性	基本要求
原始数据率(kh/s)	2－250
通信距离	一般为 10m,性能折中可增至 100m
电池寿命	电池寿命取决于工作,有些应用电池在无电的情况下(如功率为零的情况)也能工作
位置感知	可选
传输时延(HIS)	10－50
网络节点	最多可达 65534 个(实际数字根据需要来确定)
网络拓扑结构	星型或网状网
业务类型	以异步数据为主,也可支持同步数据
工作温度(°C)	－40—＋85
工作频率(GHz)	2.4
调制方式	开关键控(OOK)或振幅键控(ASK),扩频
复杂性	相对较低

（一）高速 WPAN

在 WPAN 方面，蓝牙（IEEE 802.15.1）是第一个取代有线连接工作在个人环境下各种电器的 WPAN 技术，但是数据传输的有效速率仅限于 1Mb/s 以下。2003 年 8 月 6 日，IEEE 正式批准了 IEEE 802.15.3 标准，这一标准是专为在高速 WPAN 中使用的消费和便携式多媒体装置制定的。IEEE 802.15.3 支持 11－55Mb/s 的数据率和基于高效的 TDMA 协议。物理层运行在 2.4GHz ISM 频段，可与 IEEE 802.11、IEEE 802.15.1 和 IEEE 802.15.4 兼容，而且能满足其他标准当前无法满足的应用需求。按照 IEEE 802.15.3 建立的 WPAN 拥有高达 55Mb/s 以上的数据传输速率。

首先，高速 WPAN 适合大量多媒体文件、短时间内视频流和 MP3 等音频文件的传送。利用高速 WPAN 传送一幅图片只需 1s 时间。表 3－2 中列出的其他 WLAN 和 WPAN 技术主要用于数据和语音传输，而高速 WPAN 还用于视频或多媒体传输，如摄像机编码器与 TV/投影仪/个人存储装置间的高速传送，便携式装置之间的计算机图形交换等。

其次，在个人操作环境中，高速 WPAN 能在各种电器装置之间实现多媒体连接。高速 WPAN 传送距离短，目前界定的数据率为 55Mb/s。网络采用动态拓扑结构，采用便携式装置能够在极短的时间内（小于 1s）加入或脱离网络。

表 3－2　高速 WPAN 与 WLAN 性能比较

	WLAN			WPAN	
标准类型	802.11a	802.11g	HyperLAN2	蓝牙	802.15.3
工作频率（GHz）	5	2.4	5	2.4	2.4
传输速率（Mb/s）	54	54	54	小于 1	大于 55
通信距离（m）	100	100	150	10	10
成本	高	适中	高	低	适中
主要应用	数据	数据	数据	语音、数据	语音、数据、多媒体
支持范围	全球	全球	欧洲	全球	全球
视频信道	5	2		0	5
功率	高	适中	高	很低	低
调制技术	OFDM	DSSS	OFDM	FHSS	FHSS

（三）超高速 WPAN

在人们的日常生活中，随着无线通信装置的急剧增长，人们对网络中各种信息传送提出了速率更高、内容更快的需求，而 IEEE 802.15.3 高速 WPAN 渐渐的不能满足这一需求。

随后，IEEE 802.15.3a 工作组提出了更高数据率的物理层标准，用以替代高速 WPAN

的物理层，这样就形成了更强大的超高速 WPAN 或超宽带（UWB）WPAN。超高速 WPAN 可支持 110－480Mb/s 的数据率。

IEEE 802.15.3a 超高速 WPAN 通信设备工作在 3.1－10.6GHz 的非特许频段，EIRP 为一41.3dBW/MHz。它的辐射功率低，低辐射功率可以保证通信装置不会对特许业务和其他重要的无线通信产生严重干扰。表 3－3 所示为室内和手持式系统的工作频率和 EIRP（有效各向同性辐射功能）要求，可见，在超高速 WPAN 装置中使用的工作频段不同，其 EIRP 值各不相同。

表 3－3　室内和手持式系统的工作频率和 EIRP 要求

频率范围（MHz）	室内和手持式系统 EIRP（dBW）
960－1610	－75.3/－75.3
1610－1900	－53.3/－63.3
1900－3100	－51.3/－61.3
3100－10600	－41.3/－41.3
10600 以上	－51.3/－61.3
频段中的峰值辐射功率	平均辐射功率 60dB 以上
最大传输时间	10s

三、无线个域网的技术标准

无线个域网是随着短距离无线移动网络技术的发展而产生的，用于解决同一地点终端和终端间的连接，一般为主设备单元和几个从设备单元构成一个网络，而无需任何中央管理装置，还能够将一组互联的设备中的一个或多个设备连入更广阔的 LAN 或者互联网，是当前发展最迅速的领域之一。目前 IEEE 研究的无线个域网技术标准主要集中在 IEEE 802.15 系列，是目前最为权威的无线个域网标准。

无线个域网（WPAN）和无线分布式感知/控制网络（WDSC）中的网络设备可能会由不同的公司进行开发生产，所以一个统一的协议或标准显得尤其重要。1998 年，IEEE 802.15 工作组成立，起初叫无线个域网研究组，1995 年变更为 IEEE 802.15－WPAN 工作组。它专门从事 WPAN 标准化工作，其任务就是开发一套适用于无线个域网通信的标准。目前，IEEE 802.15 工作组下设共有 7 个工作组，其组织结构如图 3－4 所示。

TG1 任务组负责制定 IEEE 802.15.1，是基于蓝牙 1.1 标准演变而来，在目前大多数蓝牙器件中采用的都是这一版本。IEEE 802.15.1 本质上只是蓝牙底层协议的一个正式标准化版本，大多数标准制定工作仍由 SIG 完成，其成果由 IEEE 批准。IEEE 802.15.1 工作在 2.4GHz 的 ISM 频带，这是世界范围内可以开放使用的波段，提供 1Mb/s 的数据传输率。新的版本 IEEE 802.15.la 对应于蓝牙 1.2，它包括某些 QoS 增强功能，并完全后向兼容。

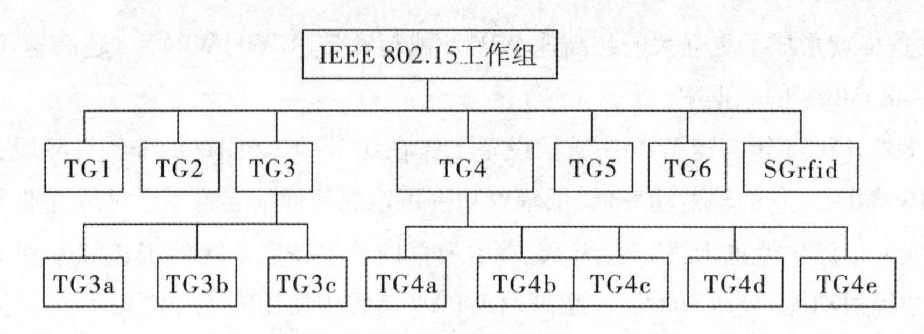

图 3-4　WPAN 标准研究组织构成

TG2 任务组负责制定 IEEE 802.15.2，负责建模和处理 WPAN 与 WLAN 在公用 ISM 频段内无线设备的共存问题。IEEE 802.15.2 定义了两种机制，分别是合作机制与非合作机制。

TG3 任务组负责制定 IEEE 802.15.3，IEEE 802.15.3 也称为 WiMedia，它规范了高速 WPAN 的物理层与 MAC 层，物理层可采用 QPSK、DQPSK、16QAM、32QAM 和 64QAM 调制方式，支持的数据速率分别为 11Mb/s、22Mb/s、33Mb/s、44Mb/s 和 55Mb/s。这种高速 WPAN 也由几个数据设备(DEV)组成，其中一个 DEV 充当本网的协调器(PNC)。PNC 利用 beacon 消息为本网提供基本时序，并负责管理功率模式、QoS 要求以及接入控制。这种高速 WPAN 主要用于解决数字摄像机、数字电视机、数字照相机、MP3 播放机、打印机、投影仪和笔记本电脑等便携式消费电器的高速互连问题。为了加强对更高速率的 WPAN 技术的研究，IEEE 802.15 工作组先后成立了 IEEE 802.15 TG3a 任务组、IEEE 802.15 TG3b 任务组和 IEEE 802.15 TG3c 任务组。目前，多数厂商倾向于 IEEE 802.15.3a，IEEE 802.15.3a 拓展了 802.15.3 物理层使用的频段，所以又称这种 WPAN 为超宽带(UWB)高速个域网。UWB 使用 3.1-10.6GHz 频段，每一无线信道占用的带宽甚至可以大于 500MHz，这样 UWB 系统可以低的发射功率获得大的吞吐量。生产 802.15.3a 产品的厂商成立了 WiMedia 联盟，其任务是对设备进行测试和贴牌，以保证标准的一致性。

TG4 任务组负责制定的 IEEE 802.15.4，也称 ZigBee 技术，主要任务是低功耗、低复杂度、低速率的 WPAN 标准制定，该标准定位于低数据传输速率的应用。这个任务组研究低于 200kb/s 数据传输率的 WPAN 应用，先后发展了 TG4a、TG4b、TG4c、TG4d、TG4e5 个分支机构。

TG5 任务组负责制定 IEEE 802.15.5，研究无线网状网(WMN)技术在 WPAN 中的应用。

TG6 任务组主要研究国家医疗管理机构批准的人体内部无线通信技术，目前还处于标准的研究制定阶段。

SGrfid 任务组负责研究 RFID 技术在 WPAN 中的应用。

四、蓝牙技术

随着计算机网络和移动电话技术的迅猛发展,人们越来越迫切需要发展一定范围内的无线数据与语言通信。现在,便携的数字处理设备已成为人们日常生活和办公的必需品,这些设备包括笔记本电脑、个人数字助理、外围设备、手机和客户电子产品等。这些设备之间的信息交换还大都依赖于电缆的连接,使用非常不方便。蓝牙就是为了满足人们在个人区域的无线连接而设计的。

(一)蓝牙技术的特点

蓝牙技术利用短距离、低成本的无线连接代替了电缆连接,从而为现存的数据网络和小型的外围设备接口提供了统一的连接。它具有优越的技术性能,具体如下所示。

1. 开放性

"蓝牙"是一种开放的技术规范,该规范完全是公开的和共享的。为鼓励该项技术的应用推广,SIG 在其建立之初就奠定了真正的完全公开的基本方针。与生俱来的开放性赋予了蓝牙强大的生命力。从它诞生之日起,蓝牙就是一个由厂商们自己发起的技术协议,完全公开,并非某一家独有和保密。只要是 SIG 的成员,都有权无偿使用蓝牙的新技术,而蓝牙技术标准制定后,任何厂商都可以无偿地拿来生产产品,只要产品通过 SIG 组织的测试并符合蓝牙标准后,产品即可投入市场。

2. 通用性

蓝牙设备的工作频段选在全世界范围内都可以自由使用的 2.4GHz 的 ISM(工业、科学、医学)频段,这样用户不必经过申请便可以在 2400 - 2500MHz 范围内选用适当的蓝牙无线电设备。这就消除了"国界"的障碍,而在蜂窝式移动电话领域,这个障碍已经困扰用户多年。

3. 短距离、低功耗

蓝牙无线技术通信距离较短,蓝牙设备之间的有效通信距离大约为 10 - 100m,消耗功率极低,所以更适合于小巧的、便携式的、由电池供电的个人装置。

4. 无线"即连即用"

蓝牙技术最初是以取消连接各种电器之间的连线为目标的。主要面向网络中的各种数据及语音设备,如 PC、PDA、打印机、传真机、移动电话、数码相机等。蓝牙通过无线的方式将它们连成一个围绕个人的网络,省去了用户接线的烦恼,在各种便携式设备之间实现无缝的资源共享。任意"蓝牙"技术设备一旦搜寻到另一个"蓝牙"技术设备,马上就可以建立联系,而无需用户进行任何设置,可以解释成"即连即用"。

5. 抗干扰能力强

ISM 频段是对所有无线电系统都开放的频段，因此，使用其中的某个频段都会遇到不可预测的干扰源，例如，某些家电、无绳电话、汽车库开门器、微波炉等，都可能是干扰。为此，蓝牙技术特别设计了快速确认和跳频方案以确保链路稳定。跳频是蓝牙使用的关键技术之一。建立链路时，蓝牙的跳频速率为 3200 跳/s；传送数据时，对应单时隙包，蓝牙的跳频速率为 1600 跳/s；对于多时隙包，跳频速率有所降低。采用这样高的跳频速率，使得蓝牙系统具有足够高的抗干扰能力，且硬件设备简单、性能优越。

6. 支持语音和数据通用

蓝牙的数据传输速率为 1Mb/s，采用数据包的形式按时隙传送，每时隙 0.625μs。蓝牙系统支持实时的同步定向连接和非实时的异步不定向连接，支持一个异步数据通道、3 个并发的同步语音通道。每一个语音通道支持 64kb/s 的同步话音，异步通道支持最大速率为 721kb/s，反向应答速率为 57.6kb/s 的非对称连接，或者是速率为 432.6kb/s 的对称连接。

7. 组网灵活

蓝牙根据网络的概念提供点对点和点对多点的无线连接，在任意一个有效通信范围内，所有的设备都是平等的，并且遵循相同的工作方式。基于 TDMA 原理和蓝牙设备的平等性，任一蓝牙设备在主从网络（Piconet）和分散网络（Scatternet）中，既可做主设备（Master），又可做从设备（Slaver），还可同时既是主设备又是从设备。因此，在蓝牙系统中没有从站的概念。另外，所有的设备都是可移动的，组网十分方便。

8. 软件的层次结构

与许多通信系统一样，蓝牙的通信协议采用层次式结构，其程序写在一个 9nm × 9nm 的微芯片中。其低层为各类应用所通用，高层则视具体应用而有所不同，大体可分为计算机背景和非计算机背景两种方式，前者通过主机控制接口（Host Control Interface，HCI）实现高、低层的连接，后者则不需要 HCI。层次结构使其设备具有最大的通用性和灵活性。根据通信协议，各种蓝牙设备在任何地方，都可以通过人工或自动查询来发现其他蓝牙设备，从而构成主从网和分散网，实现系统提供的各种功能，使用起来十分方便。

（二）蓝牙核心协议

蓝牙设备之间的连接与通信是蓝牙技术最为核心的问题，而要做好连接与通信，必须管理好这些活动的软件。与蓝牙有关的各种软件都是按照各种进程或过程的标准化协议编制而成。协议是各个蓝牙设备进行连接、数据传输、定位、交互操作的依据。众多的协议在为蓝牙设备服务中形成一个整体。有些协议是蓝牙所独有的，它们专为蓝牙产品服务；有些协议是其他的技术或应用中已有的，例如 TCP/IP，它们在寻找并扩大自己的应用领域时，发现还能用于蓝牙通信。

蓝牙核心协议就是包括 SIG 开发的蓝牙专有协议，是蓝牙 SIG 工程师专门为蓝牙开发的协议，它应用于蓝牙应用的每个规范，为应用程序提供传送和链路管理功能。

1. 基带协议

基带协议确保蓝牙微微网内各蓝牙设备单元之间建立链路的物理 RF 连接。基带协议提供两种不同的物理链路，一种是同步面向连接（Synchronous Connection - Oriented，SCO）链路；另一种是异步无连接（Asynchronous Coition - less，ACL）链路。而且在同一射频上可实现多路数据传送。ACL 适用于数据分组，其特点是可靠性好，但有延时；SCO 适用于话音以及话音与数据的组合，其特点是实时性好，但可靠性比 ACL 差。

2. 链路管理协议

链路管理协议（LMP）是基带协议的直接上层，它是蓝牙模块承上启下的重要成员。它主要用来控制和处理待发送数据分组的大小；管理蓝牙单元的功率模式及其在蓝牙网中的工作状态以及控制链路和密钥的生成、交换和使用。

3. 逻辑链路控制和适配协议

逻辑链路管理控制和适配协议 L2CAP 是位于基带协议之上的协议。它与 LMP 并行丁作，共同传送往来基带层的数据。L2CAP 和 LMP 主要区别是 L2CAP 为上层提供服务，LMP 不为上层提供服务。基带协议支持 SCO 和 ACL 链路，而 L2CAP 仅支持 ACL 链路。L2CAP 的主要功能是协议的复用能力、分组的重组和分割、组提取。L2CAP 的分组数据最长达 64KB。ACL 净荷头中有 2 位 L - CH 字段，用于区分 L2ACP 分组和 LMP 协议。

4. 服务发现协议

服务发现协议（SDP）的主要功能是能让两个不同的蓝牙设备相识并建立连接，为蓝牙的应用规范打下基础。SDP 的功能决定了蓝牙环境下的服务发现与传统网络下的服务发现有很大不同。SDP 能够为客户提供查询服务，允许特殊行为所需的查询。SDP 能根据服务的类型提供相应的服务。SDP 能在不知道服务特征的条件下提供浏览服务。SDP 能为发射设备服务，并对服务类型和属性提供唯一标识。SDP 还能让一个设备客户直接发现另外设备上的服务。

（三）蓝牙技术的应用

蓝牙技术的应用非常广泛而且极具潜力，它可以改变人们的生活方式，提高生活质量；也可以解放人的双手，为生活增添无限精彩。从目前来看，由于蓝牙在小体积、低功耗方面的突出表现，它几乎可以被集成到任何的数字设备中。蓝牙技术具有广阔的应用领域。

1. 实现“名片”及其他重要个人信息的交换

在 20 世纪 90 年代中期，一位未来学家曾预言未来的人们在交往中无需手持名片互相交换，只需穿上带有 CPU 芯片的皮鞋和戴上附有传感器的手表就可在双方握手的一瞬间互相传递个人的全部信息,从而取代名片的交换。

如今,蓝牙技术的出现,让这一切成为现实。使用蓝牙技术,无需穿戴特制的皮鞋和手表,也不必两手紧握,只需将手机轻轻一按就可以实现名片的交换。其简单方便程度远远超出了某些未来学家的大胆想象。

2. 实现数字化家园(E-home)

目前厂家生产的家用电脑已具有愈来愈高的智能,例如,具有语音识别、手写识别、指纹识别等,但若要成为家庭的智能控制中心,真正实现数字化家园还,需要有蓝牙技术的支持。

使用蓝牙技术,可以把家用电脑与其他数字设备(如数码相机、打印机、移动电话、PDA、家庭影院、空调机等)有机地接在一起,形成"家庭微网",从而使人们真正享受到数字化家园的方便、高效与自在。

3. 更好地实现"因特网随身带"

通过 WAP 技术可以实现移动互联,但是有其不足之处。例如,由于显示屏幕大小,对长信息的浏览很不方便。

利用蓝牙技术,可以把 WAP 手机与笔记本电脑连接起来,从而很好地解决这个矛盾。既可实现移动互联,又不影响对长信息的浏览。

蓝牙设备就像一个"万能遥控器",将传统电子设备的一对一的连接变为一对多的连接。蓝牙技术自倡导以来,迅速风靡全球,以低成本的近距离无线连接为基础,为固定与移动设备通信环境建立一个特别连接。

通俗讲,就是蓝牙技术使得现代一些轻易携带的移动通信设备和电脑设备,不必借助电缆就能联网,并且能够实现无线上因特网。蓝牙技术的实际应用范围还可以拓展到各种家电产品、消费电子产品和汽车等,组成一个巨大的无线通信网络。

第四节 无线传感器网络技术

一、无线传感器网络概述

无线传感器网络(Wireless Sensor Network,WSN)是一门交叉性学科,涉及计算机、微机电系统、网络通信、信号处理、自动控制等诸多领域,集分布式信息采集、信息传输和信息处理于一体。它是由一组传感器以 Ad Hoc(点对点)方式构成的无线网络,其目的是协作地感知、采集和处理网络覆盖的地理区域中感知对象的信息,并将这些信息发布给需要的用户,

无线传感器网络由许多个功能相同或者不同的无线传感器节点组成,它的基本组成单元是节点,这些节点集成了传感器、微处理器、无线接口和电源 4 个模块。无线传感器网络

是由无线传感器节点(Sensor Node,也就是图中的监测节点)、汇聚节点(Sink Node)、传输网络和管理节点(远程监控中心)组成,如图3-5所示。因此,无线传感器网络也可以理解成由部署在监测区域内大量的廉价微型传感器节点组成,通过无线通信方式形成的一个多跳自组织网络。

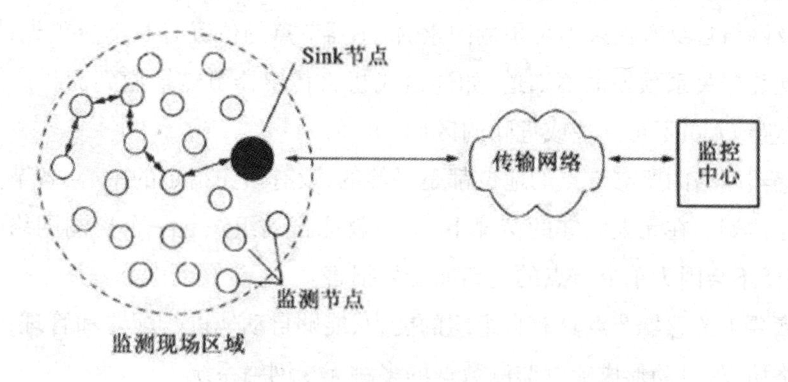

图3-5 无线传感器网络的基本组成

大量传感器节点随机部署在监测区域内部或者附近,能够通过自组织方式构成网络。传感器节点对监测目标进行检测,获取的数据经本地简单处理后再通过邻近传感器节点采用多跳的方式传输到汇聚节点,最后通过传输网络到达管理节点,用户通过管理节点对传感器网络进行配置和管理。

汇聚节点处理能力、存储能力和通信能力相对来说比较强,它既可以是一个具有足够能量供给和更多内存资源与计算能力的增强型传感器节点,也可以是一个带有无线通信接口的特殊网管设备。汇聚节点是感知信息的接受者和应用者,从广义的角度来说,汇聚节点可以是人,也可以是计算机或其他设备。例如,军队指挥官可以是传感器网络的汇聚节点;一个由飞机携带的移动计算机也可以是传感器网络的汇聚节点。在一个传感器网络中,汇聚节点可以有一个或多个,一个汇聚节点也可以是多个传感器网络的用户。

汇聚节点有两种工作模式:一种是主动式(Proactive),工作于该模式的汇聚节点周期性扫描网络和查询传感器节点从而获得相关的信息;另一种是响应式(Reactive),工作于该模式的汇聚节点通常处于休眠状态,只有传感器节点发出的感兴趣事件或消息触发才开始工作,一般来说,响应式工作模式较为常用。

二、无线传感器网络的特点

无线传感器网络作为一种新型的信息获取系统,具有极其广阔的应用前景。在民用领域,无线传感器网络可用于探测、空中交通管制、道路交通监视、工业生产自动化、分布式机器人、生态环境监测、住宅安全监测等方面;在军事领域,无线传感器网络主要应用于国土安全、战场监视、战场侦察、目标定位、目标识别、目标跟踪等方面。与目前各种现有网络相比,无线传感器网络具有以下显著特点。

(一)自组织性

在传感器网络应用中,通常传感器节点放置在没有基础结构设施的地方。通常网络所处物理环境及网络自身有很多不可预测因素,传感器节点的位置有时不能预先精确设定,节点之间的相互邻居关系预先也不知道,如通过飞机将传感器节点播撒到面积广阔的原始森林,或随意放置到人员不可到达或危险的区域。

由于传感器网络的所有节点的地位都是平等的,没有预先指定的中心,各节点通过分布式算法来相互协调。在无人值守的情况下,节点就能自动组织起一个探测网络。正因为没有中心,网络便不会因为单个节点的脱离而受到损害。

以上因素要求传感器节点具有自组织的能力,能够自动地进行配置和管理,通过拓扑控制机制和网络协议,自动形成转发监测数据的多跳无线网络系统。

在传感器网络的使用过程中,部分传感器节点由于能量耗尽或环境因素造成失效,也有一些节点为了弥补失效节点、增加监测精度而补充到网络中,这样在传感器网络中的节点个数就动态地增加或减少,从而使网络的拓扑结构随之动态变化。传感器网络的自组织性要适应这种网络拓扑结构的动态变化。

(二)以数据为中心

目前的互联网是先有计算机终端系统,然后再互联成为网络,终端系统可以脱离网络独立存在。在因特网中网络设备是用网络中唯一的 IP 地址来标识,资源定位和信息传输依赖于终端、路由器和服务器等网络设备的 IP 地址。如果希望访问因特网中的资源,首先要知道存放资源的服务器 IP 地址,可以说目前的因特网是一个以地址为中心的网络。

传感器网络是任务型的网络,脱离传感器网络谈论传感器节点是没有任何意义的。传感器网络中的节点采用节点编号标识,节点编号是否需要全网唯一,这取决于网络通信协议的设计。

由于传感器节点属于随机部署,构成的传感器网络与节点编号之间的关系是完全动态的,表现为节点编号与节点位置没有必然的联系。用户使用传感器网络查询事件时,直接将所关心的事件通告给网络,而不是通告给某个确定编号的节点。网络在获得指定事件的信息后汇报给用户。这种以数据本身作为查询或传输线索的思想,更接近于自然语言交流的习惯,因此说传感器网络是一个以数据为中心的网络。

无线传感器网络更关心数据本身,如事件、事件和区域范围等,并不关注是哪个节点采集的。例如,在目标跟踪的传感器网络中,跟踪目标可能出现在任何地方,对目标感兴趣的用户只关心目标出现的位置和时间,并不必关心哪个节点监测到目标。事实上,在目标移动的过程中,必然是由不同的节点提供目标的位置消息。

(三)应用相关性

传感器网络用来感知客观物理世界,获取物理世界的信息量。客观世界的物理量多种多样,不可穷尽。不同的传感器网络应用关心不同的物理量,因此,对传感器的应用系统也有多种多样的要求。

不同的应用背景对传感器网络的要求不同,它们的硬件平台、软件系统和网络协议会有所差别。因此,传感器网络不可能像因特网那样,存在统一的通信协议平台。不同的传感器网络应用虽然存在一些共性问题,但在开发传感器网络应用系统时,人们更关心传感器网络的差异。只有让具体系统更贴近于应用,才能符合用户的需求和兴趣点。针对每一个具体应用来研究传感器网络技术,这是传感器网络设计不同于传统网络的显著特征。

(四)动态性

下列因素可能会导致传感器网络的拓扑结构随时发生改变,而且变化的方式与速率难以预测:

环境因素或电能耗尽造成的传感器节点出现故障或失效。

环境条件变化可能造成无线通信链路带宽变化,甚至时断时通。

传感器网络的传感器、感知对象和观察者这三要素都可能具有移动性。

新节点的加入。

由于传感器网络的节点是处于变化的环境,它的状态也在相应地发生变化,加之无线通信信道的不稳定性,网络拓扑因而也在不断地调整变化,而这种变化方式是无人能准确预测出来的。这就要求传感器网络系统要能够适应这种变化,具有动态的系统可重构性。

(五)网络规模大

为了获取精确信息,在监测区域通常部署大量的传感器节点,传感器节点数量可能达到成千上万。传感器网络的大规模性包括两方面含义:一方面是传感器节点分布在很大的地理区域内,例如,在原始森林采用传感器网络进行森林防火和环境监测,需要部署大量的传感器节点;另一方面,传感器节点部署很密集,在一个面积不是很大的空间内,密集部署了大量的传感器节点,实现对目标的可靠探测、识别与跟踪。

传感器网络的大规模性具有如下优点:通过不同空间视角获得的信息具有更大的信噪比;分布式地处理大量的采集信息,能够提高监测的精确度,降低对单个节点传感器的精度要求;大量冗余节点的存在,使得系统具有很强的容错性能;大量节点能增大覆盖的监测区域,减少探测遗漏地点或者盲区。

(六)可靠性

传感器网络特别适合部署在恶劣环境或人员不能到达的区域,传感器节点可能工作在露天环境中,遭受太阳的暴晒或风吹雨淋,甚至遭到无关人员或动物的破坏。传感器节点往往采用随机部署,如通过飞机撒播或发射炮弹到指定区域进行部署。这些都要求传感器节点非常坚固,不易损坏,适应各种恶劣环境条件。

无线传感器网络通过无线电波进行数据传输,虽然省去了布线的烦恼,但是相对于有线网络,低带宽则成为它的天生缺陷。同时,信号之间还存在相互干扰,信号自身也在不断地衰减,网络通信的可靠性也是不容忽视的。

另外,由于监测区域环境的限制以及传感器节点数目巨大,不可能人工"照顾"到每个节点,网络的维护十分困难甚至不可维护。传感器网络的通信保密性和安全性也十分重要,防止监测数据被盗取和收到伪造的监测信息。因此,传感器网络的软硬件必须具有鲁棒性和容错性。

三、无线传感器网络的关键技术

(一)无线传感器网络的路由协议

路由协议是无线传感器网络层的主要功能,设计有效的路由协议来提高通信连通性、降低能量消耗、延长网络生存时间成为无线传感器网络的核心问题之一。另外,路由协议的安全又是构建整个网络安全的重要和关键的一环,因此,设计高效和安全的无线传感器网络的路由协议始终是该领域的热点问题。

1. 无线传感器网络路由协议的分类

针对不同的传感器网络应用,研究人员提出了不同的路由协议。但到目前为止,仍缺乏一个完整和清晰的路由协议分类。从具体应用的角度出发,根据不同应用对传感器网络各种特性的敏感度不同,将路由协议分为以下四种类型。

(1)能量感知路由协议

高效利用网络能量是传感器网络路由协议的一个显著特征,早期提出的一些传感器网络路由协议往往仅考虑了能量因素。为了强调高效利用能量的重要性,在此将它们划分为能量感知路由协议。能量感知路由协议从数据传输中的能量消耗出发,讨论最优能量消耗路径以及最长网络生存期等问题。

(2)基于查询的路由协议

在诸如环境检测、战场评估等应用中,需要不断查询传感器节点采集的数据,汇聚节点(查洵节点)发出任务查询命令,传感器节点向查询节点报告采集的数据。在这类应用中,通信流量主要是查询节点和传感器节点之间的命令和数据传输,同时传感器节点的采样信息在传输路径上通常要进行数据融合,通过减少通信流量来节省能量。

(3)地理位置路由协议

在诸如目标跟踪类应用中,往往需要唤醒距离跟踪目标最近的传感器节点,以得到关于目标的更精确位置等相关信息。在这类应用中,通常需要知道目的节点的精确或者大致地理位置,把节点的位置信息作为路由选择的依据,不仅能够完成节点路由功能,还可以降低系统专门维护路由协议的能耗。

(4)可靠的路由协议

无线传感器网络的某些应用对通信的服务质量有较高要求,如可靠性和实时性等。而在无线传感器网络中,链路的稳定性难以保证,通信信道质量比较低,拓扑变化比较频繁,要实现服务质量保证,需要设计相应的可靠的路由协议。

2. 无线传感器网络路由协议的特点

与传统网络的路由协议相比,无线传感器网络的路由协议具有以下特点。

(1)能量优先

传统路由协议在选择最优路径时,很少考虑节点的能量消耗问题。而无线传感器网络中节点的能量有限,延长整个网络的生存期成为传感器网络路由协议设计的重要目标,因此,需要考虑节点的能量消耗以及网络能量均衡使用的问题。

(2)基于局部拓扑信息

无线传感器网络为了节省通信能量,通常采用多跳的通信模式,而节点有限的存储资源和计算资源,使得节点不能存储大量的路由信息,不能进行太复杂的路由计算。在节点只能获取局部拓扑信息和资源有限的情况下,如何实现简单高效的路由机制是无线传感器网络的一个基本问题。

(3)以数据为中心

传统的路由协议通常以地址作为节点的标识和路由的依据,而无线传感器网络中大量节点随机部署,所关注的是监测区域的感知数据,而不是具体哪个节点获取的信息,不依赖于全网唯一的标识。无线传感器网络通常包含多个传感器节点到少数汇聚节点的数据流,按照对感知数据的需求、数据通信模式和流向等,以数据为中心形成消息的转发路径。

(4)应用相关

无线传感器网络的应用环境千差万别,数据通信模式不同,没有一个路由机制适合所有的应用,这是无线传感器网络应用相关性的一个体现。设计者需要针对每一个具体应用的需求,设计与之适应的特定路由机制。

3. 无线传感器路由协议的性能指标

无线传感器网络的路由协议不同于传统无线网络的路由协议,由于应用行业和应用场所的差异,使网络的路由算法的采用和路由协议的设计也颇具特点。为了评价路由协议设计的优劣,可以使用性能衡量指标来进行描述。

无线传感器网络中路由协议的设计目标是:使用积极有效的能量管理技术来延长网络生命周期;提高路由的容错能力,形成可靠数据转发机制。评价一个无线传感器网络路由设计性能的好坏,一般包含网络生命周期、传输延迟、路径容错性、可扩展性等性能指标。

(1)网络生命周期

网络生命周期是指无线传感器网络从开始正常运行到第1个节点由于能量耗尽而退出网络所经历的时间。

(2)低延时性

低延时性是指网关节点发出数据请求到接收返回数据的时间延迟。

(3)鲁棒性

一个系统的鲁棒性是该系统在异常和危险情况下系统生存的能力;系统在一定的参数摄动下,维持性能稳定的能力。无线传感器网络中路由协议也应具有鲁棒性。具体地讲,就是路由算法应具备自适应性和容错性(Fault Tolerant),在部分传感节点因为能源耗尽或环境干扰而失效,不应影响整个网络的正常运行。

(4)可扩展性

网络应该能够方便地进行规模扩展,传感器节点群的加入和退出都将导致网络规模的变动,优良的路由协议应该体现很好的扩展性。

(二)无线传感器网络的时间同步技术

无线传感器网络是一种新的分布式系统。节点之间相互独立并以无线方式通信,每个节点维护一个本地计时器,计时信号一般由廉价的晶体振荡器(简称晶振)提供。由于晶体振荡器制造工艺的差别,并且其在运行过程中易受到电压、温度以及晶体老化等多种偶然因素的影响,每个晶振的频率很难保持一致,进而导致网络中节点的计时速率总有偏差,造成了网络节点时间的失步。为了维护节点本地时间的一致性,必须进行时间同步操作。

1.时间同步的分类

(1)排序、相对同步与绝对同步

S. Ganeriwal把时间同步的需求分为三个不同的层次。最简单的时间同步需求是能够实现对事件的排序(Ordering),也就是实现对事件发生的先后顺序的判断。第二个层次称为相对同步:节点维持其本地时钟的独立运行,动态获取并存储它与其他节点之间的时钟偏移和时钟飘移(Clock Skew)。根据这些信息,实现不同节点本地时间值之间的相互转换,达到时间同步的目的。可以看出:相对同步并不直接修改节点本地时间,保持了本地时间的连续运行。RBS(Reference Broadcast Synchronization)是其典型代表。第三个层次为绝对同步:节点的本地时间和参考基准时间保持时刻一致，因此，除了正常的计时过程对节点本地时间进行修改外，节点本地时间也会被时间同步协议所修改。TPSN(Timing - sync Protocol for Sensor Networks)是其典型代表。

(2)外同步与内同步

外同步是指同步时间参考源来自于网络外部。典型外同步的例子为:时间基准节点通过外接 GPS 接收机获得 UTC(Universal Time Coordinated)时间，而网内的其他节点通过时间基准节点实现与 UTC 时间的间接同步；或者为每个节点都外接 GPS 接收机，从而实现与 UTC 时间的直接同步。内同步则是指同步时间参考源来源于网络内部，例如，为网内某个节点的本地时间。

(3)局部同步与全网同步

根据不同应用的需要，若需要网内所有节点时间的同步，则称为全网同步。某些例如事件触发类应用，往往只需要部分与该事件相关的节点同步即可，这称为局部同步。

2. 时间同步算法

常用的时间同步算法主要包括了 RBS 算法、TPSN 算法、Mini - Sync 及 Tiny - Sync 算法和 LTS 算法。

(1)RBS 算法

Elson、Girod 和 Estrin 提出了无线传感器网络的同步方案 RBS(Reference Broadcast Synchronization)，他们简单而且新颖的想法就是利用“第 3 节点”实现同步:他们的方案并不是同步发送者和接收者(比如先前的大部分同步方案)，而是使接收者彼此同步(虽然在无线传感器网络中的应用很新颖，但是在广播的环境中，先前已经提出过接收者彼此同步的思想)。在 RBS 方案中，节点发送参考给它的相邻节点，这个参考消息并不包含时间戳，相反的，它的到达时间被接收节点用作参考来对比本地时钟。

由于 RBS 算法将发送者的不确定性从关键路径中排除(图 3 - 6)，所以获得了比传统的利用节点间双向信息交换实现同步的方法较好的精确度。由于发送者的不确定性对 RBS 的精确度没有影响，误差的来源主要是传输时间和接收时间的不确定性。首先假设单个广播在相同时刻到达所有接收者，因此，传输误差可以忽略。当广播范围相对较小(相对于同步精确度好几倍的光速)，这种假设是正确的，而且也满足传感器网络的实际情形，所以在分析这个模型精确度的时候，只需要考虑接收时间误差。

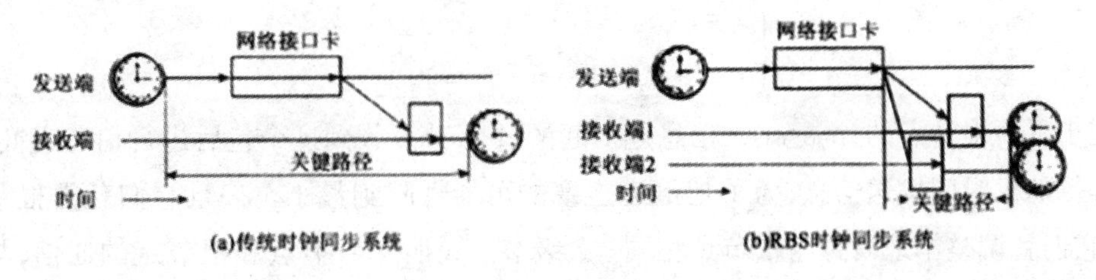

图 3 - 6　传统同步系统与 RBS 的比较

(2)TPSN 算法

Ganeriwal et al. 提出了用于无线传感器网络整个网络内的时间同步算法 TPSN(Timing－Sync Protocol for Sensor Networks),该算法分为两步,即分级和同步。第一步的目的是建立分级的网络拓扑,每个节点有个级别。只有一个节点则为零级,叫做根节点。第二步主要任务是节点间的信息交换,i 级节点与,i－1 级节点同步,最后所有的节点都与根节点同步,从而达到整个网络的时间同步。

①分级。这步在网络拓扑的时候运行 1 次。首先根节点被确定,这个将是传感器网络的网关节点,在这个节点上可以安装 GPS 接收器,所有网络内的节点可以与外部时间(物理时间)同步。如果网关节点不存在,传感器节点可以周期性地作为根节点,现在有一种选择算法用于这个目的。

根节点被定为零级,通过广播分级数据包进行分级,这个包包含发送者的级别。根节点的相邻节点收到这个包后,把自己定为 1 级。然后每个 1 级节点广播分级数据包。一旦节点被定级,它将拒收分级数据包。这个广播链延伸到整个网络,直到所有的节点都被定级。

②同步。同步阶段最基础的一部分就是 2 个节点间双向的消息交换。假设在单个消息交换的很小一段时间内,2 个节点的时钟漂移是不变的,传输延迟在 2 个方向上也是不变的。

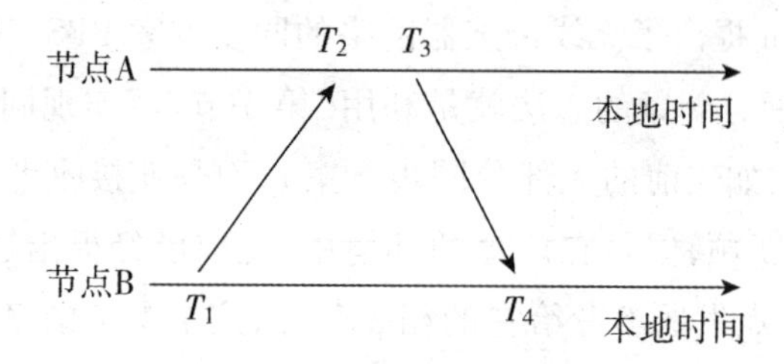

图 3－7　节点间的双向消息交换

考虑图 3－7 所示的节点 A 和节点 B 之间的双向消息交换,节点 A 在 T_1(根据本地时钟)发送同步信息包,这个包包含节点 A 的等级和,节点 B 在 $T_2 = T_1 + \Delta + d$ 收到这个包。其中,Δ 是节点间的相对时钟漂移;d 是脉冲的传输延迟。节点 B 在 T_3返回确认信息包,信息包包含节点 B 的等级和 T_1、T_2、T_3,然后,节点 A 能够计算出时钟漂移和传输延迟,并与节点 B 同步。可以推出:

$$\begin{cases} \Delta = [(T_2 - T_1) - (T_4 - T_3)]/2 \\ d = [(T_2 - T_1) + (T_4 - T_3)]/2 \end{cases}$$

同步是由根节点的 time_sync 信息包引起的,1 级节点收到这个包后进行信息交换,每个节点等待随机时间发送信息,为了把信道阻塞的可能性降到最小。一旦它们获得根节点的回应,它们就调整本地时钟与根节点相同。2 级节点监听 1 级节点和根节点的通信,与 1 级节点产生双向消息交换,然后再一次等待随机时间保证 1 级节点完成同步。这个过程最终使所有节点与根节点同步。

(3) Mini – Sync 及 Tiny – Sync 算法

Tiny – Syne 和 Mini – Sync 是由 Sichitiu 和 Veerarittiphan 提出的两种用于无线传感器网络的同步算法。假设每个时钟能够与固定频率的振荡器近似，2 个时钟在假设下线性相关：

$$C_1(t) = a_{12} \cdot C_2(t) + b_{12} \quad (3-1)$$

式中，a_{12}是 2 个时钟的相对漂移；b_{12}是 2 个时钟的相对偏移。

两种算法用的是传统的双向消息设计去估计节点时钟间的相对漂移和相对偏移。节点 1 给节点 2 发送探测消息，时间戳是 t_0，消息发送时的本地时钟。节点 2 在接收到消息后产生时间戳 t_b，并且立刻发送应答消息。最后，节点 1 在收到应答消息的时候产生时间戳 t_r。利用这些时间戳的绝对顺序和式(3 –1)可得：

$$t_0 < a_{12} t_b + b_{12}$$

$$t_r > a_{12} t_b + b_{12}$$

3 个时间戳(t_0，t_b，t_r)叫做数据点。Tiny – Sync 和 Mini – Sync 利用这些数据点进行工作，每个数据点通过双向消息交换进行收集。随着数据点数目的增多，算法的精确度也提高。

(4) LTS 算法

LTS 算法是 Greunen 和 Rabaey 提出的。与其他算法的最大区别是该算法的目的并不是提高精确度，而是减小时间同步的复杂度。该算法在具体应用所需要的时间同步精确度范围内，以最小的复杂度来满足需要的精确度。无线传感器网络的最大时间精确度相对较低(通常在几分之一秒内)，所以可利用这种相对简单的时间同步算法。此外，它们还提出了两种基于多跳的无线传感器网络 LTS 算法。

第一种多跳 LTS 算法是集中算法。在集中同步算法中，参考节点就是树的根节点，如果需要可以进行“再同步”。其基本过程为：

首先要构造树状图，然后沿着树的子叶边缘进行成对同步。希望通过构造树状图使同步精度最大化，最小深度的树是最优的。如果考虑时钟漂移，同步的精确度将受到同步时间的影响。为了最小化同步时间，同步应该沿着树的枝干并行进行，这样所有的子叶节点基本同时完成同步。通过假设时钟漂移被限定和给出需要的精确度，参考节点计算单个同步有效的时间周期。因此，树的深度影响整个网络的同步时间和子叶节点的精度误差。为了利用这个信息决定再同步所需时间，需要把树的深度参数传给根节点。

第二种多跳 LTS 算法通过分布式方法实现全网内的同步。每个节点决定自己同步的时间，算法中没有利用树结构。当节点/决定需要同步，它发送一个同步请求给最近的参考节点。然后，所有沿着从参考节点到节点‖的路径的节点必须在节点‖同步以前已经同步。这个算法的优点就是一些节点可以减少传输负载，因此，可以不需要频繁的同步。

另外，让每个节点决定再同步可以推进成对同步的数量，因为对于每个同步请求，沿着参考节点到再同步发起者的路径的所有节点都需要同步。随着同步需求数量的增加，沿着这个路径的整个同步将导致很大的节点和带宽资源浪费。因此，通过适当的融合算法是十分必要的。当任何节点需要同步时，需要询问相邻节点是否存在未处理的请求。如果存在，这个节点的同步请求将和未处理的请求融合，减少无效请求的传输。

3. 时间同步技术的应用

时间同步是无线传感器网络的基本中间件，不仅对其他中间件而且对各种应用都起着基础性作用，一些典型的应用如下所示。

(1)多传感器数据压缩与融合

当传感器节点密集分布时，同一事件将会被多个传感器节点接收到。如果直接把所有的事件都发送给基站节点进行处理，将造成对网络带宽的浪费。此外，由于通信开销远高于计算开销，因此，对一组邻近节点所侦测到的相同事件进行正确识别，并对重复的报文进行信息压缩后再传输将会节省大量的电能。为了能够正确地识别重复报文，可以为每个事件标记一个时间戳，通过该时间戳可达到对重复事件的鉴别。时间同步越精确，对重复事件的识别也会更有效。

数据融合技术可在无线传感器网络中得到充分发挥，融合近距离接触目标的分布式节点中多方位和多角度的信息可以显著提高信噪比，缩小甚至有可能消除探测区域内的阴影和盲点。但这有一个基本前提：网络中的节点必须以一定精度保持时间同步，否则根本无法实施数据融合。例如，将一组时间序列融合成为对动物行进速度和方向的估计，这是需要建立在时间同步基础上的。

(2)低功耗 MAC 协议

研究表明：被动监听无线信道的功耗与主动发送分组的功耗是相当的。因此，无线传感器网络 MAC 层协议设计的一个基本原则是尽可能地关闭无线通信模块，只在无线信息交换时短暂唤醒它，并在快速完成通信后，重新进入休眠状态，以节省宝贵的电能。如果 MAC 协议采用最直接的时分多路复用策略，利用占空比的调节便可实现上述目标，但需要参与通信的双方首先实现时间同步，并且同步精度越高，防护频带越小，相应的功耗也越低。因此，高精度的时间同步是低功耗 MAC 协议的基础。

(3)测距定位

定位功能是许多典型的无线传感器网络应用的必需条件，也是当前的一项研究热点。易于想象：如果网络中的节点保持时间同步，则声波在节点间的传输时间很容易被确定。由于声波在一定介质中的传播速度是确定的，因此，传输时间信息很容易转换为距离信息。这意味着，测距的精度直接依赖于时间同步的精度。

(4)分布式系统的传统要求

前面结合传感器网络的特殊性讨论了时间同步的重要性。就一般意义的分布式系统而言,时间同步在数据库查询、保持状态一致性和安全加密等应用领域也是不可缺少的关键机制。

(5)协作传输的要求

通常来说,由于无线传感器网络节点的传输功率有限,不能和远方基站(如卫星)直接通信,直接放置大功率的节点有时是困难甚至不可能的。因此,提出了协作传输(Cooperative Transmission),其基本思想为:网络内多个节点同时发送相同的信息,基于电磁波的能量累加效应,远方基站将会接收到一个瞬间功率很强的信号,从而实现直接向远方节点传输信息的目的。当然,要实现协作传输,不仅需要新型的调制和解调方式,而且精确的时间同步也是基本前提。

(三)无线传感器网络的节点定位技术

1. 节点定位的基本概念

节点定位机制是指依靠有限的位置已知节点,确定布设区中其他节点的位置,在传感器节点间建立起空间关系的机制。

与传统计算机网络相比,无线传感器网络在计算机软硬件所组成计算世界与实际物理世界之间建立了更为紧密的联系,高密度的传感器节点通过近距离观测物理现象极大地提高了信息的“保真度”。在大多数情况下,只有结合位置信息,传感器获取的数据才有实际意义。以温度测量为例,如果不考虑原始数据产生的位置,我们只能将所有节点测得的数据进行平均,得出某个时刻监测区的平均温度;如果结合节点的位置信息,我们则可以绘制出温度等高线,在空间上分析网络布设区内的温度分布情况。对于目标定位与跟踪这一典型应用,现有的研究都将节点位置已知作为一个前提条件。

另外,许多对无线传感器网络协议的研究也都利用了节点的位置信息。在网络层,因为无线传感器网络节点无全局标志,可以设计基于节点位置信息的路由算法;在应用层,根据节点位置,无线传感器网络系统可以智能地选择一些特定的节点来完成任务,从而降低整个系统的能耗,提高系统的存活时间。

针对不同的无线传感器网络应用,节点定位难度不尽相同。对于军事应用,节点布设有可能采取空投的方式,导致节点位置随机性非常高,系统可用的外部支持也很少;而在另外一些场合,节点布设可能相对容易,系统也可能有较多的外部支持。为了实现普适计算,国外研究了很多传感器定位系统。这样的系统一般由大量传感器以有线方式联网构成,系统的目标是确定某个区域内物体的位置。这些系统依赖于大量基础设施的支持,采用集中计算方式,不考虑节能要求。在机器人领域,也有很多关于机器人定位的研究,但这些算法一般不考虑计算复杂度及能量限制的问题。由于无线传感器网络节点成本低、能量有限、随机密集布设等特点,上述定位方法均不适用于无线传感器网络。

全球定位系统(Global Positioning System,GPS)已经在许多领域得到了应用,但为每个节点配备 GPS 接收装置是不现实的。原因主要有:

GPS 接收装置费用较高。

GPS 对使用环境有一定限制,如在水下、建筑物内等不能直接使用。

关于节点定位技术的基本术语如下:

标节点(Beacon Nodes):网络中在初始化阶段具有相对某全局坐标系的已知位置信息的节点,可以为其他节点提供位置参考标志。通常导标节点在节点总数中所占比例比较小,可以通过装备 GPS 定位设备或手工配置、确定部署等方式来预先获得位置信息。也有文献将导标节点称为"描节点(Anchor Node)"。

知节点(Unknown Nodes):导标节点以外的节点就称为"未知节点"。这些节点不能预先获得位置信息,节点定位的过程就是获得这些节点的位置。也有文献将未知节点称为"盲节点(Blind Node)"。

居节点(Neighboring Nodes):每个节点的通信距离范围之内的所有节点集。

网络密度(Network Density):指单个节点通信覆盖区域的传感器节点平均数目,通常记为 μ(R)若 N 个节点抛撒在面积为 A 的区域,节点通信距离为仏则

节点度(Node Degree):节点的邻居节点数目。

跳数(Hop Count):两个节点之间的跳段总数。

跳距(Hop Distance):两个节点之间的各跳段的距离之和。

2. 定位算法的分类

节点定位算法的分类内容非常丰富,下面仅介绍常见的几类。

(1)基于距离的定位算法和非基于距离的定位算法

最常见的定位机制就是基于距离和非基于距离的定位算法。前者根据节点间的距离信息,结合几何学原理,解算节点位置;后者则利用节点间的邻近关系和网络连通性进行定位。

通过物理测量获得节点之间的距离或连接有向线段的夹角信息来对节点进行定位的算法,是基于测距的定位算法。不是通过周边参考节点的测距,而是利用节点的连通性和多条路由信息交换来对节点进行定位的算法就是非基于测距的定位算法。基于测距的定位算法定位精度较高,但对于硬件设备的费用支出和相关的功耗较大;总的来讲,非基于测距定位算法实施的成本较低。

(2)基于信标节点的定位算法和无信标节点的定位算法

如果使用了信标节点及信标节点数据的定位算法叫基于信标节点的定位算法,否则就是无信标节点的定位算法。基于信标节点的定位算法以信标节点为参考点,通过定位后,完

成了绝对坐标系中坐标描述;无信标节点的定位算法无需其他节点的绝对坐标数据信息,只依靠节点的相对位置关系确定待定位节点的位置,这样所得出的位置信息是在相对坐标系中进行的,定位数据也是在相对坐标系中描述的。

(3)物理定位算法和符号定位算法

通过定位后得到传感器节点的物理位置的算法是物理定位算法,如获得节点的三维坐标和方位角等;若通过定位后得到传感器节点的符号位置的算法就是符号定位算法,如获得节点的定位信息是传感器节点位于建筑物中的多少号房间。

有些应用场合适合使用符号定位算法,如建筑物特定火情监测区域中,火灾传感器的分布,使用符号定位算法就很方便;大多数定位算法都能提供物理定位信息。

(4)递增式的定位算法和并发式的定位算法

在定位的过程中,首先是从信标节点开始,对与信标节点相邻的节点进行定位,再逐渐地向远离信标节点的位置对节点进行定位,这种定位算法就是递增式的定位算法。递增式定位算法会产生较大的累积误差。如果同时性地处理节点定位信息,则是并发式的定位算法。

(5)细粒度定位算法和粗粒度定位算法

根据定位算法所需信息的粒度可将定位算法分为:细粒度(Fine - Grained)定位算法和粗粒度(Coarse - Grained)定位算法。根据接收信号强度、时间、方向和信号模式匹配(Signal Pattern Matching)等来完成定位的被称为"细粒度定位算法";而根据节点的接近度(Proximity)等来完成定位的则称为"粗粒度定位算法"。Cricket、AHlos、RADAR、LCB 等都属于细粒度定位算法;而质心算法、凸规划算法等则属于粗粒度定位算法。

3.无线传感器网络节点定位技术的研究内容

无线传感器网络主要用来监测网络部署区域中各种环境特性,比如温度、湿度、光照、声强、磁场强度、压力/压强、运动物体的加速度/速度、化学物质浓度等(不同的特性可能需要不同的传感器),但对这些传感数据在不知道相应的位置信息的情况下,往往是没有意义的。换句话说,传感器节点的位置信息在无线传感器网络的诸多应用领域中扮演着十分重要的角色。在无线传感器网络的许多应用场合,诸如水文、火灾、潮汐、生态学研究、飞行器设计等课题中,采用无线传感器网络进行信息收集和处理。传感节点主要发回所处位置的物理信息数据,如酸碱度、温度、水位、压力、风速等,这些数据必须和位置信息相捆绑才有意义,甚至有时需要传感器发回单纯的位置信息。在军事战术通信网中,位置管理和配置管理是两大课题。分布在海、陆、空、天的舰船、战车、飞行器、卫星以及单兵等临时构成了战场上的自组网。由自组网中各节点的互通信,指挥官可以完成对整个战场态势的认知和把握。节点的位置信息是作战指挥的关键依据,节点发回的战术信息无不与该节点当时所处位置有关,没有位置信息的支持,这些战术信息将没有意义。在目标跟踪应用中,结合节点感知到的运动目标的速度和节点所在位置，可以监视目标的运动路线并预测目标的运动方向。再如监测某个区域的温度，如果知道节点的位置信息就可以绘制出监测区域的等温线，在空间上分析监测区域的温度分布情况。

此外，节点位置信息还可以为其他协议层的设计提供帮助。在应用层，节点位置信息对基于位置信息选择服务的应用是不可缺少的；在通过汇聚多个传感器节点的数据获得能量保护方面，位置信息也非常重要。在网络层，位置信息与传输距离的结合，使得基于地理位置的路由算法成为可能。研究表明，基于节点位置信息的路由策略能够更加有效地通过多跳在无线传感器网络中传播信息，这些典型协议包括 Niculescu 提出的 TBF 路由算法、He 提出的 SPEED 实时通信协议、Ko 提出的基于位置信息的 LAR 可扩展路由协议和 Xu 提出的能量有效路由方法等。

传感器节点通常是用飞机等工具随机地部署到监测区域中的，因此，无法预先确定节点部署后的位置，只能在部署完成后采用一定的方法进行定位。目前使用最广泛的定位系统当属全球定位系统（Global Positioning System，GPS），因此，获得节点位置的直接想法就是利用 GPS 来实现；但由于其在价格、功耗、适用范围以及体积等方面的制约使得很难完全应用于大规模无线传感器网络。此外，在无线传感器网络的室内应用中，GPS 会由于接收不到卫星信号而失效。特别是在战争环境下，GPS 卫星系统很可能被损毁，军方还可以在局部区域内增加 GPS 干扰信号的强度，使敌对方利用 GPS 时定位精度严重降低，无法用于军事行动。此外，在机器人研究领域，也有不少关于定位的研究，但所提出的一些算法一般不用关心计算复杂度问题，同时也有相应的硬件设备支持，所以也不适用于无线传感器网络。

由此，如何确定无线传感器网络中节点的位置信息称之为"节点定位"成为了必须解决的关键问题之一。所谓节点定位（Node localization），即通过一定的技术、方法和手段获取无线传感器网络中节点的绝对（相对于地理经纬度）或相对位置信息的过程。由于节点硬件配置低，能量、计算、存储和通信能力有限，因此，对节点定位提出了较大的挑战。

"位置"这个概念天生就依赖于某个预先确定的参照系。换句话说，所有的"位置"都是相对的；同样，在没有相应的坐标系的情况下讨论某个物体的坐标也是毫无意义的。在这里，假设总是存在这么一个合适的全局坐标系，至于该全局坐标系的具体细节对于定位算法来说并不重要。事实上，这些细节是面向具体应用的。

（四）无线传感器网络的数据融合技术

由于大多数无线传感器网络应用都是由大量传感器节点构成的，共同完成信息收集、目标监视和感知环境的任务。因此，在信息采集的过程中，采用各个节点单独传输数据到汇聚节点的方法显然是不合适的。因为网络存在大量冗余信息，这样会浪费大量的通信带宽和宝贵的能量资源。此外，还会降低信息的收集效率，影响信息采集的及时性。

为避免上述问题，人们采用了一种称为数据融合（或称为数据汇聚）的技术。所谓数据融合是指将多份数据或信息进行处理，组合出更高效、更符合用户需求的数据的过程。在大多数无线传感器网络应用当中，许多时候只关心监测结果，并不需要收到大量原始数据，数据融合是处理该类问题的重要手段。

1. 数据融合的作用

在传感器网络中，数据融合起着十分重要的作用，主要表现在节省整个网络的能量、增强所收集数据的准确性以及提高收集数据的效率三个方面。

（1）节省能量

由于部署无线传感器网络时，考虑了整个网络的可靠性和监测信息的准确性（即保证一定的精度），需要进行节点的冗余配置。在这种冗余配置的情况下，监测区域周围的节点采集和报告的数据会非常接近或相似，即数据的冗余程度较高。

如果把这些数据都发给汇聚节点，在已经满足数据精度的前提下，除了使网络消耗更多的能量外，汇聚节点并不能获得更多的信息。而采用数据融合技术，就能够保证在向汇聚节点发送数据之前，处理掉大量冗余的数据信息，从而节省了网内节点的能量资源。

（2）获取更准确的信息

传感器网络由大量低廉的传感器节点组成，部署在各种各样的环境中，从传感器节点获得的信息存在着较高的不可靠性。这些不可靠因素主要来自于以下几个方面：

①受到成本及体积的限制，节点配置的传感器精度一般较低。

②无线通信的机制使得传送的数据更容易因受到干扰而遭破坏。

③恶劣的工作环境除了影响数据传送外，还会破坏节点的功能部件，令其工作异常，报告错误的数据。

由此看来，仅收集少数几个分散的传感器节点的数据较难确保得到信息的正确性，需要通过对监测同一对象的多个传感器所采集的数据进行综合，来有效地提高所获得信息的精度和可信度。此外，由于邻近的传感器节点监测同一区域，其获得的信息之间差异性很小，如果个别节点报告了错误的或误差较大的信息，很容易在本地处理中通过简单的比较算法进行排除。

（3）提高数据收集效率

在网内进行数据融合，可以在一定程度上提高网络收集数据的整体效率。数据融合减少了需要传输的数据量，可以减轻网络的传输拥塞，降低数据的传输延迟；即使有效数据量并未减少，但通过对多个数据分组进行合并减少了数据分组个数，可以减少传输中的冲突碰撞现象，也能提高无线信道的利用率。

2. 数据融合方案的分类

传感器网络中的数据融合技术可以从不同的角度进行分类，这里介绍三种分类方法：按融介前后数据的信息含量分;按数据融合与应用层数据语义之间的关系分;按融合操作的级别分。

(1)按融合前后数据的信息含量分

按数据进行融合操作前后的信息含量,可以将数据融合分为无损失融合(lossless Aggregation)和有损失融合(lossy Aggregation)两类。

①无损失融合。无损失融合中,所有的细节信息均被保留。此类融合的常见做法是去除信息中的冗余部分。根据信息理论,在无损失融合中,信息整体缩减的大小受到其熵值的限制。

将多个数据分组打包成一个数据分组,而不改变各个分组所携带的数据内容的方法属于无损失融合。这种方法只是缩减了分组头部的数据和为传输多个分组而需要的传输控制开销,而保留了全部数据信息。如图 3-8 所示。

D_1	D_2	D_1	D_1	D_2	D_3	D_1	D_1	D_1	D_2	D_1	D_3	D_1	D_2

D(Fusion_data) =

8	D_1	4	D_2	2	D_3

图 3-8 传感器网络中无损融合

时间戳融合是无损失融合的另一个例子。在远程监控应用中,传感器节点汇报的内容可能在时间属性上有一定的联系,可以使用一种更有效的表示手段融合多次汇报。比如一个节点以一个短时间间隔进行了多次汇报,每次汇报中除时间戳不同外,其他内容均相同;收到这些汇报的中间节点可以只传送时间戳最新的一次汇报,以表示在此时刻之前,被监测的事物都具有相同的属性。

②有损失融合。有损失融合通常会省略一些细节信息或降低数据的质量,从而减少需要存储或传输的数据量,以达到节省存储资源或能量资源的目的。有损失融合中,信息损失的上限是要保留应用所需要的全部信息量。如图 3-9 所示。

D_1	D_2	D_1	D_1	D_3	D_1	D_1	D_1	D_1	D_2	D_1	D_3	D_1	D_2

$D(Fusion\_data) = W_1 \times D_1 \times W_2 \times D_2 \times W_3 \times D_3$

图 3-9 传感器网络中有损融合

很多有损失融合都是针对数据收集的需求而进行网内处理的必然结果。比如温度监测应用中,需要查询某一区域范围内的平均温度或最低、最高温度时,网内处理将对各个传感器节点所报告的数据进行运算,并只将结果数据报告给查询者。从信息含量角度看,这份结果数据相对于传感器节点所报告的原始数据来说,损失了绝大部分的信息,仅能满足数据收集者的要求。

(2)按数据融合与应用层数据语义之间的关系分

数据融合技术可以在传感器网络协议栈的多个层次中实现,既可以在MAC协议中实现,也可以在路由协议或应用层协议中实现。按数据融合是否基于应用数据的语义,将数据融合技术分为三类:依赖于应用的数据融合(Application Dependent Data Aggregation,ADDA)、独立于应用的数据融合(Application Independent Data Aggregation,AIDA),以及结合以上两种技术的数据融合。

赖于应用的数据融合。通常数据融合都是对应用层数据进行的,即数据融合需要了解应用数据的语义。从实现角度看,数据融合如果在应用层实现,则与应用数据之间没有语义间隔,可以直接对应用数据进行融合;如果在网络层实现,则需要跨协议层理解应用层数据的含义,如图3-10(b)所示。

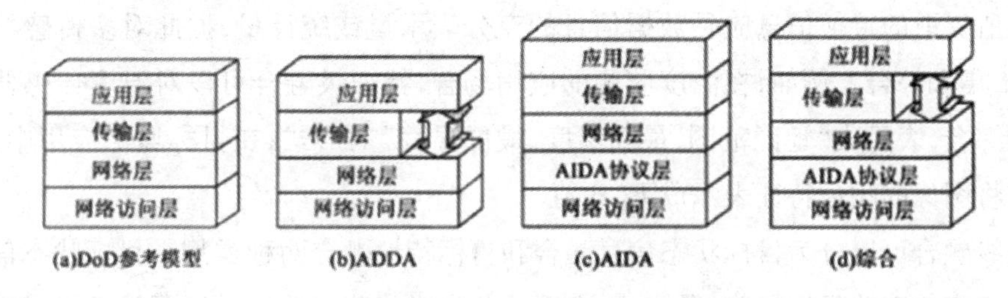

图3-10 数据融合根据与网络层的关系的分类

ADDA技术可以根据应用需求获得最大限度的数据压缩,但可能导致结果数据中损失的信息过多。另外,融合带来的跨层理解语义问题给协议栈的实现带来困难。

独立于应用的数据融合。鉴于ADDA的语义相关性问题,有人提出独立于应用的数据融合。这种融合技术不需要了解应用层数据的语义,直接对数据链路层的数据包进行融合。例如,将多个数据包拼接成一个数据包进行转发。这种技术把数据融合作为独立的层次实现,简化了各层之间的关系。如图3-10(c)中所示,AIDA作为一个独立的层次处于网络层与MAC层之间。

AIDA保持了网络协议层的独立性,不对应用层数据进行处理,从而不会导致信息丢失,但是数据融合效率没有ADDA高。

结合以上两种技术的数据融合。这种方式结合了上面两种技术的优点,同时保留AIDA层次和其他协议层内的数据融合技术,因此,可以综合使用多种机制得到更符合应用需求的融合效果。其协议层次如图3-10(d)所示。

(3)按融合操作的级别分

按对传感器数据的操作级别,可将数据融合技术分为以下三类:

①数据级融合。数据级融合是最底层的融合,操作对象是传感器采集得到的数据,因而是面向数据的融合。对传感器的原始数据及预处理各阶段上产生的信息分别进行融合处

理,尽可能多地保持了原始信息,能够提供其他层次融合所不具有的细微信息。这类融合在大多数情况下仅依赖于传感器类型,不依赖于用户需求。例如,在目标识别的应用中,数据级融合即为像素级融合,进行的操作包括对像素数据进行分类或组合,去除图像中的冗余信息等。

它的局限性主要是所要处理的传感器信息量大,故处理代价较高,另外,融合是在信息最低层进行的,由于传感器的原始数据的不确定性、不完全性和不稳定性,要求在融合时有较高的纠错能力。

②特征级融合。特征级融合通过一些特征提取手段将数据表示为一系列的特征向量,来反映事物的属性。作为一种面向监测对象特征的融合,它是利用从各个传感器原始数据中提取的特征信息,进行综合分析和处理的中间层次过程。

通常所提取的特征信息应是数据信息的充分表示量或统计量,据此对多传感器信息进行分类、汇集和综合。例如,在温度监测的应用场合,特征级融合可以对温度传感器的输出数据进行综合,表示成“地区范围,最高温度,最低温度”的形式;在目标监测应用中,特征级融合可以将图像的颜色特征表示成 RGB 值。

特征级融合可以分为目标状态信息融合和目标特性融合两种类型。目标状态信息融合主要应用于多传感器目标跟踪领域。融合系统首先对传感器数据进行预处理以完成数据配准。在数据配准后,融合处理主要实现参数相关和状态矢量估计。目标特性融合主要用于特征层的联合识别。具体的融合方法主要采用模式识别的相应技术,在融合前必须先对特征进行相关处理,对特征矢量进行分类组合。在模式识别、图像处理和计算机视觉等领域,已经对特征提取和基于特征的分类问题进行了深入的研究,有许多方法可以借用。

③决策级融合。决策级融合根据应用需求进行较高级的决策,是最高级的融合。决策级融合的操作可以依据特征级融合提取的数据特征,对监测对象进行判别、分类,并通过简单的逻辑运算,执行满足应用需求的决策。因此,决策级融合是面向应用的融合。

决策级融合是在信息表示的最高层次上进行的融合处理。不同类型的传感器观测同一个目标,每个传感器在本地完成预处理、特征抽取、识别或判断,以建立对所观察目标的初步结论,然后通过相关处理、决策级融合判决,最终获得联合推断结果,从而直接为决策提供依据。

因此,决策级融合是直接针对具体决策目标,充分利用特征级融合所得出的目标各类特征信息,并给出简明而直观的结果。决策级融合优点在于实时性好,另外,如果出现一个或几个传感器失效时,仍能给出最终决策,因而具有良好的容错性。例如,针对灾难监测问题,决策级融合可能需要综合多种类型的传感器信息,包括温度、湿度或震动等,进而对是否发生了灾难事故进行判断。在目标监测应用中,决策级融合需要综合监测目标的颜色特征和轮廓特征,对目标进行识别,最终只传输识别的结果。

在传感器网络的具体应用与实现中，这三个层次的融合技术可以根据应用的特点加以综合运用。例如，在有的应用场合，传感器数据的形式比较简单，不需要进行较低层的数据级融合，而需要提供灵活的特征级融合手段。另外，如果有的应用要处理大量的原始数据，则需要具备强大的数据级融合功能。

3. 应用层的数据融合

无线传感器网络具有以数据为中心的特点，因此，应用层的设计需要考虑以下几点：

①传感器网络可以实现多任务，应用层应该提供方便、灵活的查询提交手段。

②应用层应当为用户提供一个屏蔽底层操作的用户接口，用户使用时无需改变原来的操作习惯，也不必关心数据是如何采集上来的。

③由于节点通信代价高于节点本地计算的代价，应用层的数据形式应当有利于网内的计算处理，减少通信的数据量和减小能耗。

为满足上述要求，分布式数据库技术被应用于传感器网络的数据收集过程，应用层接口也采用类似 SQL(Structured Query Language)的风格。SQL 在多年的发展过程中，已经证明可以在基于内容的数据库系统中工作得很好。采用类 SQL 的语言，传感器网络可以获得以下好处：

①对于用户需求的表达能力强，非常易于使用。

②可以应用于任何数据类型的查询操作，能够对用户完全屏蔽底层的实现。

③其表达形式非常易于通过网内处理进行查询优化；中间节点均理解数据请求，可以对接收到的数据和自己的数据进行本地运算，只提交运算结果。

④便于在研究领域或工业领域进行标准化。

在应用层使用分布式数据库的技术，虽然带来了易用性以及较高的融合度等好处，但可能会损失一定的数据收集效率。虽然分布式数据库技术已经比较成熟，但针对传感器网络的应用场合，还有很多需要研究的地方。例如：

①由于传感器节点的计算资源和存储资源有限，如何控制本地计算的复杂度是需要考虑的问题。

②各种查询操作符的能量消耗不尽相同，如何对查询调度进行优化以及如何与网络层技术相结合也要进一步探讨。

③对于分布式数据查询，如何在节点间建立索引，即“存什么”和“存在哪儿”的问题，对查询效率的提高也至关重要。

此外，有些数据查询操作要求节点间时间同步，且知道自己的位置信息，这给传感器网络增加了实现难度。

4. 网络层的数据融合

从网络层来看，数据融合通常和路由的方式有关，例如，以地址为中心的路由方式(最短路径转发路由），路由并不需要考虑数据的融合。然而，以数据为中心的路由方式，源节点并不是各自寻找最短路径路由数据，而是需要在中间节点进行数据融合，然后再继续转发数据。

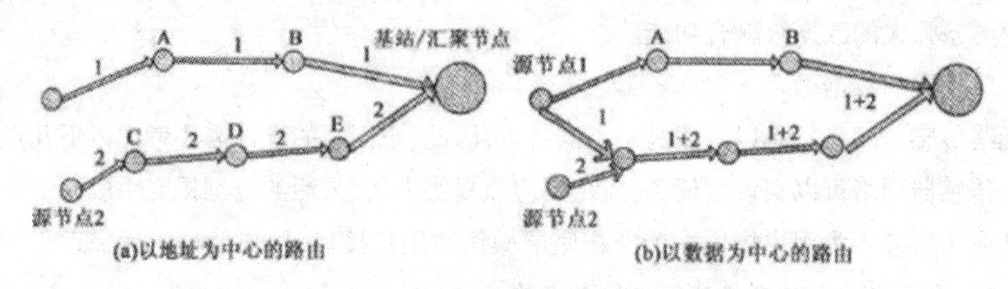

图 3－11　以地址为中心的路由和与以数据为中心的路由的对比

图 3－11 所示为两种不同的路由方式的对比。网络层的数据融合的关键就是数据融合树（Aggregation Tree）的构造。在无线传感器网络中，基站或汇聚节点收集数据时是通过反向组播树的形式从分散的传感器节点将数据逐步汇聚起来的。当各个传感器节点监测到突发事件时，传输数据的路径形成一棵反向组播树，这个树就称为数据融合树。如图 3－12 所示，无线传感器网络就是通过融合树来报告监测到的事件的。

关于数据融合树的构造，可以转化为最小 Steiner 树来求解，它是个 NP－Complete 完备难题。文中给出了三种不同的非最优的融合算法。

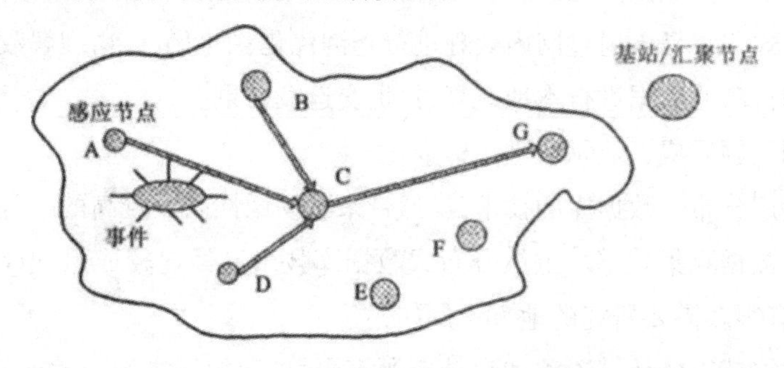

图 3－12　根据数据融合树来监测事件

（1）近源汇聚（Centerat Nearest Source，CNS）：距离汇聚节点最近的源节点充当数据的融合节点，所有其他的数据源都将数据发送给这个节点。最后由这个节点将融合后的数据发送给汇聚节点。此种方案中融合节点一旦确定，融合树便形成了。

（2）最短路径树（Shortest Paths Tree，SPT）：每个数据源都各自沿着到达汇聚节点的最短路径传送数据，这些最短路径会产生交叠从而形成融合树。交叠部分的每个中间节点都进行数据融合。此种方案中，当所有源节点确定各自的最短传输路径时，融合树的形态便确定了。

（3）贪心增长树（Greedy Incremental Tree，GIT）：此种方案中融合树是逐步建立的，先确定树的主干,再逐步添加枝叶。最初贪心增长树只有汇聚节点与距离它最近的源节点之间的一条最短路径;然后每一步都从剩下的源节点中选出距离贪心增长树最近的节点连接到树上,直到所有的源节点都连接到树上。

上面三种算法都比较适合基于事件驱动的无线传感器网络的应用,可以在远程数据传输前进行数据融合处理,从而减少冗余数据的传输量。在数据的可融合程度一定的情况下,上面三种算法的节能效率通常为:GIT > SPT > CNS。当基站或汇聚节点与传感器覆盖监测区域距离的远近不同时,可能会造成上面算法节能的一些差异。

四、无线传感器网络的应用

无线传感器网络由于其自身的特点,其应用前景非常广阔,能够广泛应用于军事、环境监测和预报、医疗健康监测、建筑物状态监控、智能家居、智能交通、空间探索、大型车间和仓库管理,以及机场、大型工业园区的安全监测等领域。随着传感器网络的深入研究和广泛应用,无线传感器网络将逐渐深入到人类生活的各个领域。

(一)军事领域

无线传感器网络具有可快速部署、可自组织、隐蔽性强和高容错性的特点,因此,非常适合在军事领域应用。利用传感器网络能够实现对敌军兵力和装备的监控、战场的实时监视、目标的定位、战场评估、核攻击和生物化学攻击的监测和搜索等功能。

通过飞机或炮弹直接将传感器节点播撒到敌方阵地内部,或者在公共隔离带部署传感器网络,就能够非常隐蔽而且近距离准确地收集战场信息,迅速获取有利于作战的信息。传感器网络是由大量的随机分布的节点组成的,即使一部分传感器节点被敌方破坏,剩下的节点依然能够自组织地形成网络。传感器网络可以通过分析采集到的数据,得到十分准确的目标定位,从而为火控和制导系统提供精确的制导。利用生物和化学传感器,可以准确地探测到生化武器的成分,及时提供情报信息,有利于正确防范和实施有效的反击。

无线传感器网络已经成为军事 C^4ISRT(Command,Control,Communication,Computing,Intelligence,Surveillance,Reconnaissance and Targeting)系统必不可少的一部分,受到军事发达国家的普遍重视,各国均投入了大量的人力和财力进行研究。美国 DARPA(Defense Advanced Research Projects Agency)很早就启动了 SensIT(Sensor Information Technology)计划。该计划的目的就是将多种类型的传感器、可重编程的通用处理器和无线通信技术组合起来,建立一个廉价的无处不在的网络系统,用以监测光学、声学、震动、磁场、湿度、污染、毒物、压力、温度、加速度等物理量。

(二)环境监测和预报系统

随着人们对于环境的日益关注,环境科学所涉及的范围越来越广泛。无线传感器网络在环境研究方面可用于监视农作物灌溉情况、土壤空气情况、牲畜和家禽的环境状况和大面积的地表监测等，可用于行星探测、气象和地理研究、洪水监测等，还可以通过跟踪鸟类、小型动物和昆虫进行种群复杂度的研究等。

基于无线传感器网络的 ALERT 系统中就有数种传感器用来监测降雨量、河水水位和土壤水分，并依此预测爆发山洪的可能性。类似地，无线传感器网络可实现对森林环境监测和火灾报告，传感器节点被随机密布在森林之中，平常状态下定期报告森林环境数据，当发生火灾时，这些传感器节点通过协同合作会在很短的时间内将火源的具体地点、火势的大小等信息传送给相关部门。

无线传感器网络还有一个重要应用就是生态多样性的描述，能够进行动物栖息地生态监测。美国加州大学伯克利分校 Intel 实验室和大西洋学院联合在大鸭岛（Great Duck Island）上部署了一个多层次的无线传感器网络系统，用来监测岛上海燕的生活习性。

（三）医疗健康监测

利用传感器网络可高效传递必要的信息从而方便接受护理，而且可以减轻护理人员的负担，提高护理质量。利用传感器网络长时间的收集人的生理数据，可以加快研制新药品的过程，而安装在被监测对象身上的微型传感器也不会给人的正常生活带来太多的不便。此外，在药物管理等诸多方面，它也有新颖而独特的应用。总之，传感器网络为未来的远程医疗提供了更加方便、快捷的技术实现手段。

罗切斯特大学的一项研究表明，这些计算机甚至可以用于医疗研究。科学家使用无线传感器创建了一个“智能医疗之家”，即一个 5 间房的公寓住宅，在这里利用人类研究项目来测试概念和原型产品。“智能医疗之家”使用微尘来测量居住者的重要征兆（血压、脉搏和呼吸）、睡觉姿势以及每天 24 小时的活动状况。所搜集的数据将被用于开展以后的医疗研究。

（四）建筑物状态监控

建筑物状态监控（Structure Health Monitoring，SHM）是利用无线传感器网络来监控建筑物的安全状态。由于建筑物不断修补，可能会存在一些安全隐患。虽然地壳偶尔的小震动可能不会带来看得见的损坏，但是也许会在支柱上产生潜在的裂缝，这个裂缝可能会在下一次地震中导致建筑物倒塌。用传统方法检查，往往要将大楼关闭数月。

作为 CITRIS（Center of Information Technology Research in the Interest of Society）计划的一部分，美国加州大学伯克利分校的环境工程和计算机科学家们采用无线传感器网络，让大楼、桥梁和其他建筑物能够自身感觉并意识到它们本身的状况，使得安装了无线传感器网的智能建筑自动告诉管理部门它们的状态信息，并且能够自动按照优先级来进行一系列自我修复工作:未来的各种摩天大楼可能就会安装这种装置,从而使建筑物可自动告诉人们当前是否安全、稳固程度如何等信息。

(五)智能家居

无线传感器网络能够应用在家居中。在家电和家具中嵌入传感器节点,通过无线网络与 Internet 连接在一起,将会为人们提供更加舒适、方便和更具人性化的智能家居环境。

利用远程监控系统,可完成对家电的远程遥控,例如,可以在回家之前半小时打开空调,这样回家的时候就可以直接享受适合的室温,也可以遥控电饭锅、微波炉、电冰箱、电话机、电视机、录像机、计算机等家电,按照自己的意愿完成相应的煮饭、烧菜、查收电话留言、选择录制电视和电台节目以及下载网上资料到计算机中等工作,也可以通过图像传感设备随时监控家庭安全情况。

利用无线传感器网络可以建立智能幼儿园,监测孩童的早期教育环境,跟踪孩童的活动轨迹,可以让父母和老师全面地研究学生的学习过程。

(六)智能交通

通过布置于道路上的速度识别传感器,监测交通流量等信息,为出行者提供信息服务,发现违章能及时报警和记录。反恐和公共安全通过特殊用途的传感器,特别是生物化学传感器监测有害物、危险物的信息,最大限度地减少其对人民群众生命安全造成的伤害。

(七)空间探测

通过向人类现在还无法到达或无法长期工作的太空外的其他天体上设置传感器网络接点的方法,可以实现对其长时间的监测。通过这些传感器网发回的信息进行分析,可以知道这些天体的具体情况,为更好地了解、利用它们提供了一个有效的手段。

NASA 的空间探测设想,可以通过传感器网络探测、监视外星球表面情况,为人类登陆做准备,它通过火箭、太空舱或探路者进行散播。

(八)农业应用

农业是无线传感器网络使用的另一个重要领域。为了研究这种可能性,英特尔率先在俄勒冈州建立了第一个无线葡萄园。传感器被分布在葡萄园的每个角落,每隔一分钟检测一次土壤温度,以确保葡萄可以健康生长,进而获得大丰收。

不久以后,研究人员将实施一种系统,用于监视每一传感器区域的湿度,或该地区有害物的数量。他们甚至计划在家畜(如狗)上使用传感器,以便可以在巡逻时搜集必要信息。这些信息将有助于开展有效的灌溉和喷洒农药,进而降低成本和确保农场获得高收益。

第四章 计算机网络互联技术

第一节 网络互联概述

一、网络互联的定义与目的

(一)网络互联的定义

随着计算机应用技术和通信技术的飞速发展,计算机网络得到了更为广泛的应用,各种网络技术丰富多彩,令人目不暇接。

网络互联是指将分布在不同地理位置的网络、设备相连接,以构成更大规模的互联网络系统,实现互联网络中的资源共享。互联的网络和设备可以是同种类型的网络、不同类型的网络,以及运行不同网络协议的设备与系统。

在互联网络中,每个网络中的网络资源都应成为互联网中的资源。互联网络资源的共享服务与物理网络结构是分离的。对于网络用户来说,互联网络结构对用户是透明的。互联网络应该屏蔽各子网在网络协议、服务类型与网络管理等方面的差异。

如果要实现网络互联,就必须做到以下几点。

(1)在互联的网络之间提供链路,至少有物理线路和数据线路。

(2)在不同的网络节点的进程之间提供适当的路由来交换数据。

(3)提供网络记账服务,记录网络资源的使用情况。

(4)提供各种互联服务,应尽可能不改变互联网的结构。

(二)网络互联的目的

网络互联的主要目的如下:

(1)扩大资源共享的范围。使更多的资源可以被更多的用户共享。

(2)降低成本。当同一地区的多台主机需要接入另一地区的某个网络时,采用主机先行联网(局域网或者广域网),再通过网络互联技术接入,可以大大降低联网成本。

(3)提高安全性。将具有相同权限的用户主机组成一个网络,在网络互联设备上严格控制其他用户对该网络的访问,从而实现网络的安全机制。

(4)提高可靠性。部分设备的故障可能导致整个网络的瘫痪,而通过子网的划分可以有效地限制设备故障对网络的影响范围。

二、网络互联的类型

目前,计算机网络可以分为广域网、城域网与局域网三种。因此,网络互联类型主要有以下几种:局域网 - 局域网互联、局域网 - 广域网互联、局域网 - 广域网 - 局域网互联、广域网 - 广域网互联。

(一)局域网 - 局域网互联(LAN - LAN)

在实际的网络应用中,局域网 - 局域网互联是最常见的一种,它的结构如图 4 - 1 所示。局域网 - 局域网互联进一步可以分为两种,即同种局域网互联和异种局域网互联。

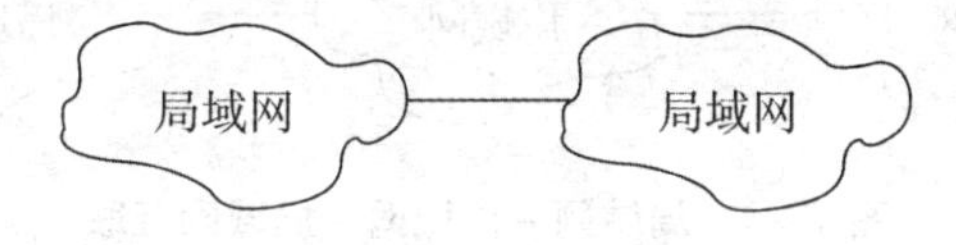

图 4 - 1　局域网 - 局域网互联

1. 同种局域网互联

同种局域网互联是指符合相同协议的局域网之间的互联。例如,两个以太网之间的互联,或者是两个令牌环网之间的互联。

同种局域网之间的互联比较简单,使用网桥就可以将分散在不同地理位置的多个局域网互联起来。

2. 异种局域网互联

异种局域网互联是指不符合相同协议的局域网之间的互联。例如,一个以太网与一个令牌环网之间的互联,或者是以太网与 ATM 网络之间的互联。

异种局域网之间的互联也可以用网桥来实现,但是网桥必须支持要互联的网络使用的协议。

以太网、令牌环网与令牌总线网都属于传统的共享介质局域网,ATM 网络与传统共享介质局域网在协议与实现技术上不同。因此,ATM 网络与传统局域网的互联必须解决局域网仿真问题。

(二)局域网－广域网互联(LAN－WAN)

局域网－广域网的互联也是常见的方式之一,它的结构如图4－2所示。局域网－广域网互联可以通过路由器(Router)或网关(Gateway)来实现。

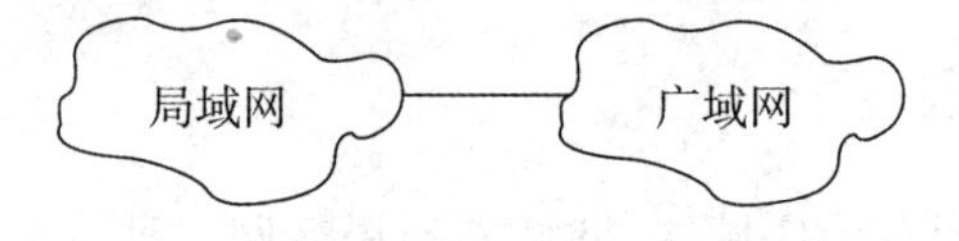

图4－2　局域网－广域网互联

(三)局域网－广域网－局域网互联(LAN－WAN－LAN)

两个分布在不同地理位置的局域网通过广域网实现互联,也是常见的互联类型之一,它的结构如图4－3所示。局域网－广域网－局域网互联结构可以通过路由器或网关来实现。

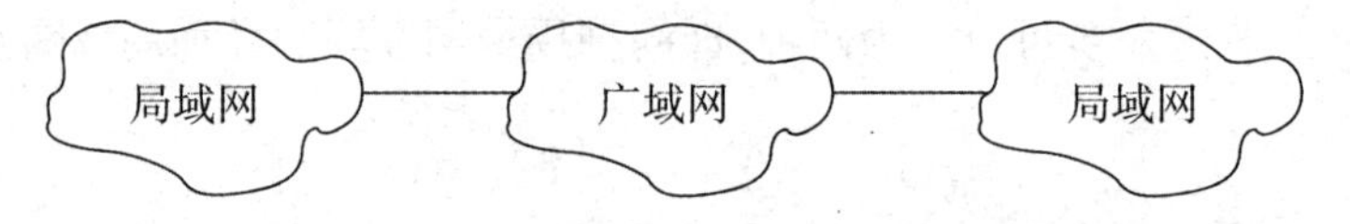

图4－3　局域网－广域网－局域网互联

局域网－广域网－局域网互联结构正在改变传统接入模式,即主机通过广域网中的通信控制处理机(CCP)的传统接入模式。大量的主机通过局域网接入广域网是今后接入广域网的重要方法。

(四)广域网－广域网互联(WAN－WAN)

广域网－广域网互联也是目前常见的方式之一,它的结构如图4－4所示。广域网与广域网之间的互联可以通过路由器或网关实现,这样连入各个广域网的主机资源可以实现共享。

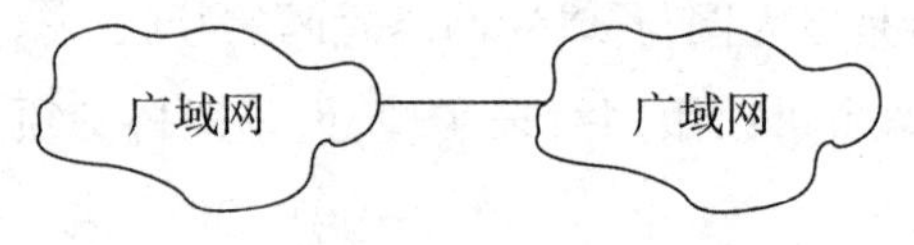

图4－4　广域网－广域网互联

三、网络互联的实现方法

网络的互联有3种方法构建互联网,它们分别与5层实用参考模型的低3层一一对应。例如,用来扩展局域网长度的中继器(即转发器)工作在物理层,用它互联的两个局域网必须是一模一样的。因此,中继器提供物理层的连接并且只能连接一种特定体系的局域网,图4

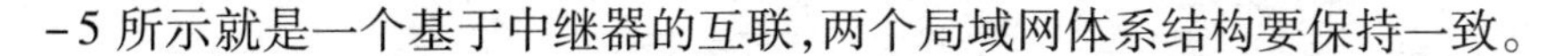

-5 所示就是一个基于中继器的互联，两个局域网体系结构要保持一致。

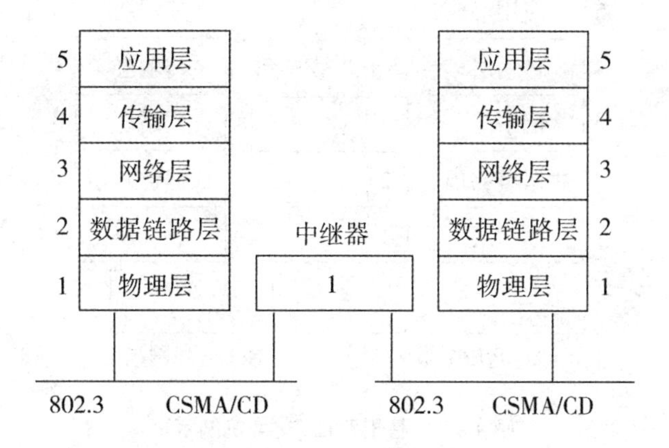

图 4－5　基于中继器的互联

在数据链路层，提供连接的设备是网桥和第 2 层交换机。这些设备支持不同的物理层并且能够互联不同体系结构的局域网，图 4－6 所示是一个基于桥式交换机的互联网，两端的物理层不同，并且连接不同的局域网体系。

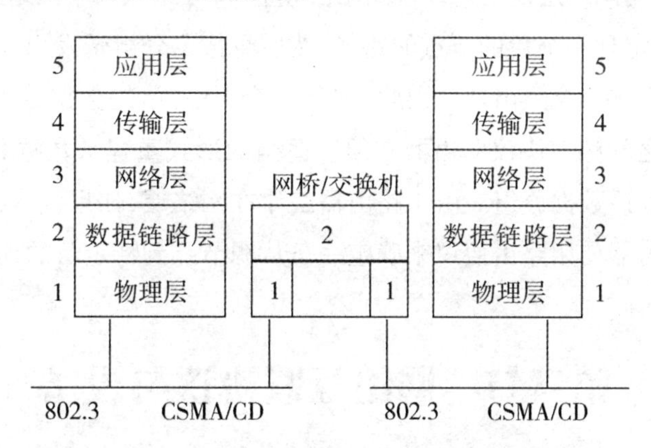

图 4－6　基于网桥/交换机的互联

由于网桥和第 2 层交换机独立于网络协议，且都与网络层无关，这使得它们可以互联有不同网络协议（如 TCP/IP、IPX 协议）的网络。网桥和第 2 层交换机根本不关心网络层的信息，它通过使用硬件地址而非网络地址在网络之间转发帧来实现网络的互联。此时，由网桥或第 2 层交换机连接的两个网络组成一个互联网，可将这种互联网络视为单个的逻辑网络。对于在网络层的网络互联，所需要的互联设备应能够支持不同的网络协议（比如 IP、IPX 和 AppleTalk），并完成协议转换。用于连接异构网络的基本硬件设备是路由器。使用路由器连接的互联网可以具有不同的物理层和数据链路层。图 4－7 所示就是一个基于路由器和第 3 层交换机的互联网，它工作在网络层，连接使用不同网络协议的网络。

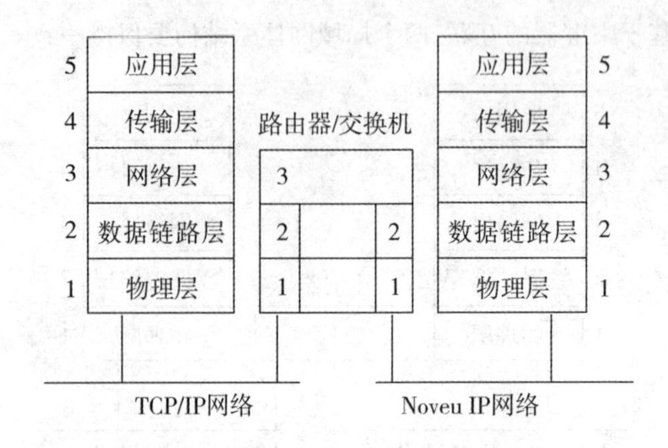

图 4-7　基于路由/交换机的互联

在一个异构联网环境中，网络层设备还需要具备网络协议转换（Network Protocol Translation）功能。在网络层提供网络互联的设备之一是路由器。实际上，路由器是一台专门完成网络互联任务的计算机。它可以将多个使用不同的传输介质、物理编址方案或者帧格式的网络互联起来，利用网络层的信息（比如网络地址）将分组从一个网络路由到另一个网路。具体来说，它首先确定到一个目的节点的路径，然后将数据分组转发出去。支持多个网络层协议的路由器被称为多协议路由器。因此，如果一个 IP 网络的数据分组要转发到几个 Apple Talk 网络，两者之间的多协议路由器必须以适当的形式重建该数据分组以便 Apple Talk 网络的节点能够识别该数据分组。由于路由器工作在网络层，如果没有特意配置，它们并不转发广播分组。路由器使用路由协议来确定一条从源节点到特定目的地节点的最佳路径。

第二节　网络互联协议与设备

一、网络互联协议

TCP/IP 协议族是 Internet 所采用的协议族，是 Internet 的实现基础。IP 是 TCP/IP 协议族中网络层的协议，是 TCP/IP 协议族的核心协议。

（一）IP 协议数据报格式

目前因特网上广泛使用的 IP 协议为 IPv4。IPv4 的 IP 地址是由 32 位的二进制数值组成的。IPv4 协议的设计目标是提供无连接的数据报尽力投递服务。

随着网络和个人计算机市场的急剧扩大，以及个人移动计算设备的上网、网上娱乐服务的增加、多媒体数据流的加入，IPv4 内在的弊端逐渐明显。其 32 位的 IP 地址空间将无法满足因特网迅速增长的要求。不定长的数据报头域处理影响了路由器的性能提高。单调的服务类型处理和缺乏安全性要求的考虑以及负载的分段/组装功能影响了路由器处理的效率。

综上所述,对新一代互联网络协议的研究和实践已经成为世界性的热点,其相关工作也早已展开。围绕 IPng 的基本设计目标,以业已建立的全球性试验系统为基础,对安全性、可移动性、服务质量的基本原理、理论和技术的探索已经展开。

20 世纪 90 年代初,人们就开始讨论新的互联网络协议。IETF 的 IPng 工作组在 1994 年 9 月提出了一个正式的草案 The Recommendation for the IP Next Generation Protocol,1995 年底确定了 IPng 的协议规范,为了同现在使用的版本 4(IPv4)相区别,称为 IP 版本 6(IPv6),1998 年又作了较大的改动。IPv6 是在 IPv4 的基础上进行的改进,它的一个重要的设计目标是与 IPv4 兼容,因为不可能要求立即将所有节点都演进到新的协议版本,如果没有一个过渡方案,再先进的协议也没有实用意义。IPv6 面向高性能网络(如 ATM)。同时,它也可以在低带宽的网络(如无线网)上有效的运行。

IPv6 是因特网的新一代通信协议,在容纳 IPv4 的所有功能的基础上,增加了一些更为优秀的功能,其主要特点有以下几个。

扩展地址和路由的能力:IPv6 地址空间从 32 位增加到 128 位,确保加入 Internet 的每个设备的端口都可以获得一个 IP 地址,并且 IP 地址也定义了更丰富的地址层次结构和类型,增加了地址动态配置功能等。

简化了 IP 报头的格式:IPv6 对报头做了简化,将扩展域和报头分割开来,以尽量减少在传输过程中由于对报头处理而造成的延迟。尽管 IPv6 的地址长度是 IPv4 的 4 倍,但 IPv6 的报头却只有 IPv4 报头长度的 2 倍,并且具有较少的报头域。

支持扩展选项的能力:IPv6 仍然允许选项的存在,但选项并不属于报头的一部分,其位置处于报头和数据域之间。由于大多数 IPv6 选项在 IP 数据报传输过程中不由任何路由器检查和处理,因此,这样的结构提高了拥有选项的数据报通过路由器时的性能。IPv6 的选项可以任意长而不被限制在 40 字节,增加了处理选项的方法。

支持对数据的确认和加密:IPv6 提供了对数据确认和完整性的支持,并通过数据加密技术支持敏感数据的传输。

支持自动配置:IPv6 支持多种形式的 IP 地址自动配置,包括 DHCP(动态主机配置协议)提供的动态 IP 地址的配置。

支持源路由:IPv6 支持源路由选项,提高中间路由器的处理效率。

定义服务质量的能力:IPv6 通过优先级别说明数据报的信息类型,并通过源路由定义确保相应服务质量的提供。

IPv4 的平滑过渡和升级:IPv6 地址类型中包含了 IPv4 的地址类型。因此,执行 IPv4 和执行 IPv6 的路由器可以共存于同一网络中。

(二)IP 地址

在 Internet 上连接的所有计算机,从大型计算机到微型计算机都是以独立的身份出现,称它为主机。为了实现各主机之间的通信,每台主机都必须具有一个唯一的网络地址,就像每一个住宅都有唯一的门牌一样,才不至于在传输资料时出现混乱。

Internet 的网络地址是指连入 Internet 网络的计算机的地址编号。所以,在 Internet 网络中,网络地址唯一地标识一台计算机。

Internet 是由成千上万台计算机互相连接而成的。而要确认网络上的每一台计算机,靠的就是能唯一标识该计算机的网络地址,这个地址称为 IP(Internet Protocol 的简写)地址,即用 Internet 协议语言表示的地址。

IP 地址现在由因特网名称与号码指派公司 ICANN(Internet Corporation for Assigned Names and Numbers)进行分配。

IP 地址可识别网络中的任何一个子网络和计算机,而要识别其他网络或其中的计算机,则要根据这些 IP 地址的分类来确定。一般将 IP 地址划分为若干个固定类,每一类地址都由两个固定长度的字段组成,其中的一个字段是网络号,它标志主机(或路由器)所连接到的网络,而另一个字段则是主机号,它标志该主机(或路由器)。这种两级的 IP 地址可以记为:

IP 地址::= { <网络号>,〈主机号> }

(三)子网和子网掩码

1. 子网

任何一台主机申请任何一个任何类型的 IP 地址之后,可以按照所希望的方式来进一步划分可用的主机地址空间,以便建立子网。为了更好地理解子网的概念,假设有一个 B 类地址的 IP 网络,该网络中有两个或多个物理网络,只有本地路由器能够知道多个物理网络的存在,并且进行路由选择,因特网中别的网络的主机和该 B 类地址的网络中的主机通信时,它把该 B 类网络当成一个统一的物理网络来看待。

如一个 B 类地址为 128.10.0.0 的网络由两个子网组成。除了路由器 R 外,因特网中的所有路由器都把该网络当成一个单一的物理网络对待。一旦 R 收到一个分组,它必须选择正确的物理网络发送。网络管理人员把其中一个物理网络中主机的 IP 地址设置为 128.10.1.X,另一个物理网络设置为 128.10.2.X,其中 X 用来标识主机。为了有效地进行选择,路由器 R 根据目的地址的第三个十进制数的取值来进行路由选择,如果取值为 1 则送往标记为 128.10.1.0 的网络,如果取值为 2 则送给 128.10.2.0。

使用子网技术,原先的 IP 地址中的主机地址被分成子网地址部分和主机地址部分两个部分。子网地址部分和不使用子网标识的 IP 地址中的网络号一样,用来标识该子网,并进行互联的网络范围内的路由选择，而主机地址部分标识是属于本地的哪个物理网络以及主机地址。子网技术使用户可以更加方便、更加灵活地分配 IP 地址空间。

2. 子网掩码

IP 协议标准规定：每一个使用子网的网点都选择一个 32 位的位模式，若位模式中的某位为 1，则对应 IP 地址中的某位为网络地址（包括类别、网络地址和子网地址）中的一位；若位模式中某位置为 0，则对应 IP 地址中的某位为主机地址中的一位。子网掩码与 IP 地址结合使用，可以区分出一个网络地址的网络号和主机号。

例如，位模式 11111111.11111111.00000000.00000000（255.255.0.0）中，前两个字节全为 1，代表对应 IP 地址中最高的两个字节为网络号，后两个字节全 0，代表对应 1P 地址中最后的一个字节为主机地址。这种位模式叫做“子网掩码”。

为了使用方便，常常使用“点分整数表示法”来表示一个子网掩码。由此可以得到 A、B、C 等三大类 IP 地址的标准子网掩码。

A 类地址：255.0.0.0

B 类地址：255.255.0.0

C 类地址：255.255.255.0

例如，已知一个 IP 地址为 202.168.73.5，其缺省的子网掩码为 255.255.255.0。求其网络号及主机号。

首先，将 IP 地址 202.168.73.5 转换为二进制 11001010.10101000.01001001.00000101。

其次，将子网掩码 255. 255. 255. 0 转换为二进制 11111111. 11111111. 11111111.000000000

然后将两个二进制数进行逻辑与（and）运算，得出的结果即为网络号。结果为：202.168.73.0。

最后，将子网掩码取反再与二进制的 IP 地址进行逻辑与运算，得出的结果即为主机号。结果为：0.0.0.5，即主机号为 5。

应用子网掩码可将网络分割为多个 IP 路由连接的子网。从划分子网之后的 IP 地址结构可以看出，用于子网掩码的位数决定可能的子网数目和每个子网内的主机数目。在定义子网掩码之前，必须弄清楚网络中使用的子网数目和主机数目，这有助于今后当网络主机数目增加后，重新分配 IP 地址的时间，子网掩码中如果设置的位数使得子网越多，则对应的其网段内的主机数就越少。

主机 ID 中用于子网分割的三位共有 000、001、010、011、100、101、110、111 等 8 种组合，除去不可使用的（代表本身的）000 及代表广播的 111 外，还剩余 6 种组合，也就是说，它共可提供 6 个子网。而每个子网都可以最多支持 30 台主机，可以满足构建需求。

二、网络互联设备

网络互联设备是实现网络之间物理连接的中间设备。网络互联层次的不同所使用的网络互联设备也不同。

(一)中继器

基带信号沿线路传播时会产生衰减,所以,当需要传输较长的距离时,或者说需要将网络扩展到更大的范围时,就要采用中继器。中继器(Repeater)是OSI模型中的物理层的设备,是最简单的网络互联设备,它可以将局域网的一个网段和另一个网段连接起来,主要用于局域网——局域网互联,起到信号放大和延长信号传输距离的作用。中继器的应用如图4-8所示。

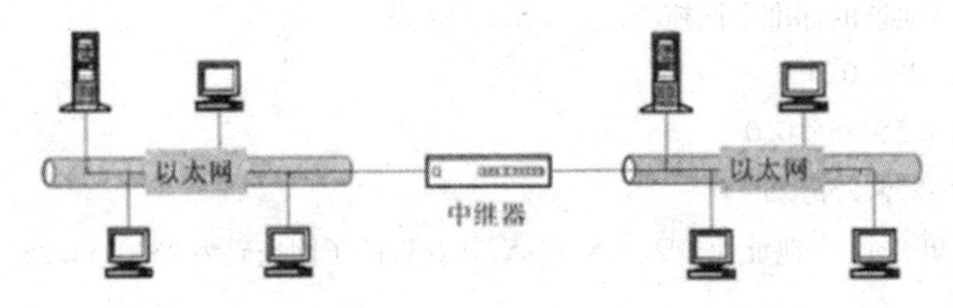

图4-8　中继器的应用

中继器的主要工作就是复制收到的比特流。当中继器的某个输入端输入"1",输出端就立即复制、放大并输出"1"。收到的所有信号都被原样转发,并且延迟很小。中继器不能过滤网络流量,到达中继器一个端口的信号会发送到所有其他端口上。中继器不能识别数据的格式和内容,错误信号也会原样照发。中继器不能改变数据类型,即不能改变数据链路报头类型;不能连接不同的网络,如令牌环网和以太网。

中继器最典型的应用是连接两个以上的以太网电缆段,其目的是为了延长网络的长度。但延长是有限的,中继器只能在规定的信号延迟范围内进行有效的工作。根据"四中继器原则",在网络上任何两台计算机之间不能安装超过4台中继器,这就是5-4-3-2-1规则或称为5-4-3原则,即网络可以被4台中继器分成5个部分,其中允许3个部分有主机,并且主机数目可达该网段规定的最大主机数。如在10Base-5粗缆以太网的组网规则中规定,每个电缆段最大长度为500m,最多可用4个中继器连接5个电缆段,延长后的最大网络长度为2500m。

中继器具有如下一些特性:

中继器仅作用于物理层,只具有简单的放大和再生物理信号的功能,所以中继器只能连接完全相同的局域网,也就是说用中继器互联的局域网应具有相同的协议和速率,如802.3

以太网到以太网之间的连接和 802.5 令牌环网到令牌环网之间的连接。用中继器连接的局域网在物理上是一个网络,也就是说,中继器把多个独立的物理网络互联成为一个大的物理网络。

中继器可以连接相同传输介质的同类局域网(例如,粗同轴电缆以太网之间的连接),也可以连接不同传输介质的同类局域网(例如,粗同轴电缆以太网与细同轴电缆以太网或粗同轴电缆以太网与双绞线以太网的连接)。

由于中继器在物理层实现互联,所以它对物理层以上各层协议(数据链路层到应用层)完全透明,中继器支持数据链路层及其以上各层的任何协议,也就是说,只有物理层以上各层协议完全相同才可以实现互联。

(二)网桥

当两个相同或不同的局域网互联是要使用网桥。网桥是一种在数据链路层实现互联的存储转发设备,大多数网络结构上的差异体现在介质访问控制协议之中,因而网桥广泛用于局域网的互联。因而网桥的作用一般是互联多个局域网以组成更大的局域网。

1. 网桥的功能

(1)帧的接收与发送:从所连接的局域网端口中接收帧,从中获得目标站地址,分析目的站是否属于本网桥所连接的另一个局域网,以决定对该帧是转发还是丢弃。

(2)缓存管理:在网桥中通常设置两类缓冲区,一类是接收缓冲区,用于暂存从端口收到的、待处理的帧;另一类是发送缓冲区,用于暂存经协议转换等处理后待发的帧。存储空间要足够大,以适应峰值通信的需要。另外,当两个网络的数据传输率不同,也需要有缓存区来暂存数据,以协调不同的数据传输率。

(3)协议转换:网桥的协议转换功能仅限于 MAC 子层和物理层,即将源局域网中所采用的帧格式和物理层规程转换为目的局域网所采用的帧格式和物理层规程。也就是说,将网络 A 的帧格式中帧头的目的地址转换成网络 B 中帧的格式。当两个网络中定义的帧长度不同时,网桥还需要把长帧进行分段。

(4)路径选择:当一个网桥连接了多个网络时,网桥还需要有路径选择功能,即根据 MAC 地址判断走哪条路。在透明桥中有此功能,但在源路径桥中则无此功能。

(5)差错控制:首先进行差错检测,然后对经协议转换后的 MAC 帧生成新的 CRC 码,并填入到新 MAC 帧的 CRC 字段。

2. 网桥的工作原理

网桥在局域网的互联中属于节点级的网络互联设备,它在数据链路层对帧进行存储转发。由于局域网的数据链路层分为 LLC 和 MAC 两个子层,所以网桥实际上是在 MAC 子层上实现不同网络的互联,这就要求互联的两个网络从应用层到逻辑链路控制子层,相对应的层次采用相同的协议,即为同构网络,而对数据链路层中的 MAC 子层和物理层这两层中的对应层次可遵循不同的协议。因此,网桥可以用于符合 IEEE 802 标准的局域网互联。以下通过局域网 802.3 和 802.4 的互接为例来说明网桥的工作原理。

如图 4-9 所示是连接 802.3 和 802.4 局域网网桥的操作。主机 A 有一个分组要传送给主机 B。分组先传到 LLC 子层,该层为分组加一个 LLC 头,然后将该分组传组 MAC 子层,该层再加上 802.3 的头和尾,然后传给物理层,通过传输介质传送到网桥。在网桥的 MAC 子层中去掉 802.3 的帧头和帧尾,再上传给网桥的 LLC 子层,LLC 子层将分组交给靠近 802.4 的一边,加上 802.4 的头和尾将其发给 802.4 局域网传至主机 B。主机 A

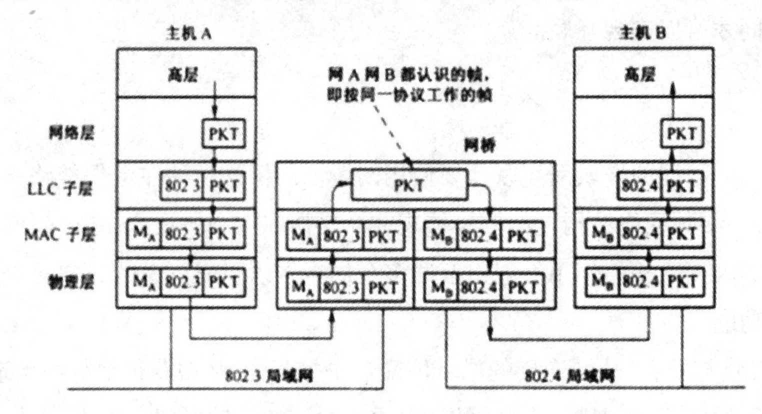

图 4-9　从 802.3 到 802.4 网桥工作原理

如果连接 N 个不同的局域网的网桥,则要有 N 个不同的 MAC 子层和 N 个不同的物理层。网桥对所连的某一局域网发来的每一帧,检查源地址和目的地址,如果目的地址和源地址不属于同一网络,就留下该帧,然后使用目的地网络的 MAC 协议,把这个帧发给目的地网络;若两个地址在同一网络上,则不转发。所以网桥能起过滤帧的作用。

网桥对帧的过滤作用性很强。当一个网络由于负载很重而性能下降时,可以用网桥把它分成两个小局域网,并且每个小局域网内的通信量明显地高于网间的通信量,使整个互联网的性能变好。同时,网桥还具有隔离作用,一个网络上的故障不会影响另一个网络,从而提高了整个网络的可靠性。

此外,使用网桥可以扩大物理范围,增加工作站的最大数目(因为一个网桥代表了另一或几个局域网的许多工作站),使不同的物理介质共存于一个扩展的局域网中。网桥必须具有路径选择功能,当网桥接收到帧后,要决定正确的路径,将该帧送到相应的目的局域网的工作站。

(三)集线器

集线器(Hub)最初的功能是把所有节点集中在以它为中心的节点上,有力地支持了星型拓扑结构,简化了网络的管理。集线器的网络结构如图4-10所示。

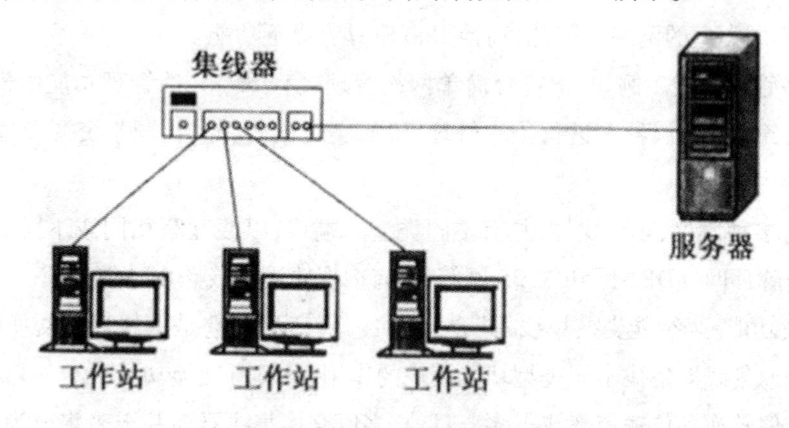

图4-10 集线器的网络结构

集线器工作在物理层,逐位复制某一个端口收到的信号,放大后输出到其他所有端口,从而使一组节点共享信号。集线器的功能主要有:信息转发、信号再生、减少网络故障。

集线器一般用在以下场合:①连接网络:计算机-网卡-集线器-网络;②网络扩充:集线器级连,扩充网络接口;③网络分区:不同办公室、楼层集中连接。

目前市场上的集线器,按其功能的强弱可分为三档。

1. 低档集线器

初期的集线器仅将分散的用于连接网络设备的线路集中在一起,以便管理和维护,故称为集线器或集中器。低档集中器是非智能型的,其性质类似于多端口中继器。除完成集线功能处,还具有信号再生能力。在集线器上有固定数目的端口,如8个或12个端口,每个设备可使用无屏蔽双绞线连接到一个端口上,而Hub本身又可连接到粗同轴电缆(10Base-5标准)或细同轴电缆(10Base-2标准)上。由于集线器价格低廉,所以被广泛用于连接局域网设备。

2. 中档集线器

中档集线器又称为低档智能集线器,具有一定的智能。它在低档集线器功能的基础上增加了一些新的功能。如配置了网桥软件,使它能连接多个同构局域网,如连接符合IEEE 802标准的以太网、令牌环网等。当然,此时集线器应具有多个插槽,以便在连接这些网络时根据网络类型的不同将相应的网卡插入槽中,连接给定的网络。又如配置一定管理功能,对本地网络和少量远地站点的管理。10Base-T的Hub除具有集线器和再生信号的功能外,还能承担部分网络管理功能,能自动检测"碰撞",在检测到"碰撞"后发阻塞信号,以强化"冲突",还能自动指示和隔离有故障的站点并切断其通信。因此,中档Hub已不再是物理层的产品,已向数据链路层和智能化方向发展,微处理器配有操作系统,能实现网桥功能。

3. 高档集线器

高档集线器又称为高档智能集线器。高档 Hub 是为组建企业网而设计的,企业网络经常配置多种不同类型的网络。因此,高档 Hub 应具有以下功能。

(1)网络管理功能。例如,把符合简单网络管理规程 SNMP 的管理功能纳入 Hub,用于对工作站、服务器和集线器等进行集中管理,诸如实时监测、分析、调整资源及错误告警、故障隔离等功能。

(2)支持多种协议、多种媒体,具有不同类型的端口,以便互联相同或不同类型的网络,如以太网、令牌环网、FDD1 网和 X.25 网等,具有内置式网桥或路由功能。

(3)交换功能。"智能交换集线器"是 Hub 的最新发展,它是集线器与交换器功能的组合,既具有普通集线器集成不同类型功能模块的作用,又具有交换功能。交换器具有类似桥路器的功能,但转换和传输速率快得多。目前,多以交换集线器为基干来集成为同类型局域网及路由器、访问服务器等,构成以星型结构为主的企业网络结构体系。

所谓新一代的智能集线器就是将多协议多媒体切换功能、网桥和路由功能、管理功能、交换功能等组合成一体,不同类型的集线器产品就是这些功能的不同组合。

集线器在结构上可分为两种。第一种是机箱式集线器,这类集线器除提供高"背板"外,还提供多个插槽,用以插入不同类型的功能模块(板)。模块类型包括不同类型的局域网端口、管理模块、网桥、路由、ATM 及其转换功能的互联模块。第二种是堆叠式集线器,它可以把多个独立集线器堆叠互联为一个集线器。每个集线器有 12/24 个端口,每个端口可利用无屏蔽双绞线 UTP 连接一台工作站或服务器。可把多个集线器堆叠成一个集线器,例如 10 个。这样,最多能连接 120 - 240 个工作站。堆叠式集线器的管理功能往往由其中一个 Hub 提供,管理整个堆叠。

为完成上述多种任务,在高档 Hub 中配置一个或多个高性能的处理器,采用对称多重处理技术。所采用的操作系统也都是多用户或多任务 32 位操作系统,如 UNIX、OS/2 或 Windows NT,这使高档 Hub 具有很高的智能,可以作为核心来构建大、中型企业网络系统。

(四)交换机

交换机工作在 OSI 的数据链路层的 MAC 子层。在以太网交换机上有许多高速端口,这些端口分别连接不同的局域网网段或单台设备。以太网交换机负责在这些端口之间转发帧。交换和交换机最早起源于电话通信系统,由电话交换技术发展而来。

交换机属于数据链路层设备,可以识别数据包中的 MAC 地址信息,根据 MAC 地址进行转发,并将这些 MAC 地址与对应的端口记录在自己内部的一个地址表中。具体的工作流程如下:

(1)当交换机从某个端口收到一个数据包,它先读取包头中的源 MAC 地址,这样它就知道源 MAC 地址的机器是连在哪个端口上的。

(2)再去读取包头中的目的 MAC 地址,并在地址表中查找相应的端口。

(3)如表中有与这目的 MAC 地址对应的端口,把数据包直接复制到这端口上。

(4)如表中找不到相应的端口则把数据包广播到所有端口上,当目的机器对源机器回应时,交换机又可以学习一目的 MAC 地址与哪个端口对应,在下次传送数据时就不再需要对所有端口进行广播了。

不断的循环这个过程,对于全网的 MAC 地址信息都可以学习到,二层交换机就是这样建立和维护它自己的地址表。

共享工作模式

所谓共享工作模式即在一个逻辑网络上的所有节点共享同一信道,如图 4 - 11 所示。

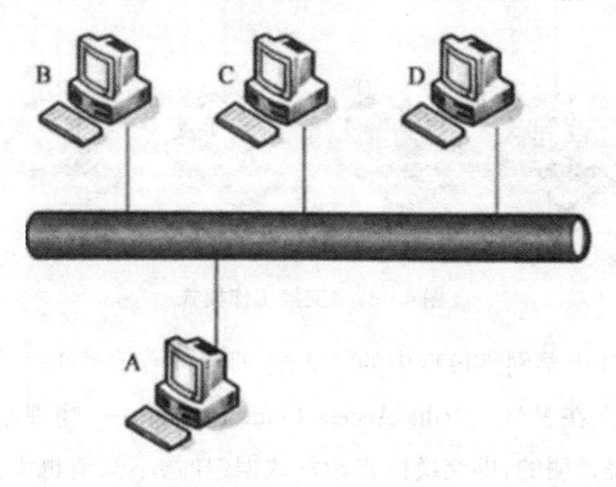

图 4 - 11 共享工作模式

以太网采用 CSMA/CD 机制,这种冲突检测方法保证了只能有一个站点在总线上传输。如果有两个站点试图同时访问总线并传输数据,这就意味着“冲突”发生了,两站点都将被告知出错。然后它们都被拒发,并等待一段时间以备重发。

这种机制就如同许多汽车抢过一座窄桥,当两辆车同时试图上桥时,就发生了“冲突”,两辆车都必须退出,然后再重新开始抢行。当汽车较多时,这种无序的争抢会极大地降低效率,造成交通拥堵。

网络也是一样,当网络上的用户量较少时,网络上的交通流量较轻,冲突也就较少发生,在这种情况下冲突检测法效果较好。当网络上的交通流量增大时,冲突也增多,同时网络的吞吐量也将显著下降。在交通流量很大时,工作站可能会被一而再再而三地拒发。

而且在同一网段内的节点 A 向节点 B 发送数据时,是以广播方式向网络上的所有节点同时发送同一信息,再由每一个节点通过验证帧头部包含的目的 MAC 地址信息来决定是否接收该帧。接收数据的只是一个或少数几个节点,但是信息对所有的节点都发送,因此,有一大部分的流量是无效的,造成网络传输的效率低下,同时还很容易造成网络阻塞。由于所发送的信息每个节点都能够监听到,很容易造成泄密,不安全。

交换工作模式

交换工作模式是为对使用共享工作模式的网络提供有效的网段划分的解决方案而出现的,它可以使每个用户尽可能地分享到最大带宽。如图4-12所示。

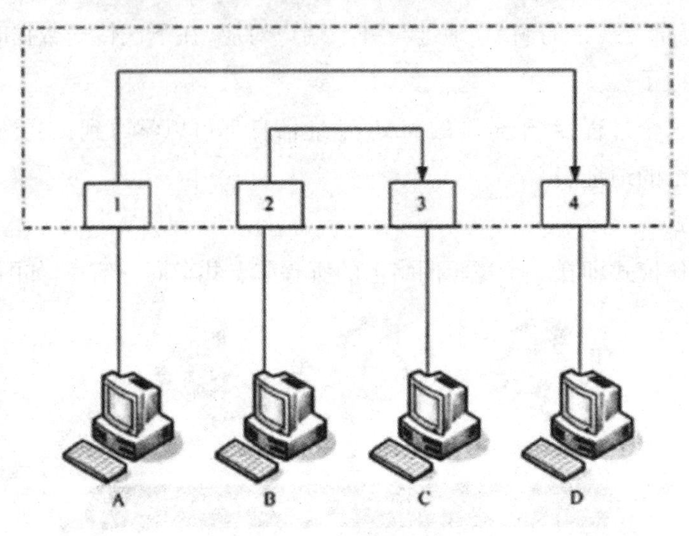

图4-12 交换工作模式

交换技术是在OSI七层网络模型中的第2层,即数据链路层进行操作的,因此,交换机对数据帧的转发是建立在MAC(Media Access Control)地址——物理地址基础之上的,对于IP网络协议来说,它是透明的,即交换机在转发数据包时,不知道也无需知道信源机和信宿机的IP地址,只需知其物理地址即MAC地址。

交换机在操作过程当中会不断地收集资料去建立它本身的一个地址表,这个表相当简单,它说明了某个MAC地址是在哪个端口上被发现的。

交换机有一条很宽的背部总线和内部交换矩阵。所有端口都挂在背部总线上。某一个端口收到帧,交换机会根据帧头包含的目的MAC地址,查找内存中的地址对照表,确定将该帧发往哪个端口,再通过内部交换矩阵直接将帧转发到目的端口,而不是所有端口。这样每个端口就可以独享交换机的一部分总线带宽,不仅提高了效率,节约了网络资源,也可以保证数据传输的安全性。

而且由于这个过程比较简单,多使用硬件(Application Specific Integrated Circuit,ASIC)来实现,因此,速度相当快,一般只需几十微秒,交换机便可决定一个数据帧该往哪里送。万一交换机收到一个不认识的数据帧,即如果目的MAC地址不能在地址表中找到时,交换机会把该帧"扩散"出去,即转发到所有其他端口。

交换机的交换模式有以下四种:

直通转发模式。交换机在输入端口收到一帧,立即检查该帧的帧头,获取目的MAC地址,查找自己内部的交换表,找到相应的输出端口,在输入和输出的交叉处接通,数据被直通到输出端口。直通式交换如图 4 - 13 所示。

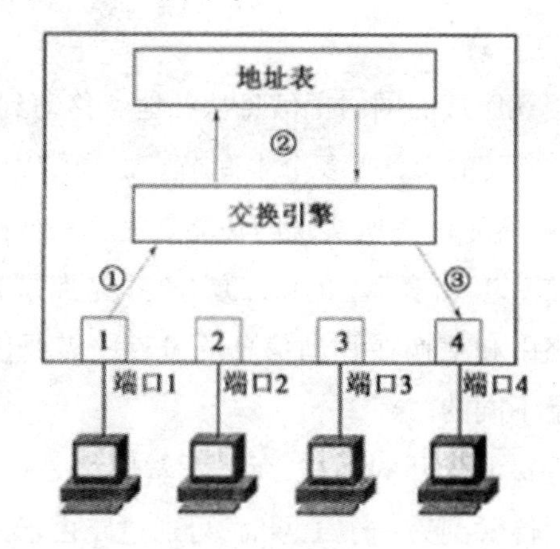

图 4 - 13　直通转发模式

直通式交换只检查帧头，获取目的 MAC 地址，但是不存储帧，因此延迟小，交换速度快。但也正是由于不存储帧，所以不具有错误检测能力，易丢失数据，而且要增加端口的话，交换矩阵十分复杂。

存储转发模式。交换机将输入的帧缓存起来，首先校验该帧是否正确，如果不正确，则将该帧丢弃；如果该帧是长度小于 64 字节的侏儒帧，也将它丢弃。只有该帧校验正确，且是有效帧，才取出目的 MAC 地址，查交换表，找出其对应的端口并将该帧发送到这个端口。

存储转发式交换的优点是能进行错误检测，并且由于缓存整个帧，能支持不同速度端口之间的数据交换。其缺点是延迟较大。

在局域网中使用交换技术比起让所有用户共享整个总线来说，网络的效率更高，每个用户能够得到更多的带宽。随着贷款的需求不断增长，交换机越来越多地用于局域网，互联局域网的网段。

准直通转发模式。准直通转发模式，只转发长度至少为 512bit(64 字节)的帧。既然所有残帧的长度都小于 512 比特的长度，那么，该种转发模式自然也就避免了残帧的转发。

为了实现该功能，准直通转发交换机使用了一种特殊的缓存。这种缓存是一种先进先出的 FIFO，比特从一端进入然后再以同样的顺序从另一端出来。如果帧以小于 512 比特的长度结束，那么 FIFO 中的内容(残帧)就会被丢弃。因此，它是一个非常好的解决方案，也是目前大多数交换机使用的直通转发方式。

智能交换模式。智能(Intelligent)交换模式，是指交换机能够根据所监控网络中错误包传输的数量，自动智能地改变转发模式。如果堆栈发觉每秒错误少于 20 个，将自动采用直通式转发模式；如果堆栈发觉每秒错误大于 20 个或更多，将自动采用存储转发模式，直到返回的错误数量为 0 时，再切换回直通式转发模式。

(五)路由器

所谓路由就是指通过相互连接的网络把信息从源地点移动到目标地点的活动。一般来说,在路由过程中信息至少会经过一个或多个中间节点。通常人们会把路由和交换进行对比,这主要是因为在普通用户看来两者所实现的功能是完全一样的。其实,路由和交换之间的主要区别就是交换发生在OSI参考模型的第二层(数据链路层),而路由发生在第三层,即网络层。这一区别决定了路由和交换在移动信息的过程中需要使用不同的控制信息,所以两者实现各自功能的方式是不同的。

路由器用于连接多个逻辑上分开的网络,所谓逻辑网络是代表一个单独的网络或者一个子网。当数据从一个子网传输到另一个子网时,可通过路由器来完成。因此,路由器具有判断网络地址和选择路径的功能,它能在多网络互联环境中建立灵活的连接,可用完全不同的数据分组和介质访问方法连接各种子网,路由器只接受源站或其他路由器的信息,属于网络层的一种互联设备。它不关心各子网使用的硬件设备,但要求运行与网络层协议相一致的软件。路由器分本地路由器和远程路由器,其中本地路由器是用来连接网络传输介质的(如光纤、同轴电缆、双绞线);远程路由器是用来连接远程传输介质,并要求相应的设备(如电话线要配调制解调器,无线要通过无线接收机、发射机)。

1.路由器的基本功能

路由器的基本功能如下:

(1)路由选择

当分组从互联的网络到达路由器时,路由器能根据分组的目的地址按某种路由策略选择最佳路由将分组转发出去,并能随网络拓扑的变化而变化,自动调整路由表。

(2)多协议路由选择与协议转换

支持多种协议的路由器能为不同类型的协议建立和维护不同的路由表,连接运行不同协议的网络。路由器可以连接多个不同的网络。这些网络可以采用不同的拓扑结构和不同的协议体系。路由器要对所有连接的网络进行协议转换,才能实现网络之间数据的正确传输。由于路由器是网络层设备,所以可以对网络层及其以下各层进行协议转换。

(3)流量控制

路由器不仅具有缓冲区,而且还能控制收发双方的数据流量,使两者更加匹配。

(4)分段和组装

当多个网络通过路由器互联时,各网络传输的数据分组的大小可能不相同,这就需要对分组进行分段和组装。即路由器能将接收的大分组分段并封装成小分组后转发,或将接收的小分组组装成大分组后转发。如果路由器没有分段组装功能,那么整个互联网就只能按照所允许的某个最短分组进行传输,大大降低了其他网络的效能。

(5)网络管理与安全

路由器是多个网络的交汇点,网络间的信息流都要经过路由器,在路由器上可以进行信息流的监控和管理,完成数据过滤;路由器对于最终找不到目的 IP 地址的数据包的处理方式是直接丢弃,而不是进行广播,从而避免在网络内产生广播风暴。

2. 路由器的主要特点

由于路由器作用在网络层,因此,它比网桥具有更强的异种网互联能力、更好的隔离能力、更强的流量控制能力、更好的安全性和可管理可维护性,其主要特点如下。

路由器可以互联不同的 MAC 协议、不同的传输介质、不同的拓扑结构和不同的传输速率的异种网,它有很强的异种网互联能力。

路由器也是用于广域网互联的存储转发设备,它有很强的广域网互联能力,被广泛地应用于 LAN - WAN - LAN 的网络互联环境。

路由器具有流量控制、拥塞控制功能,能够对不同速率的网络进行速度匹配,以保证数据包的正确传输。

路由器互联不同的逻辑子网,每一个子网都是一个独立的广播域,因此,路由器不在子网之间转发广播信息,具有很强的隔离广播信息的能力。

路由器工作在网络层,它与网络层协议有关。多协议路由器可以支持多种网络层协议(如 IP、IPX 和 DECNET 等),转发多种网络层协议的数据包。

路由器检查网络层地址,转发网络层数据分组或包。因此,路由器可以基于 IP 地址进行包过滤,具有包过滤的初期防火墙功能。路由器分析进入的每一个包,并与网络管理员制定的一些过滤策略进行比较,凡符合允许转发条件的包被正常转发,否则丢弃。为了网络的安全,防止黑客攻击,网络管理员经常利用这个功能,拒绝一些网络站点对某些子网或站点的访问。路由器还可以过滤应用层的信息,限制某些子网或站点访问某些信息服务,如不允许某个子网访问远程登录。

对大型网络进行分段化,将分段后的网段用路由器连接起来。这样可以达到提高网络性能,提高网络带宽的目的,而且便于网络的管理和维护。这也是共享式网络为解决带宽问题所经常采用的方法。

路由器不仅可以在中、小型局域网中应用,也适合在广域网和大型、复杂的互联网环境中应用。

3. 路由器的分类

路由器的产品众多,按照不同的划分标准有多种类型。常见的分类方法有以下几种。

(1)按性能档次分

按路由器的性能档次分为高、中、低档,通常将路由器吞吐量大于 40Gb/s 的路由器称为高档路由器,吞吐量在 25 - 40Gb/s 之间的路由器称为中档路由器,而将低于 25Gb/s 的看作低档路由器。

(2)按结构分

从结构上分,可将路由器分为模块化路由器和非模块化路由器两种。模块化结构可以灵活地配置路由器,以适应企业不断增加的业务需求;非模块化路由器就只能提供固定的端口。一般而言,中高端路由器为模块化结构,低端路由器为非模块化结构。

(3)按功能分

从功能上分,可将路由器分为"骨干级路由器"、"企业级路由器"和"接入级路由器"。

①骨干级路由器。骨干级路由器实现企业级网络的互联。对它的要求是速度和可靠性,而代价则处于次要地位。硬件可靠性可以采用电话交换网中使用的技术,如热备份、双电源、双数据通路等来获得。这些技术对所有骨干路由器而言差不多是标准的。

骨干 IP 路由器的主要性能瓶颈是在转发表中查找某个路由所耗的时间。当收到一个包时,输入端口在转发表中查找该包的目的地址以确定其目的端口,当包越短或者当包要发往许多目的端口时,势必增加路由查找的代价。因此,将一些常访问的目的端口放到缓存中能够提高路由查找的效率。不管是输入缓冲还是输出缓冲路由器,都存在路由查找的瓶颈问题。除了性能瓶颈问题,路由器的稳定性也是一个常被忽视的问题。

②企业级路由器。企业或校园级路由器连接许多终端系统,其主要目标是以尽量便宜的方法实现尽可能多的端点互联,并且进一步要求支持不同的服务质量。

路由器连接的网络系统因能够将机器分成多个碰撞域,因此,可以方便地控制一个网络的大小。此外,路由器还支持一定的服务等级,至少允许分成多个优先级别。但是路由器的每端口造价要贵些,并且在能够使用之前要进行大量的配置工作。因此,企业路由器的成败就在于是否提供大量端口且每端口的造价很低,是否容易配置,是否支持 QoS。另外,还要求企业级路由器有效地支持广播和组播。企业网络还要处理历史遗留的各种 LAN 技术,支持多种协议,包括 IP、IPX 和 Vine。

③接入级路由器。接入级路由器连接家庭或 ISP 内的小型企业客户。接入级路由器已经开始不只是提供 SUP 或 PPP 连接,还支持诸如 PPTP 和 IPSec 等虚拟私有网络协议。这些协议要能在每个端口上运行。

(4)按性能分

从性能上划分,路由器可分为线速路由器以及非线速路由器。线速路由器完全可以按传输介质带宽进行通畅传输,基本上没有间断和延时。通常线速路由器是高端路由器,具有非常高的端口带宽和数据转发能力,能以媒体速率转发数据包。中低端路由器是非线速路由器,但是一些新的宽带接入路由器也有线速转发能力。

(5)按所处网络位置分

从路由器所处的网络位置划分,路由器可分为边界路由器和中间节点路由器两类。边界路由器是处于网络边缘，用于不同网络路由器的连接；而中间节点路由器则处于网络的中间，通常用于连接不同网络，起到一个数据转发的桥梁作用。

由于各自所处的网络位置有所不同，其主要性能也就有相应的侧重。如中间节点路由器因为要面对各种各样的网络，识别这些网络中的各节点靠的就是中间节点路由器的 MAC 地址记忆功能。

基于上述原因，选择中间节点路由器时就需要在 MAC 地址记忆功能方面更加注重，也就是要求选择缓存更大、MAC 地址记忆能力较强的路由器。但是边界路由器由于它可能要同时接受来自许多不同网络路由器发来的数据，因此，这就要求这种边界路由器的背板带宽要足够宽，当然这也要与边界路由器所处的网络环境而定。

(6)按应用场合分

从应用场合划分，路由器可分为通用路由器与专用路由器。一般所说的路由器皆为通用路由器。专用路由器通常为实现某种特定功能对路由器接口、硬件等作专门优化。例如，接入服务器用作接入拨号用户，增强 PSTN 接口以及信令能力；VPN 路由器用于为远程 VPN 访问用户提供路由，它需要在隧道处理能力以及硬件加密等方面具备特定的能力；宽带接入路由器则强调接口带宽及种类。

4. 路由器的工作原理

路由器是用来连接多个网络或网段的网络设备，它能将不同网络或网段之间的数据信息进行“翻译”，这样，它们便能够相互“读懂”对方的数据，从而构成一个更大的网络。路由器之所以能在不同网络之间起到“翻译”的作用，是因为它不再是一个纯硬件设备，而是具有相当丰富路由协议的软件和硬件结构的设备，如 RIP、OSPF、EIGRP、IPv6 等。这些路由协议就是用来实现不同网段或网络之间的相互“理解”。

在一个局域网中，如果不需与外界网络进行通信，内部网络的各工作站都能识别其他各节点，完全可以通过交换机就可以实现目的发送，根本用不上路由器来记忆局域网的各节点 MAC 地址。

路由器识别不同网络的方法是通过识别不同网络的网络 ID 号进行的，因此，为了保证路由成功，每个网络都必须有一个唯一的网络编号。路由器要识别另一个网络，首先要识别的就是对方网络的路由器 IP 地址的网络 ID，看是否与目的节点地址中的网络 ID 号相一致。如果一致，就向这个网络的路由器发送，接收网络的路由器在接收到源网络发来的报文后，根据报文中所包括的目的节点 IP 地址中的主机 ID 号来识别是发给哪一个节点的，然后再直接发送。

为了更清楚地说明路由器的工作原理，假设有一个如图 4 - 14 所示的简单网络。其中一个网段网络 ID 号为“A”，在同一网段中有 4 台终端设备连接在一起，这个网段的每个设备的 IP 地址分别假设为 A1、A2、A3 和 A4。连接在这个网段上的一台路由器是用来连接其他网段的,路由器连接于A网段的那个端口IP地址为A5。同样,路由器连接另一网段为B网段,这个网段的网络ID号为"B",连接在B网段的另几台工作站设备的IP地址设为B1、B2、B3、B4,同样,连接于B网段的路由器端口的1P地址设为B5。

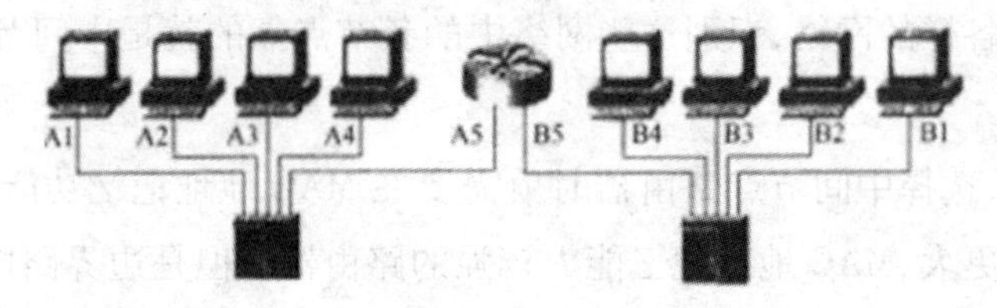

图4-14 用路由器连接两个网段

在这样一个简单的网络中同时存在着两个不同的网段,如果A网段中的A1用户想发送一个数据给B网段的B2用户,有了路由器就非常简单了,具体过程如下所示。

首先,A1用户把所发送的数据及发送报文准备好,以数据帧的形式通过左边的集线器广播发给同一网段的所有节点(集线器都是采取广播方式,而交换机因为不能识别这个地址,也采取广播方式),路由器在侦听到A1发送的数据帧后,从中分析出目的节点的IP地址信息(路由器在得到数据包后总是要先进行分析),得知不是本网段的地址,就把数据帧接收下来,根据其路由表进一步分析可知,接收节点的网络ID号与B5端口的网络ID号相同。这时,路由器的A5端口就直接把数据帧发给路由器B5端口。B5端口再根据数据帧中的目的节点IP地址信息中的主机ID号来确定最终目的节点为B2,然后再发送数据到右边的集线器,该集线器将数据帧以广播方式发送给其他的所有节点,从而将节点A1发送的数据发送给节点B2。这样一个完整的数据帧的路由转发过程就完成了,数据也正确、顺利地到达目的节点。

当然,这样的网络算是非常简单的。路由器的功能还不能从根本上体现出来,一般一个网络都会同时连接其他多个网段或网络,如图4-15所示,A、B、C、D4个网络通过路由器连接在一起。

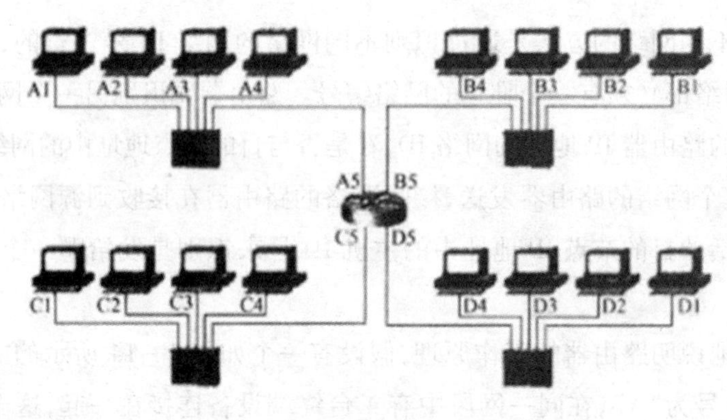

图4-15 用路由器连接4个网段

那么,在如图4-15所示的网络环境下路由器又是如何发挥其路由、数据转发作用的。假设网络A中一个用户A1要向网络C中的用户C3发送数据,其数据传输的步骤如下。

首先,用户A1将目的用户C3的地址C3,连同数据信息以数据帧的形式通过集线器A以广播的方式发送给同一网络中的所有节点,当路由器端口A5侦听到这个数据帧后,分析得知所发目的节点不是本网段的,需要路由转发,就把数据帧接收下来。

其次,路由器端口A5接收到用户A1的数据帧后,先从报头中取出目的用户C3的IP地址,并根据路由表计算出发往用户C3的最佳路径。从分析得知到C3的网络ID号与路由器端口C5的网络ID号相同,因此,路由器的A5端口直接发向路由器的C5端口应是信号传递的最佳途径。

最后,路由器的端口C5再次取出目的用户C3的IP地址,找出C3的IP地址中的主机ID号,并将数据发送给集线器C;集线器C直接以广播方式把数据帧分发到其所有端口;用户C3侦听到并接收该数据帧后,经分析可知是发送给自己的,用户C3便接收该数据帧。这样一个完整的数据通信转发过程也完成了。

总的来说,不管网络有多么复杂,路由器其实所做的工作就是这么几步,因此,整个路由器的工作原理都差不多。当然,在实际中的网络还远比图4-14和图4-15所示的网络复杂得多,实际的步骤也会更加复杂,但总的过程是这样的。

路由器的主要工作就是为经过路由器的每个数据帧寻找一条最佳传输路径,并将该数据有效地传送到目的站点。由此可见,选择最佳路径的策略即路由算法是路由器的关键所在。为了完成"路由"的工作,在路由器中保存着各种传输路径的相关数据——路由表(Routing Table),供路由选择时使用。

路由表中保存着子网的标志信息、网上路由器的个数和下一个路由器的名字等内容。路由表可以由系统管理员设置,也可以由系统动态修改,可以由路由器自动调整,也可以由主机控制。

在路由器中涉及两个有关地址的名字概念,即静态路由表和动态路由表。由系统管理员事先设置好固定的路由表称之为静态(Static)路由表,一般是在系统安装时就根据网络的配置情况预先设定的,它不会随未来网络结构的改变而改变;动态(Dynamic)路由表是路由器根据网络系统的运行情况而自动调整的路由表。路由器根据路由选择协议(Routing Protocol)提供的功能,自动学习和记忆网络运行情况,在需要时自动计算数据传输的最佳路径。

(六)网关

网关(Gateway)又称为协议转换器。它作用在OSI参考模型的4-7层,即传输层到应用层。网关的基本功能是实现不同网络协议的互联,也就是说,网关是用于高层协议转换的网间接器。网关可以被描述为"不相同的网络系统互相连接时所用的设备或节点"。不同体系结构、不同协议之间在高层协议上的差异是非常大的。网关依赖于用户的应用,是网络互联中最复杂的设备,没有通用的网关。而对于面向高层协议的网关来说,其目的就是试图解决网络中不同的高层协议之间的不同性问题,完全做到这一点是非常困难的。所以对网关来说,通常都是针对某些问题而言的。网关的构成是非常复杂的。综合来说,其主要的功能是进行报文格式转换、地址映射、网络协议转换和原语连接转换等。

按照网关的功能不同,大体可以将网关分为三大类:协议网关、应用网关和安全网关。

1. 协议网关

协议网关通常在使用不同协议的网络区域间做协议转换工作,这也是一般公认的网关的功能。例如,IPv4 数据由路由器封装在 IPv6 分组中,通过 IPv6 网络传递,到达目的路由器后解开封装,把还原的 IPv4 数据交给主机。这个功能是第三层协议的转换。又如,以太网与令牌环网的帧格式不同,要在两种不同网络之间传输数据,就需要对帧格式进行转换,这个功能就是第二层协议的转换。

协议转换器必须在数据链路层以上的所有协议层都运行,而且要对节点上使用这些协议层的进程透明。协议转换是一个软件密集型过程,必须考虑两个协议栈之间特定的相似性和不同之处。因此,协议网关的功能相当复杂。

2. 应用网关

应用网关在是不同数据格式间翻译数据的系统。例如,E - mail 可以以多种格式实现,提供 E - mail 的服务器可能需要与多种格式的邮件服务器交互,因此,要求支持多个网关接口。

3. 安全网关

安全网关就是防火墙。一般认为,在网络层以上的网络互联使用的设备是网关,主要是因为网关具有协议转换的功能。但事实上,协议转换功能在 OSI/RM 的每一层几乎都有涉及。所以,网关的实际工作层次其实并非十分明确,正如很难给网关精确定义一样。

第三节　路由选择协议

一、路由算法

路由选择协议的核心就是路由算法,即需要何种算法来获得路由表中的各项目。一个理想的路由算法应具有以下一些特点。

算法必须是正确的和完整的。这里“正确”的含义是:沿着各路由表所指引的路由,分组一定能够最终到达的目的网络和目的主机。

算法在计算上应简单。进行路由选择的计算必然要增加分组的时延。因此,路由选择的计算不应使网络通信量增加太多的额外开销。若为了计算合适的路由必须使用网络其他路由器发来的大量状态信息时，开销就会过大。

算法应能适应通信量和网络拓扑的变化，即要有自适应性。当网络中的通信量发生变化时，算法能自适应地改变路由以均衡各链路的负载。当某个或某些节点、链路发生故障不能工作，或者修理好了再投入运行时，算法也能及时地改变路由。有时称这种自适应性为“稳健性”（Robustness）。

算法应具有稳定性。在网络通信量和网络拓扑相对稳定的情况下，路由算法应收敛于一个可以接受的解，而不应使得出的路由不停地变化。

算法应是公平的。即算法应对所有用户（除对少数优先级高的用户）都是平等的。例如，若使某一对用户的端到端时延为最小，但却不考虑其他的广大用户，这就明显地不符合公平性的要求。

算法应是最佳的。这里的“最佳”是指以最低的代价实现路由算法。这里特别需要注意的是，在研究路由选择时，需要给每一条链路指明一定的代价（Cost）。这里的“代价”并不是指“钱”，而是由一个或几个因素综合决定的一种度量（Metric），如链路长度、数据率、链路容量、是否要保密、传播时延等，甚至还可以是一天中某一个小时内的通信量、节点的缓存被占用的程度、链路差错率等。可以根据用户的具体情况设置每一条链路的“代价”。

由此可见，不存在一种绝对的最佳路由算法。所谓“最佳”只能是相对于某一种特定要求下得出的较为合理的选择而已。

一个实际的路由选择算法，应尽可能接近于理想的算法。在不同的应用条件。对以上提出的6个方面也可有不同的侧重。

应当指出，路由选择是个非常复杂的问题，因为它是网络中的所有节点共同协调工作的结果。其次，路由选择的环境往往是不断变化的，而这种变化有时无法事先知道，例如，网络中出了某些故障。此外，当网络发生拥塞时，就特别需要有能缓解这种拥塞的路由选择策略，但恰好在这种条件下，很难从网络中的各节点获得所需的路由选择信息。

如果从路由算法能否随网络的通信量或拓扑自适应地进行调整变化来划分，则只有两大类，即静态路由选择策略和动态路由选择策略。

（一）静态路由

静态路由又称为非自适应路由选择，是指在路由器中设置固定的路由表，除非管理员干预，否则静态路由不会发生变化，由于静态路由不能对网络的改变做出反应，一般用于网络规模不大，拓扑结构固定的网络中。

静态路由选择的优点有以下几点：

（1）不需要动态路由选择协议，减少了路由器的日常开销。

(2)在小型互联网络上很容易配置。

(3)可以控制路由选择。

总起来说,静态路由的优点是简单、高效、可靠,在所有的路由中,静态路由优先级别最高。当动态路由和静态路由发生冲突时,以静态路由为准。

(二)动态路由

动态路由又称自适应路由。动态路由是由路由器从其他路由器中周期性地获得路由信息而生成的,具有根据网络链路的状态变化自动修改更新路由的能力,具有较强的容错能力。这种能力是静态路由所不具备的。同时,动态路由比较多地应用于大型网络,因为使用静态路由管理大型网络的工作过于繁琐且容易出错。

动态路由也有多种实现方法。目前在 TCP/IP 协议中使用的动态路由主要分为两种类型:距离矢量路由选择协议(Distance – Vector Routing Protocol)和链路状态路由协议(Link – State Routing Protocol)。

1. 距离矢量路由选择协议

距离矢量路由选择协议也称为 Bellman – Ford 算法,它使用到远程网络的距离去求最佳路径。每经过一个路由器为一跳,到目的网络最少跳数的路由被确定为最佳路由。

路由信息协议(RIP)和内部网关路由协议(IGRP)就使用这种算法。

距离矢量路由算法定期向相邻路由器发送自己完整的路由表,相邻路由器将收到的路由表与自己的合并以更新自己的路由表,称为流言路由(Rumor),因为收到来自相邻路由器的信息后,路由器本身并没有亲自发现就相信有关远程网络的信息。更新后,它向所有邻居广播整个路由表。

一个网络可能有多条链路到达同一个远程网络。如果这样,首先检查管理距离,如果相等,就要用其他度量方法来确定选用哪条路。路由信息协议仅使用跳步数来确定到达远程网络的最佳路径,如果发现不止一条链路到达同一目的网络且又跳相同步数,那么就自动执行循环负载平衡。通常可以为 6 个等开销链路执行负载平衡。

距离矢量路由协议通过广播路由表来跟踪网络的改变,占用 CPU 进程和链路的带宽。由于距离矢量路由选择算法的本质是每个路由器根据它从其他路由器接收到的信息而建立它自己的路由选择表,当网络对一个新配置的收敛反应比较慢,从而引起路由选择条目不一致时,就会产生路由环路,如图 4 – 16 所示。

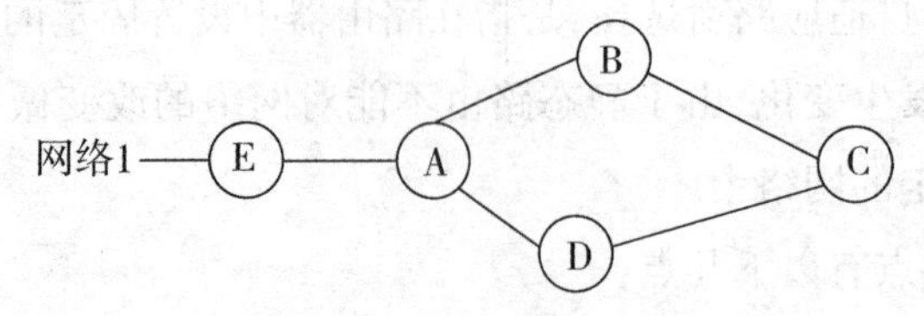

图 4 – 16 路由环路

网络1发生故障前，网络收敛。假定C到网络1的最佳路径是通过B，且C的路由表中计数的到网络1的跳数为3。

E发现网络1故障，向A发更新，A停止向网络1发送数据包，但B、C、D仍然向网络1发送。它们还没有收到故障通知。此时A发更新，B、D收到，B、D停止向网络1发送数据包，但C还没有收到更新，C仍然认为网络1可达。

现在C向D发定期更新，说经过B可以达到网络1，距离是3跳。D收到后，更新自己的路由选择表，确定到达网络1的路径为经过C，到B的距离是4条，就可达网络1。于是D又将这个信息传递给A，A又再修改自己的路由表，将这个信息转发给B和E。任何发到网络1的数据包就会经过C到B，再到A到D，这样循环传送，这就是路由环路问题。

解决方法如下所示。

定义最大跳数，数据包每经过下一路由器，跳计数的距离矢量递增，计数到超过距离矢量的默认最大值，RIP规定为15跳，就被丢弃，认为不可达。

水平分割，不将路由信息回传给发来该路由的路由器。

抑制，用于防止定时更新信息错误地恢复一个已坏的路由。

一个路由器从相邻路由器收到更新信息，指示原先一个可达的网络现在不可达。该路由器将这条路由标记为不可达，同时启动一个抑制定时器（Hold - Down Timer），在期满前任何时刻，从相同的相邻路由器收到更新信息，指示网络重新可达，这时，路由器会重新标记这条路由为可达，同时，卸下抑制定时器。

如果从另一个邻居路由器收到更新信息，指示一条比以前路径跳数更少的路径，则路由器把该网络标记为可达，同时卸下抑制定时器。

在抑制定时器期满前的任何时刻，任何另外的邻居路由器指示一条不如以前的路径，都会被忽略。

2. 链路状态路由协议

基于链路状态的路由选择协议，也被称为最短路径优先算法（SPF）。距离矢量算法没有关于远程网络和远端路由器的具体信息，而链路状态路由选择算法保留远程路由器以及它们之间是如何连接的等全部信息。

每个链路状态路由器提供关于它邻接的拓扑结构的信息，包括它所连接的网段（链路），以及链路的情况（状态）。

链路状态路由器，将这个信息或改动部分向它的邻居们发送呼叫消息，称为链路状态数据包（LSP）或链路状态通告（LSA），然后，邻居将LSP赋值到它们自己的路由选择表中，并传递那个信息到网络的其余部分，这个过程称为“泛洪（Flooding）”。

这样,每个路由器并行地构造一个拓扑数据库,数据库中有来自互联网的 LSA。

SPF 算法计算网络的可达性,挑出代价最小的路径,生成一个由自己作为树根的 SPF 树。

路由器根据 SPF 树建立一个到每个网络的路径和端口的路由选择表。

链路状态路由选择协议中最复杂和最重要的是要确保所有路由器得到所有必要的 LSA 数据包,拥有不同 LSA 数据包的路由器会基于不同拓扑计算路由,那么各个路由器关于同一链路信息不一致会导致网络不可达。

例如,两难问题,如图 4-17 所示。

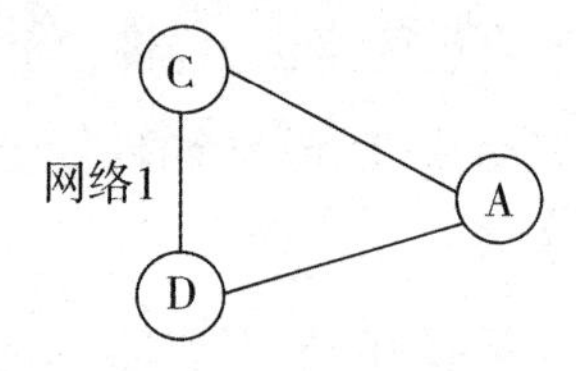

图 4-17 两难问题

(1)C 与 D 之间网络故障,二者都会构造一个 LSA 数据包反映这种状态。

(2)之后很快网络恢复工作,又要另一个 LSA 数据包反映这种变化。

(3)如果之前从 C 发出的网络 1 不可达的消息经由了一条较慢的路径,D 发出的网络 1 已经恢复到达 A 后,C 的不可达 LSA 才到 A。

(4)A 陷入两难,不知该建哪个 SPF 树,到底网络 1 可不可达?

如果向所有路由器的 LSA 分发不正确,链路状态路由选择可能会导致不正确的路由,若网络规模很大,会产生严重问题。

二、内部网关协议

前面介绍的距离矢量路由选择协议和链路状态路由协议都工作在一个自治系统(Autonomous System,简称 AS。一个自治系统通常是指一个网络管理区域)。根据路由协议工作的范围可以将动态路由协议划分为内部网关协议(Interior Routing Protocol)和外部网关协议(Exterior Routing Protocol)。所以,距离矢量路由选择协议和链路状态路由协议都属于内部网关协议。

常见的内部网关协议有:基于距离矢量路由选择算法的路由信息协议(Routing Information Protocol,RIP)和基于链路状态路由选择算法的开放式最短路径优先协议(Open Shortest Path First,OSPF)。

(一)路由信息协议

1. 工作原理

路由信息协议(Routing Information Protocol,RIP)是内部网关协议 IGP 中最先得到广泛应用的协议。RIP 是一种分布式的基于距离失量的路由选择协议,是因特网的标准协议。

RIP 通过 UDP 报文交换路由信息,每隔 30s 向外发送一次更新报文。如果路由器经过 180s 没有收到更新报文,则将所有来自其他路由器的路由信息标记为不可达,若在其后的 130s 内仍未收到更新报文,就将这些路由从路由表中删除。

RIP 协议要求网络中的每一个路由器都要维护从它自己到其他每一个目的网络的距离记录。在这里,"距离"的意义是:源主机到目的主机所经过的路由器的数目。因此,从一路由器到直接连接的网络的距离为 0。从一个路由器到非直接连接的网络的距离定义为所经过的路由器数加 1。

RIP 协议中的"距离"也称为"跳数"(Hop Count),因为每经过一个路由器,跳数就加 1。RIP 认为一个好的路由就是它通过的路由器的数目少,即"距离短"。即 RIP 衡量路由好坏的标准是信息转发的次数(所经过的路由器的数目)。但有时这未必是最好的,因为有可能存在这样一种情况:所经过的路由器数目多一些,但信息传输的效率更高,速度更快。这就像开车有的路段比较短,但堵车严重,若绕道,尽管走的路长一些,也会更快地到达目的地。

RIP 允许一条路径最多只能包含 15 个路由器,"距离"的最大值为 16 时,即相当于不可达,可见 RIP 只适用于小型互联网。RIP 不能在两个网络之间同时使用多条路由。RIP 选择一个具有最少路由器的路由(即最短路由),哪怕还存在另一条高速(低时延)但路由器较多的路由。

所以,路由表中最主要的信息就是:到达本自治系统某个网络的最短距离和下一跳路由器的地址。那么,RIP 采取一种什么机制使得每个路由器都知道到达本自治系统任意网络的最短距离和下一跳路由器的地址呢,即如何来构建自己的路由表呢?

RIP 协议有如下规定:

仅和相邻路由器交换信息,不相邻的路由器不交换信息。

交换的信息是当前本路由器所知道的全部信息,即自己的路由表。也就是说,一个路由器把它自己知道的路由信息转告给与它相邻的路由器。主要信息包括到某个网络的最短距离和下一跳路由器的地址。

按固定的时间间隔交换路由信息,例如,每隔 30s。然后路由器根据收到的路由信息更新路由表,保证自己到目的网络的距离是最短的。当网络拓扑结构发生变化时,路由器能及时地得知最新的信息。

RIP 作为 IGP 协议的一种，通过这些机制使路由器了解到整个网络的路由信息。

2. 应用环境与存在的问题

由于 RIP 的简单、可靠，便于配置，使其被广泛使用。但是 RIP 也有它自身的局限性，它只适用于小型的同构网络，因为它允许的最大站点数为 15，任何超过 15 个站点的目的地均被标记为不可达。而且 RIP 每隔 30s一次的路由信息广播也容易造成广播风暴。除此之外，RIP 还存在以下一些问题。

（1）收敛问题

收敛是所有的路由器使它们的路由选择信息表同步的过程，或者某个路由选择信息的变换反映到所有路由器中所需要的时间。收敛过程越快，路由选择表的准确性就越高，它会提高网络的效率。如果互联网络的拓扑结果永远不会发生变化，则收敛不会成为一个问题。然而，网络上可能会出现多种改变：加入新的跳、加入路由器、路由器接口故障、整个路由器出现故障，带宽分配改变，网络链路的网络带宽改变，路由器 CPU 使用情况的增加或减少。所有这些条件都可以改变一个路由选择协议如何选择最佳路由。快速收敛也避免路由循环。

距离向量路由器定期向相邻的路由器发送它们的整个路由选择表。距离相邻路由器在从相邻路由器接收到的信息的基础之上建立自己的路由选择信息表；然后，将信息传递到它的相邻路由器。结果是路由选择表是在第 2 手信息的基础上建立的，如图 4－18 所示。

当在互联网络上无法使用某个路由时，距离向量路由器将通过路由变化或者网络链路寿命而获知这种变化。和故障链路相邻的路由器将在整个网络上发送“路由改变传输”（或者“路由无效”）消息。寿命将在所有的路由选择信息中设置。当无法使用某个路由，并且并没有用新信息向网络发出这个信息时，距离向量路由选择算法在那个路由上设置一个寿命计时器。当路由达到寿命计时器的终点时，它将从路由选择表中删除。寿命计时器根据所使用的路由选择协议不同而不同。

无论使用何种类型的路由选择算法，互联网络上的所有路由器都需要时间以更新它们的路由选择表，这个过程称为聚合。因而，在距离向量路由选择中，聚合包括以下过程。

①每个路由器接收到更新的路由选择信息。

②每个路由器用它自己的信息（例如，加入一个跳）更新其度。

③每个路由器更新它自己的路由选择信息表。

④每个路由器向它的邻居广播新信息。

距离向量路由选择是最古老的一种路由选择协议算法。正如前面说明的，算法的本质就是，每个路由器根据它从其他路由器接收到的信息而建立它自己的路由选择表。这意味着，当路由器在它们的表格中使用第 2 手信息时，至少会遇到一个问题，即无限问题的数量。

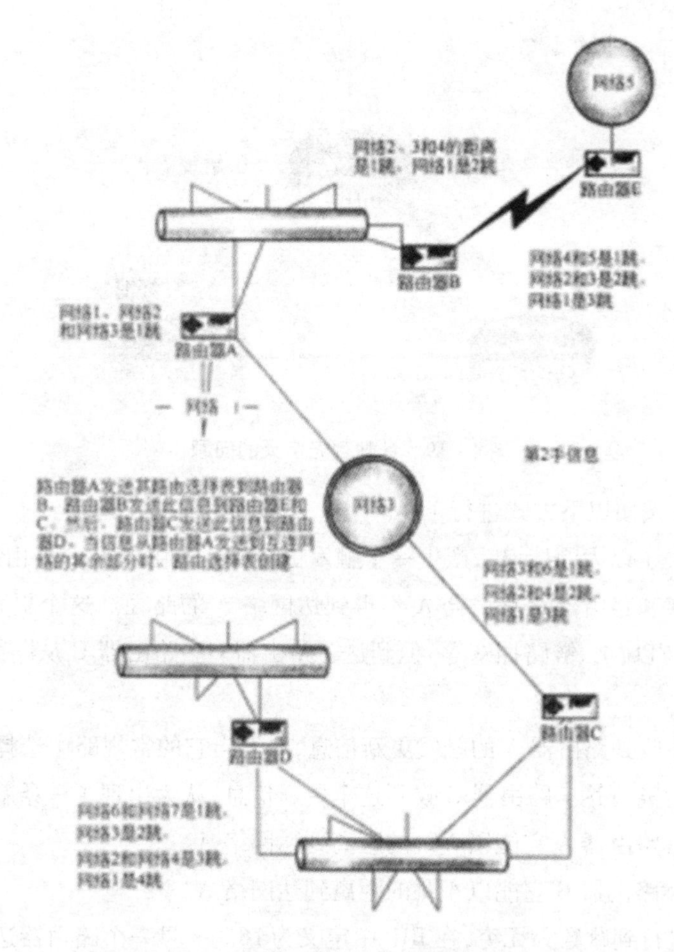

图 4－18　距离向量路由器发送第 2 手信息

无限问题的数量就是一个路由选择循环，它是由于距离向量路由选择协议在某个路由器出现“故障”，或者因为别的原因而无法在网络上使用时，使用第 2 手信息造成的。

(2)路由选择环路

任何距离向量路由选择协议(如 RIP)都会面临同一个问题，即路由器不了解网络的全局情况。路由器必须依靠相邻路由器来获取网络的可达信息。由于路由选择更新信息在网络上传播慢，距离向量路由选择算法有一个慢收敛问题，这个问题将导致不一致性。RIP 使用以下机制减少因网络上的不一致带来的路由选择环路的可能性：计数到无穷大、水平分割、保持计数器、破坏

逆转更新和触发更新。

①计数到无穷大。RIP 允许最大跳数为 15。大于 15 的目的地被认为是不可达。这个数字限制了网络大小的同时也防止了一个叫做计数到无穷大的问题，如图 4－19 所示。

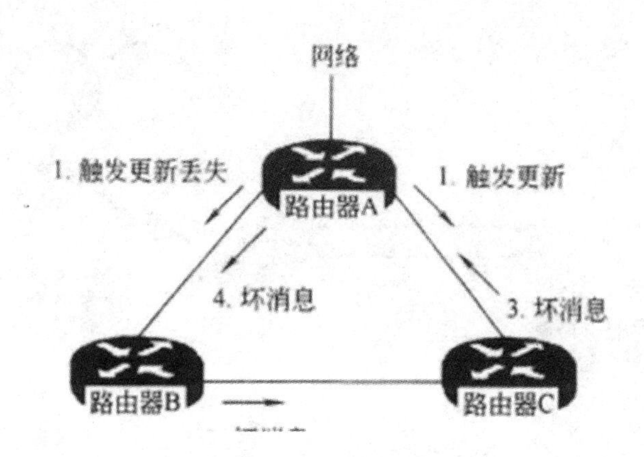

图 4－19　计数到无穷大的问题

计数到无穷大按照以下方式进行工作。

路由器 A 丢失了以太网接口后产生一个触发更新送往路由器 B 和路由器 C。这个更新信息告诉路由器 B 和路由器 C 路由器 A 不再到达网络 A 的路径。这个更新信息传输到路由器 B 被推迟了(CPU 忙、链路拥塞等)但到达了路由器 C。路由器 C 从路由表中去掉到网络 A 的路径。

路由器 B 仍未收到路由器 A 的触发更新信息,并发出它的常规路由选择更新信息,通告网络 A 以 2 跳的距离可达。路由器 C 收到这个更新信息,认为出现了一条新路径到网络 A。

路由器 C 告诉路由器 A 它能以 3 跳的距离到达网络 A。

路由器 A 告诉路由器 B 它能以 4 跳的距离到达网络 A。

这个循环将进行到跳数为无穷,在 RIP 中定义为 16。一旦一个路由器达到无穷,它将声明这条路径不可用并将此路径从路由表中删除。

由于计数到无穷大问题,路由选择信息将从一个路由器传到另一个路由器,每次加 1。路由选择环路问题将无限制地进行下去,直到达到某个限制。这个限制就是 RIP 的最大跳数。当路径的跳数超过 15,这条路径就从路由表中删除。

②水平分割。水平分割规则如下:路由器不向路径到来的方向回传此路径。当打开路由器接口后,路由器记录路径是从哪个接口来的,并且不向此接口回传此路径。

Cisco 可以对每个接口关闭水平分割功能。这个特点在非广播多路访问 hub－and－spoke 环境下十分有用。如图 4－20 所示,路由器 B 通过帧中继连接路由器 A 和路由器 C,两个 PVC 都在路由器 B 的同一个物理接口上。

在图 4－20 中,如果在路由器 B 的水平分割未被关闭,那么路由器 C 将收不到路由器 A 的路由选择信息(反之亦然)。

③保持计数器。保持计数器防止路由器在路径从路由表中删除后一定的时间内接受新的路由信息。它的思想是保证每个路由器都收到了路径不可达信息,而且没有路由器发出无效路径信息。例如,在图 4－20 中,由于路由更新信息被延迟,路由器 B 向路由器 C 发出

错误信息。使用保持计数器这种情况将不会发生,因为路由器 C 将在 180s 内不接受通向网络 A 的新的路径信息。到那时路由器 B 将存储正确的路由信息。

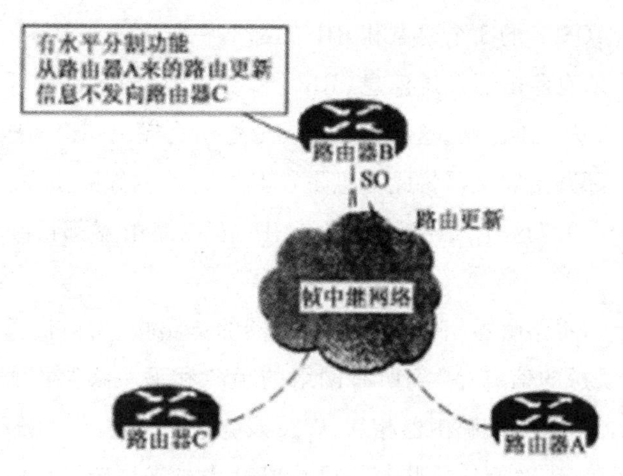

图 4-20 水平分割

④破坏逆转更新。水平分割是路由器用来防止把一个接口得来的路径又从此接口传回导致路由自环的方案。水平分割方案忽略在更新过程中从一个路由器获取的路径又传回该路由器。有破坏逆转的水平分割的更新信息中包括这些路径,但这个处理过程把这些路径的度量设为 16(无穷)。

通过把跳数设为无穷并把这条路径告诉源路由器,有可能立刻解决路由选择环路。否则,不正确的路径将在路由表中驻留到超时为止。破坏逆转的缺点是它增加了路由更新的数据大小。

⑤触发更新。有破坏逆转的水平分割将任何两个路由器构成的环路打破。三个或更多个路由器构成的环路仍会发生,直到无穷(16)时为止。触发式更新想加速收敛时间。当某个路径的度量改变了。路由器立即发出更新信息,路由器不管是否到达常规信息更新时间都发出更新信息。

(二)开放式最短路径优先协议

1. 工作原理

开放式最短路径优先(Open Shortest Path First,OSPF)是为了克服 RIP 的缺点在 1989 年被开发出来的。OSPF 的原理很简单,但实现起来却较复杂。“开放”表明 OSPF 协议不是受某一家厂商控制,而是公开发表的。“最短路径优先”是因为使用了 Dijkstra 提出的最短路径算法 SPF。OSPF 的第二个版本 OSPF3 已成为因特网标准协议。

需要注意的是,OSPF 只是一个协议的名字,它并不表示其他的路由选择协议不是“最短路径优先”。实际上,所有的在自治系统内部使用的路由选择协议(包括 RIP 协议)都是要寻找一条最短的路径。

OSPF 最主要的特征就是使用分布式的链路状态协议，而不是像 RIP 那样的距离矢量协议。与 RIP 协议相比，OSPF 的 3 个要点和 RIP 的都不一样。

向本自治系统中所有路由器发送信息（RIP 协议是仅仅向自己相邻的几个路由器发送信息）。这里使用的方法是洪泛法，这就是路由器通过所有输出端口向所有相邻的路由器发送信息。而每一个相邻路由器又再将此信息发往其所有的相邻路由器（但不再发送给刚刚发来信息的那个路由器）。这样，最终整个区域中所有的路由器都得到了这个信息的一个副本。

发送的信息就是与本路由器相邻的所有路由器的链路状态，但这只是路由器所知道的部分信息（RIP 协议发送的信息是“到所有网络的距离和下一跳路由器”）。所谓“链路状态”就是说明本路由器都和哪些路由器相邻，以及该链路的“度量”。OSPF 将这个“度量”用来表示费用、距离、时延、带宽等。这些都由网络管理人员来决定，因此，较为灵活。有时为了方便就称这个度量为“代价”。

只有当链路状态发生变化时，路由器才用洪泛法向所有路由器发送此信息（RIP 协议是不管网络拓扑有无发生变化，路由器之间都要定期交换路由表的信息）。

由于各路由器之间频繁地交换链路状态信息，因此，所有的路由器最终都能建立一个链路状态数据库，OSPF 的链路状态数据库能较快进行更新，使各个路由器能及时更新其路由表。

OSPF 规定，每两个相邻路由器每隔 10s 要交换一次问候分组，这样就能确切知道哪些邻站是可达的。对相邻路由器来说，“可达”是最基本的要求，因为只有可达邻站的链路状态信息才存入链路状态数据库（路由表就是根据链路状态数据库计算出来的）。

在正常情况下，网络中传送的绝大多数 OSPF 分组都是问候分组。若有 40s 没有收到某个相邻路由器发来的问候分组，则认为该相邻路由器是不可达的，应立即修改链路状态数据库，并重新计算路由表。

2. 网络拓扑结构

OSPF 有 4 种网络类型或模型（广播式、非广播式、点到点和点到多点），根据网络的类型不同，OSPF 工作方式也不同，掌握 OSPF 在各种网络模型上如何工作很重要，特别是在设计一个稳定的强有力的网络时。

三、外部网关协议

1989 年，公布了新的外部网关协议——边界网关协议 BGP。BGP 是不同自治系统的路由器之间交换路由信息的协议。BGP 的较新版本是 1995 年发表的 BGP－4，其已成为因特网草案标准协议。本节后面都将 BGP－4 简写为 BGP。

在不同自治系统之间的路由选择之所以不使用前面讨论的内部网关协议，主要有以下几个原因。

因特网的规模太大，使得自治系统之间路由选择非常困难。连接在因特网主干网上的路由器，必须对任何有效的 IP 地址都能在路由表中找到匹配的目的网络。

目前主干网路由器中的路由表的项目数早已超过了 5 万个网络前缀。这些网络的性能相差很大。如果用最短距离（即最少跳数）找出来的路径，可能并不是应当选用的路径。例如，有的路径的使用代价很高或很不安全。如果使用链路状态协议，则每一个路由器必须维持一个很大的链路状态数据库。对于这样大的主干网用 Dijkstra 算法计算最短路径时花费的时间也太长。

对于自治系统之间的路由选择，要寻找最佳路由是很不现实的。由于各自治系统是运行自己选定的内部路由选择协议，使用本自治系统指明的路径度量，因此，当一条路径通过几个不同的自治系统时，要想对这样的路径计算出有意义的代价是不可能的。例如，对某个自治系统来说，代价为 1000 可能表示一条比较长的路由。但对另一个自治系统代价为 1000 却可能表示不可接受的坏路由。因此，自治系统之间的路由选择只可能交换“可达性”信息（即“可到达”或“不可到达”）。

系统之间的路由选择必须考虑有关策略。例如，自治系统 A 要发送数据报到自治系统 B，同本来最好是经过自治系统 C。但自治系统 C 不愿意让这些数据报通过本系统的网络，另一方面，自治系统 C 愿意让某些相邻的自治系统的数据报通过自己的网络，尤其是对那些付了服务费的某些自治系统更是如此。

自治系统之间的路由选择协议应当允许使用多种路由选择策略。这些策略包括政治、安全或经济方面的考虑。例如，我国国内的站点在互相传送数据报时不应经过国外兜圈子，尤其是不要经过某些对我国的安全有威胁的国家。这些策略都是由网络管理人员对每一个路由器进行设置的，但这些策略并不是自治系统之间的路由选择协议本身。

由于上述情况，边界网关协议 BGP 只能是力求寻找一条能够到达目的网络且比较好的路由（不能兜圈子），而并非要寻找一条最佳路由。BGP 采用了路径失量路由选择协议，它与距离失量协议和链路状态协议都有很大的区别。

在配置 BGP 时，每一个 AS 的管理员要至少选择一个路由器作为该 AS 的“BGP 发言人”。一个 BGP 发言人通常就是 BGP 边界路由器。一个 BGP 发言人负责与其他自治系统中的 BGP 发言人交换路由信息。图 4－21 表示了 BGP 发言人和 AS 的关系。

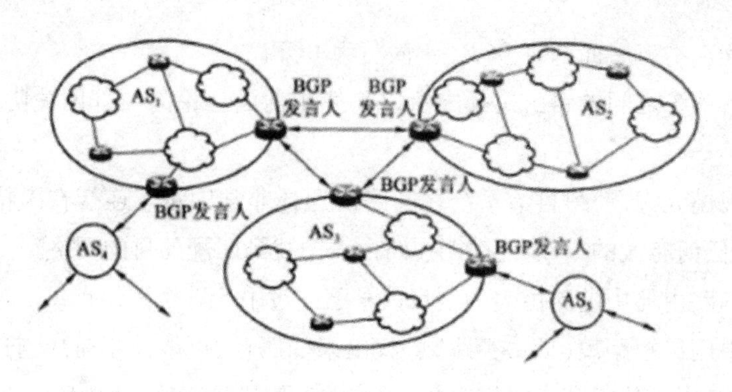

图 4-21　BGP 发言人和 AS 的关系

一个 BGP 发言人与其他自治系统中的 BGP 发言人要交换路由信息，就要先建立 TCP 连接，然后在此连接上交换 BGP 报文以建立 BGP 会话（Session），利用 BGP 会话交换路由信息。使用 TCP 连接能提供可靠的服务，也简化了路由选择协议。即 BGP 报文用 TCP 封装后，采用 IP 报文传送。

各 BGP 发言人根据所采用的策略从收到的路由信息中找到各 AS 的较好路由。它们传递的信息表明“到某个网络可经过某个自治系统”。

从上面的讨论可知，BGP 协议有如下几个特点。

BGP 协议交换路由信息的节点数量级是自治系统数的量级，这要比这些自治系统中的网络数少很多。

在每一个自治系统中 BGP 发言人（或边界路由器）的数目是很少的，这样就使得自治系统之间的路由选择不致过分复杂。

BGP 支持 CIDR，因此，BGP 的路由表也就应当包括目的网络前缀、下一跳路由器，以及到达该目的网络所要经过的各个自治系统序列。

在 BGP 刚刚运行时，BGP 的邻站要更新整个的 BGP 路由表，但以后只需要在发生变化时更新有变化的部分，这样做对节省网络带宽和减少路由器的处理开销都有好处。

第五章 计算机网络接入技术

第一节 接入网概述

一、接入网的定义与特点

（一）接入网的定义

接入网（Access Network，AN）是指本地交换机与用户终端设备之间的实施网络，有时也称之为用户网（User Network，UN）或本地网（local Network，LN）。接入网是由业务节点接口和相关用户网络接口之间的一系列传送实体组成的、为传送通信业务提供所需传送承载能力的实施系统，可经由Q3接口进行配置和管理。业务节点接口即SNI（Service Node Interface），用户网络接口即UNI（User Network Interface），传送实体是诸如线路设施和传递设施，可提供必要的传送承载能力，对用户信令是透明的，不作处理。

接入网处于通信网的末端，直接与用户连接，它包括本地交换机与用户端设备之间的所有实施设备与线路，它可以部分或全部替代传统的用户本地线路网，可含复用、交叉连接和传输功能，如图5－1所示。

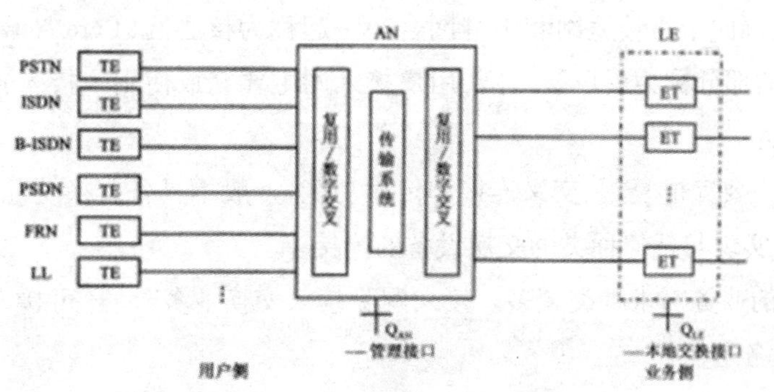

图5－1 接入网的位置和功能

图5－1中，PSTN表示公用电话网；ISDN表示综合业务数字网；B－ISDN表示宽带综合

业务数字网；PSDN 表示分组交换网；FRN 表示帧中继网；LL 表示租用线；TE 为对应以上各种网络业务的终端设备；AN 表示接入网；LE 表示本地交换局；ET 为交换设备。

接入网的物理参考模型如图 5-2 所示，其中灵活点(FP)和分配点(DP)是非常重要的两个信号分路点，大致对应传统用户网中的交接箱和分线盒。在实际应用与配置时，可以有各种不同程度的简化，最简单的一种就是用户与端局直接相连，这对于离端局不远的用户是最为简单的连接方式。

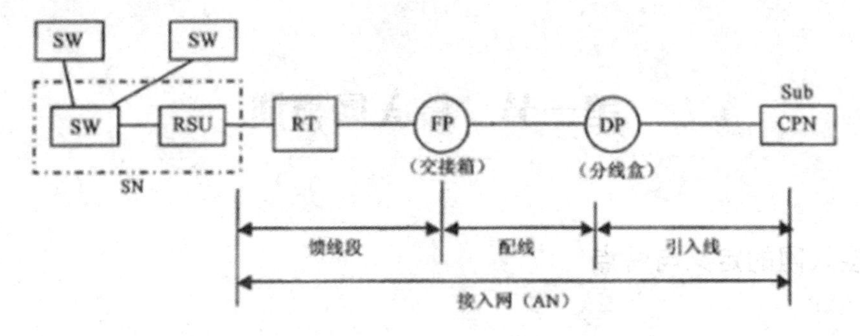

图 5-2　接入网的物理参数模型

根据上述结构，可以将接入网的概念进一步明确。接入网一般是指：端局本地交换机或远端交换模块与用户终端设备(TE)之间的实施系统。其中端局至 FP 的线路称为馈线段，FP 至 DP 的线路称为配线段，DP 至用户的线路称为引入线，SW 称为交换机，图中的远端交换模块(RSU)和远端(RT)设备可根据实际需要来决定是否设置。接入网的研究目的就是：综合考虑本地交换局、用户环路和终端设备，通过有限的标准化接口，将各种用户终端设备接入到用户网络业务节点。接入网所使用的传输介质是多种多样的，可以灵活地支持各种不同的或混合的接入类型的业务。

(二)接入网的特点

目前国际上倾向于将长途网和中继网合在一起称为核心网(Core Network)。相对于核心网而言，余下的部分称为用户接入网，用户接入网主要完成使用户接入到核心网的任务。它具有以下特点：

(1)接入网主要完成复用、交叉连接和传输功能，一般不具备交换功能。它提供开放的 V5 标准接口，可实现与任何种类的交换设备的连接。

(2)接入网的业务需求种类繁多。接入网除接入交换业务外，还可接入数据业务、视频业务以及租用业务等。

(3)网络拓扑结构多样，组网能力强大。接入网的网络拓扑结构具有总线型、环型、单星型、双星型、链型、树型等多种形式，可以根据实际情况进行灵活多样的组网配置。

(4)业务量密度低，经济效益差。

(5)线路施工难度大,设备运行环境恶劣。

(6)网径大小不一,成本与用户有关。

二、接入网的分层模型

接入网的分层模型用来定义接入网中各实体间的互连关系,该模型由接入系统处理功能(AF)、电路层(CL)、传输通道层(TP)、传输媒质层(TM)以及层管理和系统管理组成。如图5-3所示,其中接入承载处理功能层是接入网所特有的,这种分层模型对于简化系统设计、规定接入网Q3接口的管理目标是非常有用的。

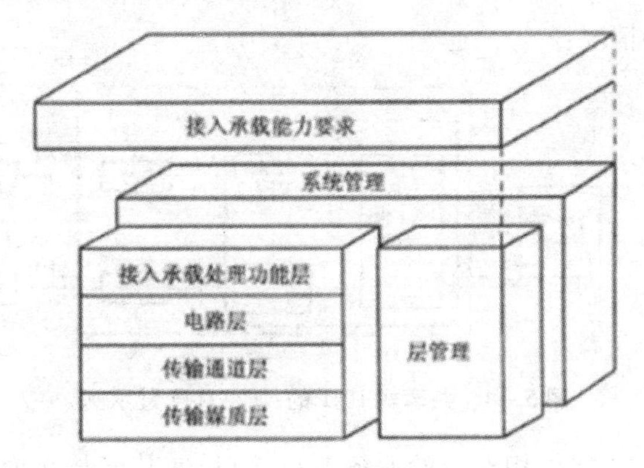

图5-3 接入网的分层模型

接入网中各层对应的内容如下:

(1)接入承载处理功能层:用户承载体、用户信令、控制、管理。

(2)电路层:电路模式、分组模式、帧中继模式、ATM模式。

(3)传输通道层:PDH、SDH、ATM及其他。

(4)传输媒质层:双绞电缆系统(HDSL/ADSL等)、同轴电缆系统、光纤接入系统、无线接入系统、混合接入系统。

三、接入网的主要接口

接入网有三类主要接口,即用户网络接口、业务节点接口和维护管理接口。

(一)用户网络接口

用户网络接口(UNI)是用户和网络之间的接口,位于接入网的用户侧,支持多种业务的接入,如模拟电话接入(PSTN)N-ISDN业务接入、B-ISDN业务接入以及数字或模拟租用线业务的接入等。对不同的业务,采用不同的接入方式,对应不同的接口类型。

UNI分为两种类型,即独立式UNI和共享式UNI。独立式UNI是指一个UNI仅能支持一个业务节点,共享式UNI是指一个UNI可以支持多个业务节点的接入。

共享式UNI的连接关系,如图5-4所示。由图中可以看到,一个共享式UNI可以支持多个逻辑接入,每个逻辑接入通过不同的SNI连向不同的业务节点,不同的逻辑接入由不同的用户口功能(UPF)支持。系统管理功能(SMF)控制和监视UNI的传输媒质层并协调各个逻辑UPF和相关SN之间的操作控制要求。

(二)业务节点接口

业务节点接口(SNI)是AN和一个SN之间的接口,位于接入网的业务侧。如果AN-SNI侧和SN-SNI侧不在同一地方,可以通过透明传送通道实现远端连接。通常,AN需要支持的SN主要有三种情况:

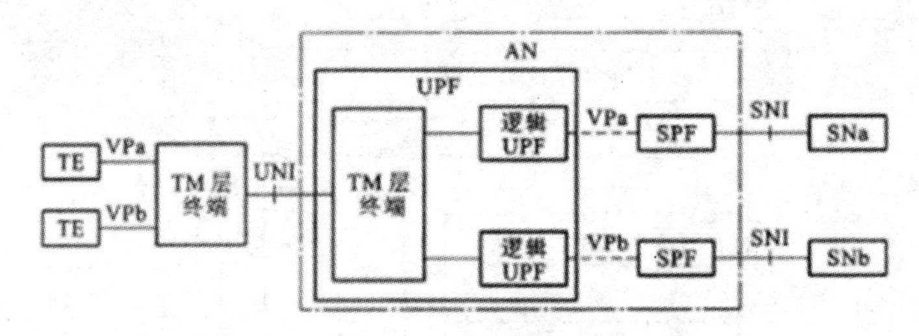

图5-4 共享式UN1的VP/VC配置示例

不同的用户业务需要提供相对应的业务节点接口,使其能与交换机相连。从历史发展的角度来看,SNI是由交换机的用户接口演变而来的,交换机的用户接口分模拟接口(Z接口)和数字接口(V接口)两大类。Z接口对应UNI的模拟2线音频接口,可提供普通电话业务或模拟租用线业务。随着接入网的数字化和业务类型的综合化,Z接口将逐步退出历史舞台,取而代之的是V接口。为了适应接入网内的多种传输媒质、多种接入配置和业务类型,V接口经历了从V1接口到V5接口的发展,其中V1-V4接口的标准化程度有限,并且不支持综合业务接入。V5接口是本地数字交换机数字用户接口的国际标准,它能同时支持多种接入业务,分为V5.1和V5.2接口以及以ATM为基础的VB5.1和VB5.2接口。

(三)维护管理接口

维护管理接口(Q3)是接入网(AN)与电信管理网(TMN)之间的接口。作为电信网的一部分,接入网的管理应纳入TMN的管理范畴。接入网通过Q3接口与TMN相连来实施TMN对接入网的管理与协调,从而提供用户所需的接入类型及承载能力。实际组网时,AN往往先通过Q3接口连至协调设备(MD),再由MD通过Q3接口连至TMN。

第二节 光纤接入技术

光纤接入技术实际就是在接入网中全部或部分采用光纤传输介质,构成光纤用户环路FITL(fiber in the loop),实现用户高性能宽带接入的一种方案。

一、光纤接入系统的基本配置

光纤接入网(Optical Access Network,OAN)是以光纤为传输介质,并利用光波作为光载波传送信号的接入网,泛指本地交换机或远端交换模块与用户之间采用光纤通信或部分采用光纤通信的系统。

光纤接入网系统的基本配置如图5-5所示。

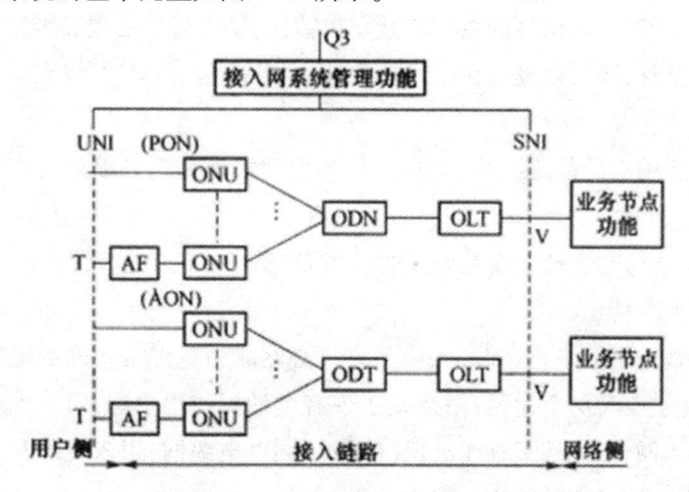

ONU:光网络单元 PON:无源光网络 UNI:用户网络接口

ODN:光配线网络 OLT:光线路终端 AON:有源光网络

SNI:业务节点接口 T:T接口

AF:适配功能 ODT:光配线终端 V:V接口 Q3:Q3接口

图5-5 光纤接入网系统的基本配置

从图5-5中可以看出,从给定网络接口(V接口)到单个用户接口(T接口)之间的传输手段的总和称为接入链路。利用这一概念,可以方便地进行功能和规程的描述以及规定网络需求。通常,接入链路的用户侧和网络侧是不一样的,因而是非对称的。光接入传输系统可以看作是一种使用光纤的具体实现手段,用以支持接入链路。于是,光接入网可以定义为:共享同样网络侧接口且由光接入传输系统支持的一系列接入链路,由光线路终端(Optical Line Terminal,OLT)、光配线网络/光配线终端(Optical Distributing Network/Optical Distributing Terminal,ODN/ODT)、光网络单元(Optical Network Unit,ONU)及相关适配功能(Adaptation Function,AF)设备组成,还可能包含若干个与同一 OLT 相连的 ODN。

OLT 的作用是为光接入网提供网络侧与本地交换机之间的接口,并经一个或多个 ODN 与用户侧的 ONU 通信。OLT 与 ONU 的关系为主从通信关系,OLT 可以分离交换和非交换业务,管理来自 ONU 的信令和监控信息,为 ONU 和本身提供维护和指配功能。OLT 可以直接设置在本地交换机接口处,也可以设置在远端,与远端集中器或复用器接口。OLT 在物理上可以是独立设备,也可以与其他功能集成在一个设备内。

ODN 为 OLT 与 ONU 之间提供光传输手段,其主要功能是完成光信号功率的分配任务。ODN 是由无源光元件(诸如光纤光缆、光连接器和光分路器等)组成的纯无源的光配线网,呈树型-分支结构。ODT 的作用与 ODN 相同,主要区别在于:ODT 是由光有源设备组成的。

ONU 的作用是为光接入网提供直接的或远端的用户侧接口,处于 ODN 的用户侧。ONU 的主要功能是终结来自 ODN 的光纤,处理光信号,并为多个小企事业用户和居民用户提供业务接口。ONU 的网络侧是光接口,而用户侧是电接口。因此. ONU 需要有光/电和电/光转换功能,还要完成对语音信号的数/模和模/数转换、复用信令处理和维护管理功能。ONU 的位置有很大灵活性,既可以设置在用户住宅处,也可设置在 DP(配线点)处,甚至 FP(灵活点)处。

AF 为 ONU 和用户设备提供适配功能,具体物理实现则既可以包含在 ONU 内,也可以完全独立。以光纤到路边(Fiber to the Curb,FTTC)为例,ONU 与基本速率 NTl(Network Termination1,相当于 AF)在物理上就是分开的。当 ONU 与 AF 独立时,则 AF 还要提供在最后一段引入线上的业务传送功能。

随着信息传输向全数字化过渡,光接入方式必然成为宽带接入网的最终解决方法。目前,用户网光纤化主要有两个途径:一是基于现有电话铜缆用户网,引入光纤和光接入传输系统改造成光接入网;二是基于有线电视(CATV)同轴电缆网,引入光纤和光传输系统改造成光纤/同轴混合(Hybrid Fiber Coaxial,HFC)网。

二、光纤接入网的拓扑结构

光纤接入网的拓扑结构有总线型、星型、环型和树型结构。

(一)总线型

以光纤作为公共总线,各用户终端通过耦合器与总线直接连接构成总线型网络拓扑结构。其特点是:共享主干光纤、节省线路投资、互相间干扰小,其缺点是损耗积累、对主干的依赖性强等。这种方式适用于中等规模的用户群。

(二)星型

由光纤线路和端局内节点上的星型耦合器构成星状的结构称为星型网络拓扑结构。该结构无损耗积累,易于实现升级和扩充,各用户间相对独立,保密性好,业务适应性强;但所需光纤代价高、组网灵活性差、对中央节点的可靠性要求极高。适用于有选择性的用户。

(三)环型

环型结构的光纤接入网是所有节点共用一条光纤线路,首尾相连成封闭回路构成环型网络拓扑结构。其突出优点是可实现自愈,即网络可在较短时间内自动从失效故障中恢复业务;其缺点为单环挂接数量有限,多环又很复杂,且不符合分配型业务等。适用于大规模的用户群。

(四)树型

由光纤线路和节点构成的树状分级结构称为树型网络拓扑结构,是光纤接入网中使用最多的一种结构。采用多个分路器,将信号逐级分配,最高端级具有很强的控制和协调能力。适用于大规模的用户群。

三、光纤接入网的分类

根据不同的分类原则,OAN 可划分为多个不同种类。

(一)按接入网能够承载的业务带宽来分

按接入网能够承载的业务带宽,可将 OAN 分为窄带 OAN 和宽带 OAN 两类。窄带和宽带的划分以 2.048Mb/s 速率为界线,速率低于 2.048Mb/s 的业务称为窄带业务,速率高于 2.048Mb/s 的业务为宽带业务。

(二)按接入网的室外传输设备是否含有有源设备来分

按接入网的室外传输设备是否含有有源设备,可将 OAN 分为无源光网络(PON)和有源光网络(AON)。

1. 无源光纤网络(PON)

如图 5-6 所示,在无源光纤网络中,用户侧的 ONU 设备通过无源节点(无源分光器)与局端相连接,PON 技术的原理是利用光放大和分光耦合器的发射功能,使局端设备能同时与多个 ONU 设备通讯,每个 ONU 可连接几个到几十个用户,从而实现用户接入的功能。

PON 技术采用了无源的光器件,简化了设备的操作和维护。PON 可以支持 ISDN 基群或同等速率的各类业务,并且可以实现宽带数据业务与 CATV 业务的共同传送。在 PON 技术中上下行信号可以采用不同的技术,如上行信号采用 TDM 技术,下行信号采用 TDMA 技术。目前无源光纤网络技术应用较为广泛,如视频点播 VOD、广播电视等。

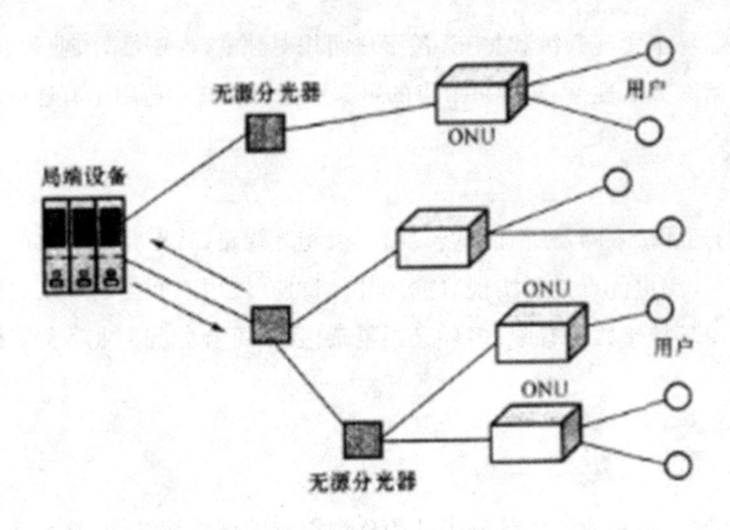

图 5-6　无源光纤网络

2. 有源光纤网(AON)

在有源光纤网络中,用户侧的 ONU 设备通过有源节点与局端相连接,网络的馈线段和配线段全部采用光纤媒质,ONU 与局端设备既可以直接连接,也可以通过设备(分插复用器)转接。如图 5-7 所示,有源光纤网技术较为简单,容易实现。但由于网络中使用了有源设备,所以增加了设备维护和供电的问题。

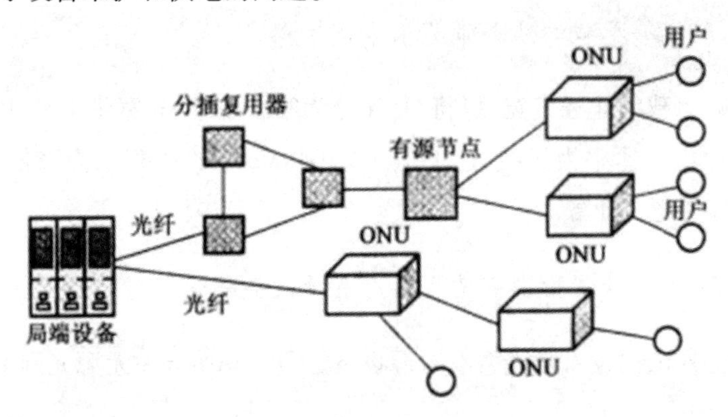

图 5-7　有源光纤网络

两者的主要区别是分路方式不同,PON 采用无源光分光器,AON 采用分插复用器。PON 的主要特点是易于展开和扩容,维护费用较低,但对光器件的要求较高。AON 的主要特点是对光器件的要求不高,但在供电及远端电器件的运行维护和操作上有一些困难,并且网络的初期投资较大。

(三)按光网络单元在光接入网中所处的位置分

按光网络单元(ONU)在光接入网中所处的位置不同,可将 OAN 分为光纤到路边(Fiber

To The Curb,FTTC)、光纤到楼(Fiber To The Building,FTTB)、光纤到办公室(Fiber To The Of－fice,FTTO)、光纤到楼层(Fiber To The Floor,FTTF)、光纤到小区(Fiber To The Zone,FT－TZ)、光纤到户(Fiber To The Home,FTTH)等几种类型,如图5－8所示。其中,FTTH将是未来宽带接入网发展的最终形式。

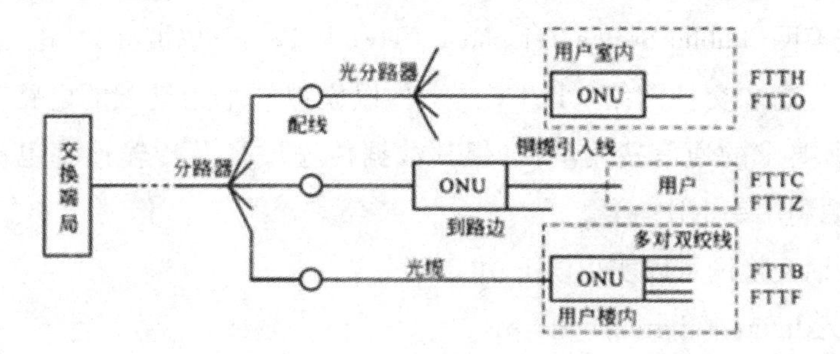

图5－8 光纤接入方式

1.光纤到路边(FTTC)

FTTC结构主要适用于点到点或点到多点的树型分支拓扑,多为居民住宅用户和小型企事业用户使用,是一种光缆/铜缆混合系统。

2.光纤到楼(FTTB)

FTTB可以看作是FTTC的一种变型,最后一段接到用户终端的部分要用多对双绞线。FTTB是一种点到多点结构,光纤敷设到楼,因而更适于高密度用户区,也更接近于长远发展目标,FTTF与它类似。

3.光纤到户(FTTH)

在FTTB的基础上ONU进一步向用户端延伸,进入到用户家即为FTTH结构。FTTO与它同类,两者都是一种全光纤连接网络,即从本地交换机一直到用户全部为光连接,中间没有任何铜缆,也没有有源电子设备,是真正全透明网络,也是用户接入网发展的长远目标。

第三节 铜线接入技术

铜线接入技术的发展表现在频段的开发利用和接入技术的演进。最初,铜线只提供传统电话业务,带宽0－4kHz;而后的PSTN拨号业务,使用话带Modem技术传输数据,采用话带频段,速率达到56kb/s;而ISDN技术,采用时分复用实现数据和话音同传,将速率提高到144kb/s;xDSL技术的工作频段大多在话带频带之外,数据和话音同传,ADSL的最大下行速率为8Mb/s,VDSL的下行速率可提高到52Mb/s。

一、拨号接入方式

(一)PSTN 接入技术

公用电话交换网(Public Switch Telephone Network,PSTN)也被称为“电话网”,是人们打电话时所依赖的传输和交换网络。PSTN 是一种以模拟技术为基础的电路交换网络,通过 PSTN 进行互联所要求的通信费用最低,但其数据传输质量及传输速率也最差最低,同时 PSTN 的网络资源利用率也比较低。

通过公用电话交换网可以实现以下功能。

(1)拨号接入 Internet、Intranet 和 LAN。

(2)实现两个或多个 LAN 之间的互联。

(3)实现与其他广域网的互联。

PSTN 提供的是一个模拟的专用信息通道,通道之间经由若干个电话交换机节点连接而成,PSTN 采用电路交换技术实现网络节点之间的信息交换。当两个主机或路由器设备需要通过 PSTN 连接时,在两端的网络接入点(即用户端)必须使用调制解调器来实现信号的调制与解调转换。

从 OSI/ISO 参考模型的角度来看,PSTN 可以看成是物理层的一个简单的延伸,它没有向用户提供流量控制、差错控制等服务。而且,由于 PSTN 是一种电路交换的方式,因此,一条通路自建立、传输直至释放,即使它们之间并没有任何数据需要传送时,其全部带宽仅能被通路两端的设备占用。因此,这种电路交换的方式不能实现对网络带宽的充分利用。尽管 PSTN 在进行数据传输时存在一定的缺陷,但它仍是种不可替代的联网技术。

PSTN 的入网方式比较简单灵活,通常有以下几种选择方式。

1. 通过普通拨号电话线入网

只要在通信双方原有的电话线上并接 Modem,再将 Modem 与相应的入网设备相连即可。目前,大多数入网设备(如 PC)都提供有若干个串行端口,在串行口和 Modem 之间采用 RS-232 等串行接口规范进行通信。

Modem 的数据传输速率最大能够提供到 56kb/s。这种连接方式的费用比较经济,收费价格与普通电话的费率相同,适用于通信不太频繁的场合(如家庭用户入网)。

2. 通过租用电话专线入网

与普通拨号电话线方式相比,租用电话专线可以提供更高的通信速率和数据传输质量,但相应的费用比前一种方式高。使用专线的接入方式与使用普通拨号线的接入方式没有太大区别,但是省去了拨号连接的过程。通常,当决定使用专线方式时,用户必须向所在地的电信部门提出申请,由电信部门负责架设和开通。

(二)ISDN 接入技术

综合业务数字网(Integrated Services Digital Network,ISDN)俗称"一线通",是普通电话(模拟 Modem)拨号接入和宽带接入之间的过渡方式。目前在我国只提供 N－ISDN(窄带综合业务数字网)接入业务,而基于 ATM 技术的 B－ISDN(宽带综合业务数字网)尚未开通。

ISDN 接入 Internet 与使用 Modem 普通电话拨号方式类似,也有一个拨号的过程。不同的是,它不用 Modem 而是用另一设备 ISDN 适配器来拨号,另外,普通电话拨号在线路上传输模拟信号,有一个 Modem"调制"和"解调"的过程,而 ISDN 的传输是纯数字过程,通信质量较高,其数据传输比特误码率比传统电话线路至少改善十倍,此外,它的连接速度快,一般只需几秒钟即可拨通。

1. ISDN 接入用户端设备

ISDN 接入在用户端主要应用两类终端设备,一个是必不可少的统一专用终端设备 NT1,即多用途用户－网络接口,ISDN 所有业务都通过 NT1 来提供,另一类是用户设备,有计算机、ISDN 电视会议系统、PC 桌面系统(包括可视电话)、ISDN 小交换机、ISDN 路由器、ISDN 拨号服务器、数字电话机、四类传真机、ISDN 无线转换器等。

对于用户设备中的非 ISDN 设备(如计算机)必须配置 ISDN 适配器,将其转换连接到 ISDN 线路上。ISDN 适配器和 Modem一样又分为内置和外置两类,内置的一般称为 ISDN 内置卡或 ISDN 适配卡,而外置的则称为 TA。

2. ISDN 接入方式

用户通过 ISDN 接入 Internet 有如下三种方式。

1. 单用户 ISDN 适配器直接接入。此方式是 ISDN 接入中最简单的一种连接方式。将 ISDN 适配器安装于计算机(及其他非 ISDN 终端)上,通过 ISDN 适配器拨号接入 Internet,具体

端口连接方式如图 5－9 所示。

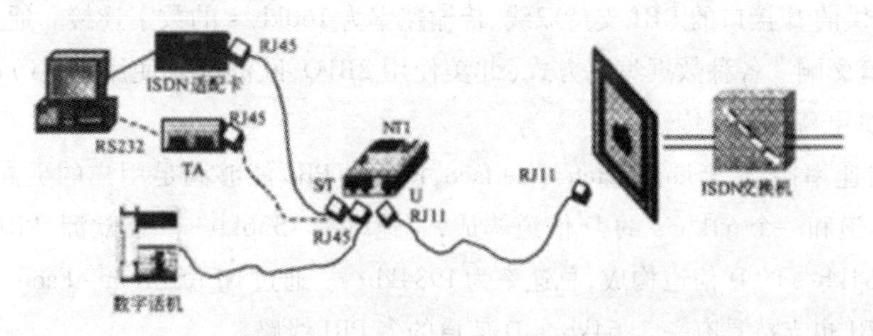

图 5－9　ISDN 接入用户端连接示意图

NT1 提供两种端口,S/T 端口和 U 端口。S/T 采用 RJ45 插头,即网线接头,一般可以同时连接两台终端设备,如果有更多终端设备需要接入时,可以采用扩展的连接端口。U 端口

采用 RJ11 插头,即普通电话接头,用来连接普通话机、ISDN 入户线等。

如图5－9 所示,NT1—端通过 RJ11 接口与电话线相连,另一端通过 S/T 接口与 ISDN 适配器、ISDN 设备相连,NT1 为 ISDN 适配器提供了接口和接入方式。图中虚线表示可以任选 IS－DN 适配卡或 TA。

由此可见,对用户而言,虽然用户端线路和普通模拟电话线路完全相同,但是用户设备不再直接与线路连接。所有终端设备都是通过 S/T 端口或 U 端口接入网络的。

(2)ISDN 适配器＋小型局域网。对于小型局域网,利用 ISDN 上网时,需将装有 ISDN 适配器的计算机设为服务器,由它拨号接入 Internet,连接方式与 1 中相同,其上另配一块网卡,连接内部局域网 Hub,其他计算机作为客户端,从而实现整个局域网连入 Internet。这种方案的最大优点是节约投资,除 ISDN 适配器外,无需添加任何网络设备,但速度较慢。

(3)ISDN 专用交换机方式。这种接入方式适用于局域网中用户数较多(如中型企事业单位)的情况。它可用于实现多个局域网、多种 ISDN 设备的互连及接入 Internet,这种方案比租用线路更加灵活和经济。

此方式仅用 NT1 已不能满足需要,必须增加一个设备—— ISDN 专用交换机 PBX,即第 2 类网络端接设备 NT2。NT2—端和 NT1 连接,另一端和电话、传真机、计算机、集线器等各种用户设备相连,为它们提供接口。

3. ISDN 服务类型

ISDN 是第一部定义数字化通信的协议,该协议支持标准线路上的语音、数据、视频、图形等的高速传输服务。ISDN 的承载信道(B 信道)负责同时传送各种媒体,占用带宽为 64kb/s。数据信道(D 信道)主要负责处理信令,传输速率从 16kb/s 到 64kb/s 不定,这主要取决于服务类型。

ISDN 有两种基本服务类型,如下所示。

(1)基本速率接口(Basic Rate Interface,BRI)。BRI 由两个 64kb/s 的 B 信道和一个 16kbs 的 D 信道构成,总速率为 144kb/s。该服务主要适用于个人计算机用户。

Telco 提供的 U 接口的 BRI 支持双线、传输速率为 160kb/s 的数字连接。通过回波消除操作降低噪音影响。各种数据编码方式(北美使用 2B1Q,欧洲国家使用 4B3T)可以为单线本地环路提供更高的数据传输率。

(2)主要速率接口(Primary Rate Interface,PRI)。PRI 能够满足用户的更高要求。PRI 由 23 个 B 信道和一个 64kb/s 的 D 信道构成,总速率为 1536kb/s。在欧洲,PRI 由 30 个 B 信道和一个 64kb/s 的 D 信道构成,总速率为 1984kb/s。通过 NFAS(Non－Facility Associated Signaling),PRI 也支持具有一个 64kb/s D 信道的多 PRI 线路。

二、xDSL 接入技术

DSL 是数字用户线(Digital Subscriber Line)的缩写。xDSL 是在普通电话线上实现数字传输的一系列技术的统称。它使用数字技术对现有的模拟电话用户线进行改造,使其能够承载宽带业务。

由于模拟电话用户线本身实际可通过的信号频率超过 1Mb/s,而标准的模拟电话信号的频带被限制在 300 - 3400Hz 内。因此,xDSL 技术把 0 - 4kHz 低端频谱留给传统电话使用,而把原来没有被利用的高端频谱留给用户上网使用。前缀 x 表示是在数字用户线上实现的宽带方案。xDSL 技术的类型如下:

ADSL(Asymmetric Digital Subscriber Line),非对称数字用户线。

HDSL(High - speed DSL),高速数字用户线。

VDSL(Very - high - bit - rate DSL),甚高速数字用户线。

SDSL(Single - line DSL),单线路的数字用户线。

RADSL(Rate - Adapted DSL),速率自适应数字用户线。

IDSL(ISDN DSL),ISDN 数字用户线。

(一)ADSL 接入技术

ADSL(Asymmetrical Digital Subscriber Line,非对称数字用户线)是 xDSL 技术中最标准、最成熟、市场响应最积极的技术。目前国内的网络运营商大都采用 ADSL 接入技术,

ADSL 是一种在无中继的用户环路上,使用由负载电线提供高速数字接入的传输技术,是非对称 DSL 技术的一种,它可在现有电话线上提供高达 8Mb/s 的下行速率和 1Mb/s 的上行速率,有效传输距离为 3 - 5.5km,误码率低。ADSL 能够充分利用现有电话网络,只要在线路两端加装 ADSL 设备即可为用户提供高速宽带服务,ADSL 技术为家庭和小型业务提供了宽带、高速接入 Internet 的方式,是一种便宜的宽带网接入方式,它克服了传统用户在“最后一公里”的瓶颈。

ADSL 可以在普通电话线上提供三种通道:最低频段部分为 0 - 4kHz 的话音通道,用于普通电话业务;中间频段部分为 20 - 50kHz 的上行通道,可传输速率为 6 - 640kb/s 的上行数据;最高频段部分为 50 - 550kHz 或 1MHz 的下行通道,可传输 5 - 8Mb/s 的下行数据。即在现有电话线上,既可以快速接入 Internet,也可以打电话、发传真,通话质量与 Internet 接入速度互不影响。这一点与一线通相似,但比 ISDN 速率更高。有关 ADSL 的标准,现在比较成熟的有 G. DMT 和 G. Lite。一个基本的 ADSL 系统由局端收发机和用户端收发机两部分组成,收发机实际上是一种高速调制解调器(ADSL Modem),由其产生上下行的不同速率。

ADSL 的接入模型主要由中央交换局端模块和远端模块组成,如图 5 - 10 所示。

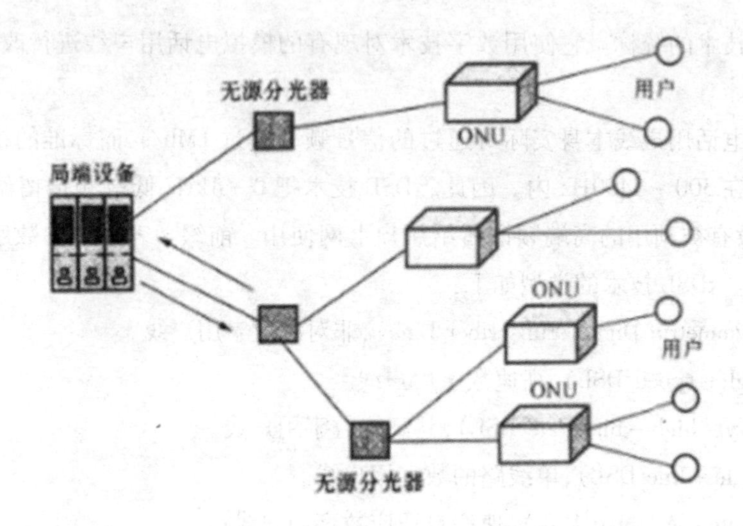

图 5－10　ADSL 的接入模型

中央交换局端模块包括在中心位置的 ADSL Modem 和接入多路复用系统。处于中心位置的 ADSL Modem 被称为 ATU－C(ADSL Transmission Unit－Central)，接入多路复用系统中心 Modem 通常被组合成一个接入节点，称为 DSLAM(DSL Access Multiplexer)。远端模块由用户 ADSL Modem 和滤波器组成。滤波器作用是分离承载音频信号的 4kHz 以下的低频带信号和 ADSL Modem 调制的高频带信号。因此，在电话线上就可以同时提供电话和高速数据传输业务，两者互不干扰。用户 ADSL Modem 通常被称为 ATU－R(ADSL Transmission Unit－Re－mote)。ADSL 接入 Internet 要比普通电话接入增加特殊的硬件，如图 5－10 所示。增加的硬件设备有 ADSL Modem(或 ADSL 路由器)和 ADSL 分离器。ADSL Modem 用于单个用户或小型网络用户的接入，ADSL 路由器用于用户数量较多或对网络安全性和稳定性要求较高的中小型网络。

ADSL 接入根据客户端设备和用户数量，可分为四种接入情况。

1. 单用户 ADSL Modem 直接连接

此方式多为家庭用户使用，连接时用电话线将滤波器一端接于电话机上，一端接于 ADSL Modem，再用交叉网线将 ADSL Modem 和计算机网卡连接即可(如果使用 USB 接口的 ADSL Modem 则不必用网线)。

2. 多用户 ADSL Modem 连接

如果有多台计算机，就先用集线器组成局域网，设其中一台为服务器，并配以两块网卡，一块连接 ADSL Modem，一块连接集线器的 uplink 口(用直通网线)或 1 口(用交叉网线)，滤波器的连接与(1)相同。其他计算机即可通过此服务器接入 Internet。

3. 小型网络用户 ADSL 路由器直接连接计算机

客户端除使用 ADSL Modem 外，还可以用 ADSL 路由器，兼具路由功能与 Modem 功能，可与计算机直接相连,不过由于它提供的以太端口数量有限,因而只适合于用户数量不多的小型网络。所以家庭用户也很适合。

4. 大量用户 ADSL 路由器连接集线器

当网络用户数量较大时,可以先将所有计算机组成局域网,再将 ADSL 路由器与集线器或交换机相连,其中接集线器 uplink 口用直通网线,接集线器 1 口或交换机用交叉网线。

在用户端除安装好硬件外,用户还需要为 ADSL Modem 或 ADSL 路由器选择一种通信连接方式。目前主要有静态 IP、PPPoA(Point to Point Protocol over ATM)、PPPoE(Point to Point Protocol over Ethernet)三种。一般普通用户多选择 PPPoA 和 PPPoE 方式,对于企业用户更多选择静态 IP 地址(由电信部门分配)的专线方式。

ADSL 技术在传输语音的同时还可以 8Mb/s 的下行速率和 640kb/s 的上行速率进行通信,非常适合 Internet 的接入,用途十分广泛。对于商业用户来说,可组建局域网共享 ADSL 上网,还可以实现远程办公、家庭办公等高速数据应用,获取高速低价的极高性价比。对于公益事业来说,ADSL 可以实现高速远程医疗、教学、视频会议的即时传送,达到以前所不能及的效果。

(二)HDSL 接入技术

HDSL(High - speed Digital Subscriber Line,高速数字用户线)是在无中继的用户环路上使用电话线提供高速数字接入的传输技术,典型速率为 3Mb/s,可以实现高速双向传输。HDSL 能在现有普通电话双绞铜线(两对或三对)上全双工传输 2Mb/s 数字信号,无中继传输距离 3 - 5.5km。

HDSL 是一种对称式高速数字用户技术,上、下行速率相等。它利用两对双绞线进行数字传输。一对线时,速率达 784 - 1040kb/s;两对线时,达 T1(1.544Mb/s)或 E1(2.048Mb/s)速率。HDSL 具有双向传输、无中继运行、无需选择线对、误码率低等特点。HDSL 广泛用于移动通信基站中继、无线寻呼中继、视频会议及局域网互联等业务中。

(三)VDSL 接入技术

VDSL(Very - high - bit - rate Digital Subscriber Line,甚高速数字用户线)是在 ADSL 基础上发展起来的高速数字用户线技术。它可在不超过 300m 的短距离双绞铜线上传输比 ADSL 更高速的数据。VDSL 技术是目前最先进的数字用户线技术,它也是一种非对称技术,上行速率为 1.6 - 2.3Mb/s;下行速率为 12.96 - 55.2Mb/s,最高可达 155Mb/s(HDTV 信号速率)。

VDSL 采用前向纠错编码技术进行传输差错控制,并使用交换技术纠正由于脉冲噪声产生的突发误码。VDSL 采用的调制解调方式是 DMT(离散多音频调制)。与 ADSIL 相比,VDSL 传输速率更高,码间干扰小,数字信号处理技术简单,成本低。它可与光纤到路边(FT-

TC)技术相结合,实现宽带综合接入。但目前 VDSL 还处于研究阶段,相关组织正在进行标准规范的制定。

(四)SDSL 接入技术

SDSL(Single - line Digital Subscriber Line,单线路数字用户线)是对称技术,与 HDSL 的区别在于只使用一对铜线。SDSL 可支持 1Mb/s 左右的上、下行速率的应用。该技术现在已可提供,在双线电路中运行良好。

(五)RADSL 接入技术

RADSL(Rate - Adapted Digital Subscriber Line,速率自适应数字用户线)提供的速率范围基本与 ADSL 的相同,也是一种不对称数字用户线技术。与 ADSL 的区别在于 RADSL 的速率可以根据传输距离动态自适应,可以供用户灵活地选择传输服务。

(六)IDSL 接入技术

IDSL(ISDN Digital Subscriber Line,ISDN 数字用户线)是一种基于 ISDN 的数字用户线,也可以认为是 ISDN 技术的一种扩充,它用于为用户提供基本速率(144kb/s)的 ISDN 业务,但其传输距离可达 5km。

第四节　光纤同轴电缆混合接入技术

为了解决终端用户接入 Internet 速率较低的问题,人们一方面通过 xDSL 技术充分提高电话线路的传输速率,另一方面尝试利用目前覆盖范围广、最具潜力、带宽高的有线电视网(CATV),CATV 是由广电部门规划设计的用来传输电视信号的网络。

从用户数量看,我国已拥有世界上最大的有线电视网,其覆盖率高于电话网。充分利用这一资源,改造原有线路,变单向信道为双向信道以实现高速接入 Internet 的思想推动了光纤同轴电缆混合接入技术的出现和发展。

一、概述

光纤同轴电缆混合网(Hybrid Fiber Coaxial,HFC)是一种新型的宽带网络,也可以说是有线电视网的延伸。它采用光纤从交换局到服务区,而在进入用户的“最后一公里”采用有线电视网同轴电缆。它可以提供电视广播(模拟及数字电视)、影视点播、数据通信、电信服务(电话、传真等)、电子商贸、远程教学与医疗以及丰富的增值服务(如电子邮件、电子图书馆)等。

HFC 接入技术是以有线电视网为基础,采用模拟频分复用技术,综合应用模拟和数字传输技术、射频技术和计算机技术所产生的一种宽带接入网技术。以这种方式接入 Internet 可以实现 10 – 40Mb/s 的带宽,用户可享受的平均速度是 200 – 500kb/s,最快可达 1500kb/s,用它可以非常舒心地享受宽带多媒体业务,并且可以绑定独立 IP。

HFC 支持双向信息的传输,因而其可用频带划分为上行频带和下行频带。所谓上行频带是指信息由用户终端传输到局端设备所需占用的频带;下行频带是指信息由局端设备传输到用户端设备所需占用的频带。各国目前对 HFC 频谱配置还未取得完全的统一。我国分段频率如表 5 – 1 所示。

表 5 – 1　我国 HFC 频谱配置表

频段	数据传输速率	用途
5 – 50MHz	320kb/s – 5Mb/s 或 640kb/s – 10Mb/s	上行非广播数据通信业务
50 – 550MHz		普通广播电视业务
550 – 750MHz	30.342Mb/s 或 42.884Mb/s	下行数据通信业务,如数字电视和 VOD 等
750MHz	暂时保留使用	

二、HFC 接入系统及入网特点分析

(一)HFC 接入系统

HFC 网络中传输的信号是射频信号 RF(Radio Frequency),即一种高频交流变化电磁波信号,类似于电视信号,在有线电视网上传送。整个 HFC 接入系统由三部分组成,即前端系统、HFC 接入网和用户终端系统,如图 5 – 11 所示。

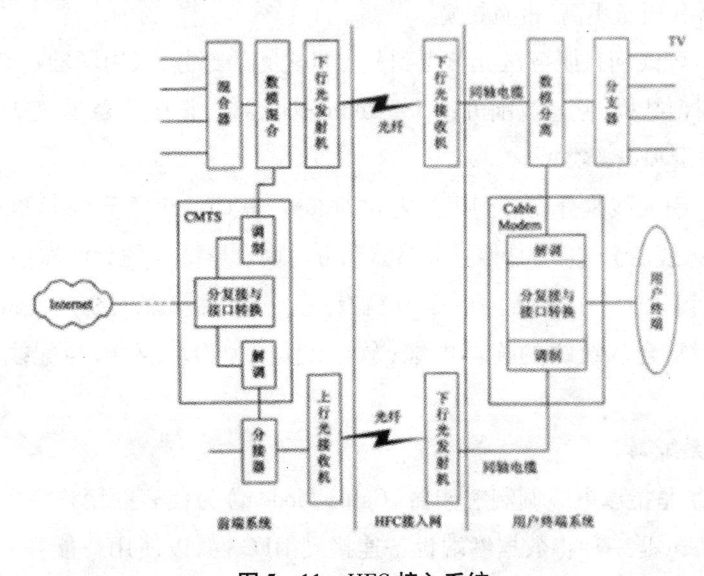

图 5 – 11　HFC 接入系统

1. 前端系统

有线电视有一个重要的组成部分——前端，如常见的有线电视基站，它用于接收、处理和控制信号，包括模拟信号和数字信号，完成信号调制与混合，并将混合信号传输到光纤。其中，处理数字信号的主要设备之一就是电缆调制解调器端接系统（Cable Modem Termination System，CMTS），它包括分复接与接口转换、调制器和解调器。

2. HFC 接入网

HFC 接入网是前端系统和用户终端之间的连接部分，如图 5－12 所示，它由馈线网、配线网和引入线三部分组成。

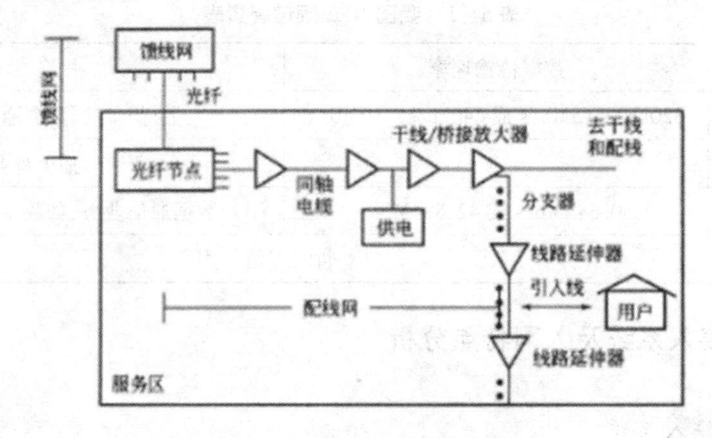

图 5－12　HFC 接入网结构

（1）馈线网。馈线网（即干线）是前端到服务区光节点之间的部分，为星型拓扑结构。它与有线电视网不同的是采用一根单模光纤代替了传统的干线电缆和有源干线放大器，传输上下行信号更快、质量更高、带宽更宽。

（2）配线网。配线网是服务区光节点到分支点之间的部分，采用同轴电缆，并配以干线/桥接放大器，为树型结构，覆盖范围可达 5－10km，这一部分非常重要，其好坏往往决定了整个 HFC 网的业务量和业务类型。

（3）引入线。引入线是分支点到用户之间的部分，其中一个重要的元器件为分支器，它作为配线网和引入线的分界点，是信号分路器和方向耦合器结合的无源器件，用于将配线的信号分配给每一个用户，一般每隔 40－50m 就有一个分支器。引入线负责将分支器的信号引入到用户，使用复合双绞线的连体电缆（软电缆）作为物理媒介，与配线网的同轴电缆不同。

3. 用户终端系统

用户终端系统是指以电缆调制解调器（Cable Modem）为代表的用户室内终端设备连接系统。Cable Modern 是一种将数据终端设备连接到 HFC 网，以使用户能和 CMTS 进行数据通信，访问 Internet 等信息资源的连接设备。它主要用于有线电视网进行数据传输，它彻底解决了由于声音图像的传输而引起的阻塞,传输速率高。

Cable Modem 工作在物理层和数据链路层,其主要功能是将数字信号调制到模拟射频信号以及将模拟射频信号中的数字信息解调出来供计算机处理。此外,Cable Modem 还提供标准的以太网接口,部分完成网桥、路由器、网卡和集线器的功能。CMTS 与 Cable Modem 之间的通信是点到多点、全双工的,这与普通 Modem 的点到点通信和以太网的共享总线通信方式不同。

在图 5 – 11 中,分别从上行和下行两条线路来看 HFC 系统中信号传送过程。

(1)下行线路。在前端,所有服务或信息经由相应调制转换成模拟射频信号,这些模拟射频信号和其他模拟音频、视频信号经数模混合器由频分复用方式合成一个宽带射频信号,加到前端的下行光发射机上,并调制成光信号用光纤传输到光节点并经同轴电缆网络、数模分离器和 Cable Modem 将信号分离解调并传输到用户。

(2)上行线路。用户的上行信号采用多址技术(如 TDMA、FDMA、CDMA 或它们的组合)通过 Cable Modem 复用到上行信道,由同轴电缆传送到光节点进行电光转换,然后经光纤传至前端,上行光接收机再将信号经分接器分离、CMTS 解调后传送到相应接收端。

(二)HFC 的入网特点

HFC 接入网可传输多种业务,具有较为广阔的应用领域,尤其是目前,绝大多数用户终端均为模拟设备(如电视机),与 HFC 的传输方式能够较好地兼容。

1. 传输频带较宽

HFC 具有双绞铜线对无法比拟的传输带宽,它的分配网络的主干部分采用光纤,其间可以用光分路器将光信号分配到各个服务区,在光节点处完成光/电变换,再用同轴电缆将信号分送到各用户家中,这种方式兼顾到提供宽带业务所需带宽及节省建立网络开支两个方面的因素。

2. 与目前的用户设备兼容

HFC 网的最后一段是同轴网,它本身就是一个 CATV 网,因而视频信号可以直接进入用户的电视机,以保证现在大量的模拟终端可以使用。

3. 支持宽带业务

HFC 网支持全部现有的和发展的窄带及宽带业务,可以很方便地将语音、高速数据及视频信号经调制后送出,从而提供了简单的、能直接过渡到 FTTH 的演变方式。

4. 成本较低

HFC 网的建设可以在原有网络基础上改造,根据各类业务的需求逐渐将网络升级。例如,若想在原有 CATV 业务基础上,增设电话业务,只需安装一个设备前端,以分离 CATV 和电话信号,而且何时需要何时安装,十分方便与简洁。

5. 全业务网

HFC网的目标是能够提供各种类型的模拟和数字通信业务,包括有线和无线,数据和语音,多媒体业务等,即全业务网。

第五节　无线接入技术

一、无线接入技术的分类

无线接入技术经历了从模拟到数字,从低频到高频,从窄带到宽带的发展过程,其种类很多,应用形式多种多样。但总的来说,可大致分为固定无线接入和移动接入两大类。

(一)固定无线接入

固定无线接入是指从业务节点到固定用户终端采用无线技术的接入方式,用户终端不含或仅含有限的移动性。此方式是用户上网浏览及传输大量数据时必然选择,主要包括卫星、微波(LMDS)、扩频微波、无线光传输和特高频。

(二)移动无线接入

移动无线接入是指用户终端移动时的接入,包括移动蜂窝通信网(GSM、CDMA、TDMA、CDPD)、无线寻呼网、无绳电话网、集群电话网、卫星全球移动通信网以及个人通信网等,是当前接入研究和应用中很活跃的一个领域。

二、常见的无线接入技术

(一)卫星技术

利用卫星的宽带IP多媒体广播可解决Internet带宽的瓶颈问题,由于卫星广播具有覆盖面大、传输距离远、不受地理条件限制等优点,利用卫星通信作为宽带接入网技术,在我国复杂的地理条件下,是一种有效方案并且有很大的发展前景。目前,应用卫星通信接入Internet主要有两种方案,全球宽带卫星通信系统和数字直播卫星接入技术。

全球宽带卫星通信系统,将静止轨道卫星(Geosynchronous Earth Orbit,GEO)系统的多点广播功能与低轨道卫星(Low Earth Orbit,LEO)系统的灵活性和实时性相结合,能够为固定用户提供Internet高速接入、会议电视、可视电话、远程应用等多种高速的交互式业务。也就是说,利用全球宽带卫星系统可建设宽带的“空中 Internet”。

数字直播卫星接入(Direct Broadcasting Satellite,DBS)利用位于地球同步轨道的通信卫星将高速广播数据送到用户的接收天线,所以一般也称为高轨卫星通信。DBS 主要为广播系统,Internet 信息提供商将网上的信息与非网上的信息按照特定组织结构进行分类,根据统计的结果将共享性高的信息送至广播信道,由用户在用户端以订阅的方式接收,能充分满足用户的共享需求。用户通过卫星天线和卫星接收 Modem 接收数据,回传数据则要通过电话 Modem 送到主站的服务器。DBS 广播速宇最高可达 12Mb/s,通常下行速率为 400kb/s,上行速率为 33.6kb/s,下行速率比传统 Modem 高出 8 倍,不但能为用户节省 60% 以上的上网时间,还可以享受视频、音频多点传送、点播等服务。

(二)LMDS 接入技术

本地多点分配业务(local Multipoint Distribution Service,LMDS)作为近年来兴起的一种宽带无线接入技术。它与蜂窝移动通信系统类似,一般也采用小区结构,小区的半径为 2km -5km(具体数值因各地的地理环境与气候条件不同而有差异)。美国 FCC 规定,LMDS 占用 28GHz 与 31GH。频段附近(Ka 波段)的 1.3GHz 带宽,其他各国家对 LMDS 所占用的频段规定各不相同,但一般都采用 20GHz - 40GHz 之间的频段,带宽通常在 1GHz 以上。与蜂窝移动通信系统不同的是 LMDS 由于具有 Ka 波段的电波传播特点,所以不能支持移动业务,只能提供定点的接入。

LMDS 利用地面转接站而不是卫星转发数据,通过射频(RF)频带 LMDS,最多可提供 10Mb/s 的数据流量,它采用蜂窝单元,以毫米波 28GHz 的带宽向用户提供 ROD、广播和会议电视、视频家庭购物等宽带业务。

LMDS 接入系统主要由带扇形天线的收发信机组成,其典型蜂窝半径为 4km - 10km,在每个扇区传输交互式的数字信号,信号到达用户室外单元后,28GHZ 的信号转换成中频 595MHz,在室内用同轴电缆将数字信号送至机顶盒(STB)。LMDS 为某些布线施工闲难的地区提供类似的带宽接入和双路能力。

LMDS 系统通常由多个小区组成,每个小区由一个中心站和众多用户站组成,各中心站通过带自愈功能的高速光纤环路相连。中心站由网络节点设备与射频设备组成,网络节点设备主要包括与 ATM 和 CATV 网络的接口、信号的编/解码、压缩、纠错、复/分接、路由、调制解调、合/分路等;射频设备主要包括射频收发信机与天线。通常,这两部分是做在一起的,射频部分将来自网络节点设备的中频信号变频至相应频段,通过天线发射出去,同时将天线收到的信号变频至中频送入网络节点设备处理。

用户站由网络接口单元和射频部分组成,其结构基本同中心站。但网络接口单元较中心站的网络节点设备要简单得多,而且因用户所需业务的不同而有差异,一般可向用户提供

E1/T1、E3/T3、10Base - T、ATM25.6，ISDNBNI、PRI、POTS 等接口。

中心站一般采用全向天线或扇形天线，用户站则采用方向性极强的高增益天线。每个小区通常可以提供的下行带宽为1GHz，上行带宽为300MHz。如果在小区内划分扇区，并且在相邻扇区内采用交叉极化的方式，还可以成倍地扩大带宽。由于 LMDS 系统在带宽容量和传输性能上都达到或接近了光纤的水平，所以有人称其为"空中光纤"。

与低频段的其他无线通信系统不同的是，LMDS 系统对各通信点之间"视通"（LOS）的要求非常苛刻。LMDS 系统所处 Ka 波段的电波还易受天气的影响，雨、雪、雾等都会引起电波的衰减，较强的降雨甚至可能导致信号的完全中断。对此，LMDS 系统通常采用动态自适应发信功率控制技术，在信号衰减较大的情况下，自动增大信号的发射功率，以便为系统提供足够的增益储备。此外，LMDS 系统还采用了动态自适应带宽分配，动态自适应调制等一系列先进的技术，以最大限度优化系统性能。可以说，LMDS 系统集成了当今世界多项尖端的通信与网络技术。

LMDS 的主要缺点是，存在来自其他小区的同信道干扰和覆盖区范围有限。由于系统要求工作在高频段，因此，即使发射机和接收机位置固定，交通工具和树叶等也会造成信号衰落。

（三）WAP 技术

无线应用协议（Wireless Application Protocol，WAP）是由 WAP 论坛制定的一套全球化无线应用协议标准。它基于已有的 Internet 标准，如 IP、HTTP、URL 等，并针对无线网络的特点进行了优化，使得互联网的内容和各种增值服务适用于手机用户和各种无线设备用户。

WAP 独立于底层的承载网络，可以运行于多种不同的无线网络之上，如移动通信网（移动蜂窝通信网）、无绳电话网、寻呼网、集群网、移动数据网等。WAP 标准和终端设备也相对独立，适用于各种型号的手机、寻呼机和个人数字助手等。

WAP 采用了客户机服务器结构，提供了一个灵活而强大的编程模型，如图 5 - 13 所示。其中，WAP 网关起着协议的"翻译"作用，是联系移动通信网与 Internet 的桥梁，WAP 内容服务器存储着大量的信息，以提供 WAP 用户来访问、查询、浏览。

当用户通过 WAP 终端提出要访问的 WAP 内容服务器的 URL 后，信号经过无线网络，以 WAP 协议方式发送请求至 WAP 网关，然后经过"翻译"，再以 HTTP 协议方式与 WAP 内容服务器交互，最后 WAP 网关将返回的内容压缩，处理成 WAP 客户所能理解的紧缩二进制流方式返回到 WAP 终端屏幕上。编程人员所要做的是编写 WAP 内容服务器上的程序，即 WAP 网页。

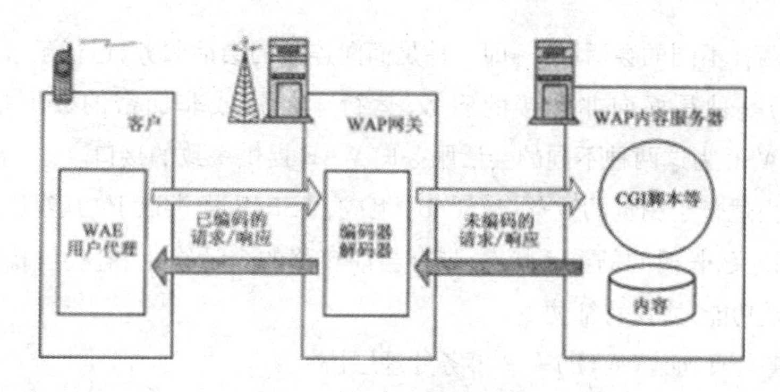

图 5－13　WAP 编程模型

WAP 定义了一个分层的体系结构,为移动通信设备上的应用开发提供了一个可伸缩的和可扩充的环境,如图 5－14 所示。

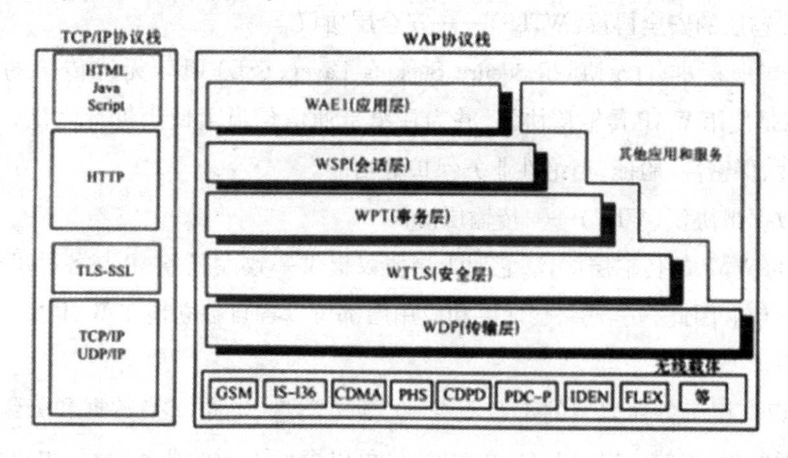

图 5－14　WAP 协议栈

WAP 协议栈包括以下几层。

1. 无线应用环境(WAE)——应用层协议

WAE 是建立在 WWW 技术和移动通信技术相结合的基础上的一个多用途应用环境。它的主要目标就是使得网络系统及内容提供者,通过微浏览器(Micro Browser)提供给用户不同的内容及应用服务。

WAE 包含了下列部分。

(1)无线标记语言(WML):一种轻型标记语言,与 HTML 类似,但它是专门为手持式移动终端设计的。

(2)WML 描述语言:一种轻型描述语言,与 JavaScript 类似。

(3)无线电话应用(WTA,WTA1):语音电话服务和程序接口。

(4)内容格式:一套精心定义的数据格式,包括图片、电话号码记录本和日历信息等。

2. 无线会话协议(WSP)——会话层协议

WSP 提供两种不同的会话服务，即一种是面向连接的会话服务，运行于事务处理层协议（WTP）之上；另一种是面向非连接的服务，运行于加密或非加密的数据报服务层协议（WDP）之上。WSP 为这两种不同的会话服务向 WAE 提供一致的接口。

WSP 目前由适合于浏览的业务（WSP/B）组成，WSP/B 提供以下功能：压缩编码的 HTTP/I.1 功能和语义；长时间的会话状态；带有会话转移的会话终止和恢复；普通的可靠和非可靠的数据推送功能；协议特征协商。

3. 无线事务处理协议（WTP）——事务处理层协议

WTP 运行于数据报服务层之上，提供了一个面向事务处理的轻量级协议，特别适合于小型客户（移动站），WTP 可有效地运行于加密或非加密的无线数据报网络之上，WTP 提供了 3 种等级的服务，即不可靠的单向请求、可靠的单向请求、可靠的双向请求和应答。

4. 无线传输层的安全协议（WTLS）——安全层协议

WTLS 是工业标准 TLS 协议（Secure Sockets Layer，SSL）用于无线传输的安全协议。WTLS 的目标是使用 WAP 传输层协议，并为在窄带通信信道上使用进行优化。WTLS 提供数据的完整性、保密性、验证、拒绝性业务保护等功能。

5. 无线数据报协议（WDP）——传输层协议

WDP 作为 WAP 的传输层协议，它对上层协议提供一致性服务，并与各种可能的承载服务进行透明通信。因此，安全层、会话层和应用层都可以各自独立地在 WDP 之上运行。

6. 无线载体

WAP 可以应用于各种类型的承载服务，包括短消息、电路交换数据和分组交换数据。如果考虑到吞吐量、差错率以及时延，WAP 协议可以容许不同的业务等级，也可以对其进行补偿。WDP 规范说明书列举了它所支持的各种承载业务以及 WAP 承载这些业务所要用到的各种技术。随着无线市场的发展，新的承载业务将会不断地加入。

7. 其他应用和服务

WAP 的分层结构使得其他服务和应用通过一系列精心定义的接口就可以充分利用 WAP 协议的功能。外部应用可以直接访问会话层、事务处理层、安全层和传输层。这就使得虽然目前没有被 WAP 所确定，但是对无线市场来说很有市场价值的一些服务和应用也可以使用 WAP 协议，例如，电子邮件、日历、电话号码簿、记事本，以及电子商务、白页、黄页等。

（四）GPRS 接入技术

通用分组无线业务（General Packet Radio Service，GPRS），是在现有的 GSM 系统上发展出来的一种新的承载业务。在某种意义上，可以认为 GPRS 是 GSM 向 IP 和 X.25 数据网的延伸；反过来也可以说 GPRS 是互联网在无线应用上的延伸。在 GPRS 上可实现 FTP、Web 浏览器、E－mail 等互联网应用。

GPRS无线分组数据系统与现有的GSM语音系统最根本的区别是，GSM是一种电路交换系统，而GPRS是一种分组交换系统。分组交换的基本过程是把数据先分成若干个小的数据包，通过不同的路由，以存储转发的接力方式传送到目的端，再组装成完整的数据。

在GSM无线系统中，无线信道资源非常宝贵，如采用电路交换，每条GSM信道只能提供9.6kb/s或14.4kb/s传输速率。如果多个组合在一起(最多8个时隙)，虽可提供更高的速率，但只能被一个用户独占，在成本效率上显然缺乏可行性。而采用分组交换的GPRS则可灵活运用无线信道，让其为多个GPRS数据用户所共用，从而极大地提高了无线资源的利用率。

理论上讲，GPRS可以将最多8个时隙组合在一起，给用户提供高达171.2kb/s的带宽。同时，与GSM所不同的是，它可同时供多个用户共享。从无线系统本身的特点来看，GPRS使GSM系统实现无线数据业务的能力产生了质的飞跃，从而提供了便利高效、低成本的无线分组数据业务。

GPRS特别适用于间断的、突发性的或频繁的、少量的数据传输，也适用于偶尔的大数据量传输。而这正是大多数移动互联应用的特点。由于GPRS网是通过软件升级和增加必要的硬件，利用GSM现有的无线系统实现分组数据传输，GSM在承载GPRS业务时可以不必中断其他业务，如语音业务等。因此，GPRS是GSM向3G系统演进的重要一环，它的引入将大大延长GSM系统的生存周期，同时为3G的发展奠定基础。

第六章 计算机网络安全与管理

第一节 计算机网络安全概述

一、网络安全的含义与目标

(一)网络安全的含义

网络安全从其本质上来讲就是网络上的信息安全。它涉及的领域相当广泛,这是由于在目前的公用通信网络中存在着各种各样的安全漏洞和威胁。从广义来说,凡是涉及到网络上信息的保密性、完整性、可用性、真实性和可控性的相关技术与原理,都是网络安全所要研究的领域。

网络安全是指网络系统的硬件、软件及其系统中的数据的安全,它体现在网络信息的存储、传输和使用过程中。所谓的网络安全性就是网络系统的硬件、软件及其系统中的数据受到保护,不受偶然的或者恶意的原因而遭到破坏、更改、泄露,系统连续可靠正常地运行,网络服务不中断。它的保护内容包括:保护服务、资源和信息;保护节点和用户;保护网络私有性。

从不同的角度来说,网络安全具有不同的含义。

从一般用户的角度来说,他们希望涉及个人隐私或商业利益的信息在网络上传输时受到保密性、完整性和真实性的保护,避免其他人或对手利用窃听、冒充、篡改等手段对用户信息的损害和侵犯,同时也希望用户信息不受非法用户的非授权访问和破坏。

从网络运行和管理者角度来说,他们希望对本地网络信息的访问、读写等操作受到保护和控制,避免出现病毒、非法存取、拒绝服务和网络资源的非法占用及非法控制等威胁,制止和防御网络"黑客"的攻击。

对安全保密部门来说,他们希望对非法的、有害的或涉及国家机密的信息进行过滤和防堵,避免其通过网络泄露,避免由于这类信息的泄密对社会产生危害,给国家造成巨大的经济损失,甚至威胁到国家安全。

从社会教育和意识形态角度来说,网络上不健康的内容,会对社会的稳定和人类的发展造成阻碍,必须对其进行控制。

由此可见,网络安全在不同的环境和应用中会得到不同的解释。

(二)网络安全的目标

从计算机网络安全的定义可以看出,网络安全应达到以下几个目标。

1. 保密性

保密性是指对信息或资源的隐藏,是信息系统防止信息非法泄露的特征。信息保密的需求源自计算机在敏感领域的使用。访问机制支持保密性。其中密码技术就是一种保护保密性的访问控制机制。所有实施保密性的机制都需要来自系统的支持服务。其前提条件是:安全服务可以依赖于内核或其他代理服务来提供正确的数据,因此,假设和信任就成为保密机制的基础。

保密性可以分为以下四类。

(1)连接保密:对某个连接上的所有用户数据提供保密。

(2)无连接保密:对一个无连接的数据报的所有用户数据提供保密。

(3)选择字段保密:对一个协议数据单元中的用户数据经过选择的字段提供保密。

(4)信息流保密:对可能通过观察信息流导出信息的信息提供保密。

2. 完整性

完整性是指信息未经授权不能改变的特性。完整性与保密性强调的侧重点不同,保密性强调信息不能非法泄露,而完整性强调信息在存储和传输过程中不能被偶然或蓄意修改、删除、伪造、添加、破坏或丢失,信息在存储和传输过程中必须保持原样。

信息完整性表明了信息的可靠性、正确性、有效性和一致性,只有完整的信息才是可信任的信息。影响信息完整性的因素主要有硬件故障、软件故障、网络故障、灾害事件、入侵攻击和计算机病毒等。保障信息完整性的技术主要有安全区通信协议、密码校验和数字签名等。实际上,数据备份是防范信息完整性受到破坏的最有效恢复手段。

3. 可用性

可用性是指信息可被授权者访问并按需求使用的特性,即保证合法用户对信息和资源的使用不会被不合理地拒绝。对网络可用性的破坏,包括合法用户不能正常访问网络资源和有严格时间要求的服务不能得到及时响应。影响网络可用性的因素包括人为与非人为两种。前者是指非法占用网络资源,切断或阻塞网络通信,降低网络性能,甚至使网络瘫痪等;后者是指灾害事故(火、水、雷击等)和系统死锁、系统故障等。

保证可用性的最有效的方法是提供一个具有普适安全服务的安全网络环境。通过使用访问控制阻止未授权资源访问,利用完整性和保密性服务来防止可用性攻击。访问控制、完整性和保密性成为协助支持可用性安全服务的机制。

避免受到攻击:一些基于网络的攻击旨在破坏、降低或摧毁网络资源。解决办法是加强这些资源的安全防护,使其不受攻击。免受攻击的方法包括:关闭操作系统和网络配置中的安全漏洞;控制授权实体对资源的访问;防止路由表等敏感网络数据的泄露。

避免未授权使用:当资源被使用、占用或过载时,其可用性就会受到限制。如果未授权用户占用了有限的资源(如处理能力、网络带宽和调制解调器连接等),则这些资源对授权用户就是不可用的,通过访问控制可以限制未授权使用。

防止进程失败:操作失误和设备故障也会导致系统可用性降低。解决方法是使用高可靠性设备、提供设备冗余和提供多路径的网络连接等。

4. 可控性

可控性是指对信息及信息系统实施安全监控管理。主要针对危害国家信息的监视审计,控制授权范围内的信息的流向及行为方式。使用授权机制控制信息传播的范围和内容,必要时能恢复密钥,实现对网络资源及信息的可控制能力。

5. 不可否认性

不可否认性是对出现的安全问题提供调查的依据和手段。使用审计、监控、防抵赖等安全机制,使得攻击者和抵赖者无法逃脱,并进一步对网络出现的安全问题提供调查依据和手段,保证信息行为人不能否认自己的行为。实现信息安全的可审查性,一般通过数字签名等技术来实现不可否认性。

不得否认发送。这种服务向数据接收者提供数据源的证据,从而可以防止发送者否认发送过这个数据。

不得否认接收。这种服务向数据发送者提供数据已交付给接收者的证据,因而接收者事后不能否认曾收到此数据。

二、网络面临的安全威胁及成因分析

(一)网络面临的安全威胁

研究网络安全,首先要研究构成网络安全威胁的主要因素。网络的安全威胁是指网络信息的一种潜在的侵害。

影响、危害计算机网络安全的因素分为自然和人为两大类。

1. 自然因素

自然因素包括各种自然灾害,如水、火、雷、电、风暴、烟尘、虫害、鼠害、海啸、地震等;系统的环境和场地条件,如温度、湿度、电源、地线和其他防护设施不良所造成的威胁;电磁辐射和电磁干扰的威胁;硬件设备老化,可靠性下降的威胁。

2. 人为因素

人为因素又有无意和故意之分。无意事件包括操作失误、意外损失、编程缺陷、意外丢失、管理不善、无意破坏;人为故意的破坏包括敌对势力蓄意攻击、各种计算机犯罪等。

攻击是一种故意性威胁,是对计算机网络的有意图、有目的的威胁。人为的恶意攻击是计算机网络所面临的最大威胁。

攻击可分为两大类,即被动攻击和主动攻击。这两种攻击均可对计算机网络造成极大的危害,导致机密数据的泄露,甚至造成被攻击的系统瘫痪。被动攻击是指在不影响网络正常工作的情况下,攻击者在网络上建立隐蔽通道截获、窃取他人的信息内容进行破译,以获得重要机密信息。主动攻击是以各种方式有选择地破坏信息的有效性和完整性。主动攻击主要有3种攻击方法,即中断、篡改和伪造;被动攻击只有一种形式,即截获。

(1)中断(Interruption):当网络上的用户在通信时,破坏者可以中断他们之间的通信。

(2)篡改(Modification):当网络用户甲在向乙发送报文时,报文在转发的过程中被丙更改。

(3)伪造(Fabrication):网络用户丙非法获取用户乙的权限并以乙的名义与甲进行通信。

(4)截获(Interception):当网络用户甲与乙进行网络通信时,如果不采取任何保密措施时,那么其他人就有可能偷看到他们之间的通信内容。

由于网络软件不可能是百分之百的无缺陷或无漏洞,这些缺陷或漏洞正好成了攻击者进行攻击的首选目标。图6-1所示为攻击的方法示意图。

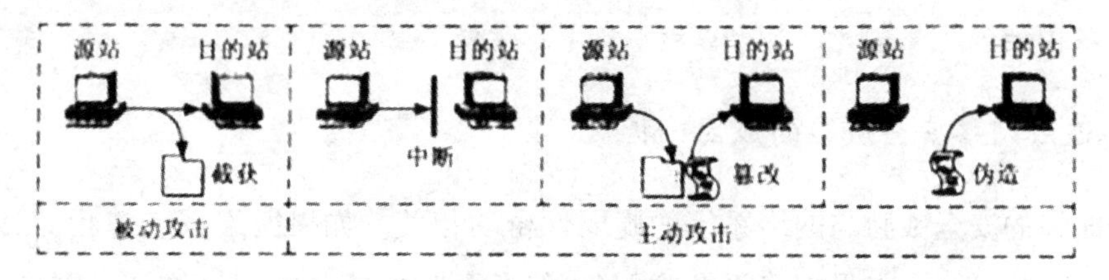

图6-1 攻击的方法示意图

还有一种特殊的主动攻击就是恶意程序(Rogue Program)的攻击。恶意程序的种类繁多,对网络安全构成较大威胁的主要有以下几种。

计算机病毒(Computer Virus):一种会“传染”其他程序的程序,“传染”是通过修改其他程序来把自身或其变种复制进去完成的。

计算机蠕虫(Computer Worm):一种通过网络的通信功能将自身从一个节点发送到另一个节点并启动的程序。

特洛伊木马(Trojan Horse):一种执行的功能超出其所声称的功能的程序。如一个编译程序除执行编译任务之外,还把用户的源程序偷偷地复制下来,这种程序就是一种特洛伊木马。计算机病毒有时也以特洛伊木马的形式出现。

逻辑炸弹(logic Bomb):一种当运行环境满足某种特定条件时执行其他特殊功能的程序。如一个编译程序在平时运行得很好,但当系统时间为13日又为星期五时,它将删除系统中所有的文件,这种程序就是一种逻辑炸弹。

主动攻击是指攻击者对某个连接中通过的PDU(Protocol Data Unit,协议数据单元)进行各种处理。如有选择性地更改、删除、延迟这些PDU,还可在稍后的时间将以前录下的PDU插入这个连接(即重放攻击),甚至还可以将合成的或伪造的PDU送入到一个连接中去。所有的主动攻击都是上述各种方法的某种组合。从类型上可以将主动攻击分为如下三种。

更改报文流:包括对通过连接的PDU的真实性、完整性和有序性的攻击。

拒绝报文服务:指攻击者或者删除通过某一连接的所有PDU,或者使正常通信的双方或单方的所有PDU加以延迟。

伪造连接初始化:攻击者重放以前已被记录的合法连接初始化序列,或者伪造身份而企图建立连接。

在被动攻击中,攻击者只是观测通过的某一个协议数据单元PDU而不干扰信息流。即使这些数据对攻击者来说是不易理解的,它也可以通过观察PDU的协议控制信息部分,了解正在通信的协议实体的地址和身份,研究PDU的长度和传输频度,以便了解所交易的数据的性质。

对于主动攻击,可以采取适当的措施加以检测。但对于被动攻击,通常却是检测不出来的。对于被动攻击可以采用各种数据加密技术,而对于主动攻击,则需要将加密技术与适当的鉴别技术相结合。

(二)造成网络安全威胁的成因分析

网络面临的安全威胁与网络系统的脆弱性密切相关。如果网络系统健壮,网络面临的威胁将大大减少;反之,如果网络系统脆弱,网络所面临的威胁将迅速增加。网络系统的脆弱性主要表现为以下几个方面。

操作系统的脆弱性:网络操作系统体系结构本身就是不安全的,操作系统程序具有动态连接性;操作系统可以创建进程,这些进程可在远程节点上创建与激活,被创建的进程可以继续创建其他进程;网络操作系统为维护方便而预留的无口令入口也是黑客的通道。

计算机系统本身的脆弱性:硬件和软件故障;存在超级用户,如果入侵者得到了超级用户口令,整个系统将完全受控于入侵者。

电磁泄漏:网络端口、传输线路和处理机都有可能因屏蔽不严或未屏蔽而造成电磁信息辐射,从而造成信息泄漏。

数据的可访问性:数据容易被复制而不留任何痕迹;网络用户在一定的条件下,可以访问系统中的所有数据,并可将其复制、删除或破坏掉。

通信系统和通信协议的弱点:网络系统的通信线路面对各种威胁就显得非常脆弱,非法用户可对线路进行物理破坏、搭线窃听、通过未保护的外部线路访问系统内部信息等;TCP/IP 及 FTP、E - mail、WWW 等都存在安全漏洞,如 FTP 的匿名服务浪费系统资源,E - mail 中潜伏着电子炸弹、病毒等威胁互联网安全,WWW 中使用的通用网关接口程序 Java Applet 程序等都能成为黑客的工具,黑客可采用 Sock、TCP 预测或远程访问直接扫描等攻击防火墙。

数据库系统的脆弱性:由于数据库管理系统(DBMS)对数据库的管理建立在分级管理的概念上,DBMS 的安全必须与操作系统的安全配套,这无疑是一个先天的不足之处,因此,DBMS 的安全也是可想而知;黑客通过探访工具可强行登录和越权使用数据库数据;而数据加密往往与 DBMS 的功能发生冲突或影响数据库的运行效率。

网络存储介质的脆弱:软硬盘中存储着大量的信息,这些存储介质很容易被盗窃或损坏,造成信息的丢失。

此外,网络系统的脆弱性还表现为保密的困难性、介质的剩磁效应和信息的聚生性等。

三、网络安全策略

网络安全策略是保障机构网络安全的指导文件,一般而言,网络安全策略包括总体安全策略和具体安全管理实施细则两部分。总体安全策略用于构建机构网络安全框架和战略指导方针,包括分析安全需求、分析安全威胁、定义安全目标、确定安全保护范围、分配部门责任、配备人力物力、确认违反策略的行为和相应的制裁措施。总体安全策略只是一个安全指导思想,还不能具体实施,在总体安全策略框架下针对特定应用制定的安全管理细则才规定了具体的实施方法和内容。

(一)网络安全策略总则

无论是制定总体安全策略,还是制定安全管理实施细则,都应当根据网络的安全特点遵守均衡性、时效性和最小限度原则。

1. 均衡性原则

由于存在软件漏洞、协议漏洞、管理漏洞,网络威胁永远不可能消除。无论制定多么完善的网络安全策略,还是使用多么先进的网络安全技术,网络安全也只是一个相对概念,因为世上没有绝对的安全系统。此外,网络易用性和网络效能与安全是一对天生的矛盾。夸大网络安全漏洞和威胁不仅会浪费大量投资,而且会降低网络易用性和网络效能,甚至有可能引入新的不稳定因素和安全隐患。忽视网络安全比夸大网络安全更加严重,有可能造成机构或国家重大经济损失,甚至威胁到国家安全。因此,网络安全策略需要在安全需求、易用性、效能和安全成本之间保持相对平衡,科学制定均衡的网络安全策略是提高投资回报和充分发挥网络效能的关键。

2. 时效性原则

由于影响网络安全的因素随时间有所变化，导致网络安全问题具有显著的时效性。例如，网络用户增加、信任关系发生变化、网络规模扩大、新安全漏洞和攻击方法不断暴露都是影响网络安全的重要因素。因此，网络安全策略必须考虑环境随时间的变化。

3. 最小限度原则

网络系统提供的服务越多，安全漏洞和威胁也就越多。因此，应当关闭网络安全策略中没有规定的网络服务；以最小限度原则配置满足安全策略定义的用户权限；及时删除无用账号和主机信任关系，将威胁网络安全的风险降至最低。

（二）网络安全策略内容

通畅来说，大多数网络都是由网络硬件、网络连接、操作系统、网络服务和数据组成的，网络管理员或安全管理员负责安全策略的实施，网络用户则应当严格按照安全策略的规定使用网络提供的服务。因此，在考虑网络整体安全问题时应主要从网络硬件、网络连接、操作系统、网络服务、数据、安全管理责任和网络用户这几个方面着手。

1. 网络硬件物理管理措施

核心网络设备和服务器应设置防盗、防火、防水、防毁等物理安全设施以及温度、湿度、洁净、供电等环境安全设施，每年因雷电击毁网络设施的事例层出不穷，位于雷电活动频繁地区的网络基础设施必须配备良好的接地装置。

核心网络设备和服务器最好集中放置在中心机房，其优点是便于管理与维护，也容易保障设备的物理安全，更重要的是能够防止直接通过端口窃取重要资料。防止信息空间扩散也是规划物理安全的重要内容，除光纤之外的各种通信介质、显示器以及设备电缆接口都不同程度地存在电磁辐射现象，利用高性能电磁监测和协议分析仪有可能在几百米范围内将信息复原，对于涉及国家机密的信息必须考虑电磁泄漏防护技术。

2. 网络连接安全

网络连接安全主要考虑网络边界的安全，如内部网与外部网、Internet 有连接需求，可使用防火墙和入侵检测技术双层安全机制来保障网络边界的安全。内部网的安全主要通过操作系统安全和数据安全策略来保障，由于网络地址转换（Network Address Translator，NAT）技术能够对 Internet 屏蔽内部网地址，必要时也可以考虑使用 NAT 保护内部网私有的 IP 地址。

对网络安全有特殊要求的内部网最好使用物理隔离技术保障网络边界的安全。根据安全需求，可以采用固定公用主机、双主机或一机两用等不同物理隔离方案。固定公用主机与内部网无连接，专用于访问 Internet 的控制，虽然使用不够方便，但能够确保内部主机信息的保密性。双主机在一个机箱中配备了两块主板、两块网卡和两个硬盘，双主机在启动时由用户选择内部网或 Internet 连接，较好地解决了安全性与方便性的矛盾。一机两用隔离方案由用户选择接入内部网或 Internet，但不能同时接入两个网络。这虽然成本低廉、使用方便，但仍然存在泄露的可能性。

3. 操作系统安全

操作系统安全应重点考虑计算机病毒、特洛伊木马和入侵攻击威胁。计算机病毒是隐藏在计算机系统中的一组程序，具有自我繁殖、相互感染、激活再生、隐藏寄生、迅速传播等特点，以降低计算机系统性能、破坏系统内部信息或破坏计算机系统运行为目的。截至目前，已发现有两万多种不同类型的病毒。病毒传播途径已经从移动存储介质转向 Internet，病毒在网络中以指数增长规律迅速扩散，诸如邮件病毒、Java 病毒和 ActiveX 病毒都给网络病毒防治带来了新的挑战。

特洛伊木马与计算机病毒不同，特洛伊木马是一种未经用户同意私自驻留在正常程序内部，以窃取用户资料为目的的间谍程序。目前并没有特别有效的计算机病毒和特洛伊木马程序防治手段，主要还是通过提高病毒防范意识，严格安全管理，安装优秀防病毒、杀病毒、特洛伊木马专杀软件来尽可能减少病毒与木马入侵的机会。操作系统漏洞为入侵攻击提供了条件，因此，经常升级操作系统、防病毒软件和木马专杀软件是提高操作系统安全性最有效、最简便的方法。

4. 网络服务安全

目前网络提供的电子邮件、文件传输、Usenet 新闻组、远程登录、域名查询、网络打印和 Web 服务都存在着大量的安全隐患，虽然用户并不直接使用域名查询服务，但域名查询通过将主机名转换成主机 IP 地址为其他网络服务奠定了基础。由于不同网络服务的安全隐患和安全措施不同，应当在分析网络服务风险的基础上，为每一种网络服务分别制定相应的安全策略细则。

5. 数据安全

根据数据保密性和重要性的不同，一般将数据分为关键数据、重要数据、有用数据和普通数据，以便针对不同类型的数据采取不同的保护措施。关键数据是指直接影响网络系统正常运行或无法再次得到的，如操作系统和关键应用程序等；重要数据是指具有高度保密性或高使用价值的数据，如国防或国家安全部门涉及国家机密的数据，金融部门涉及用户的账目数据等；有用数据一般指网络系统经常使用但可以复制的数据；普通数据则是很少使用而且很容易得到的数据。由于任何安全措施都不可能保证网络绝对安全或不发生故障，在网络安全策略中除考虑重要数据加密之外，还必须考虑关键数据和重要数据的日常备份。

目前，数据备份使用的介质主要是磁带、硬盘和光盘。因磁带具有容量大、技术成熟、成本低廉等优点，大容量数据备份多选用磁带存储介质。随着硬盘价格不断下降，网络服务器都使用硬盘作为存储介质，目前流行的硬盘数据备份技术主要有磁盘镜像和冗余磁盘阵列

(Redundant Arrays of Independent Disks,RAID)技术。磁盘镜像技术能够将数据同时写入型号和格式相同的主磁盘和辅助磁盘,RAID 是专用服务器广泛使用的磁盘容错技术。大型网络常采用光盘库、光盘阵列和光盘塔作为存储设备,但光盘特别容易划伤,导致数据读出错误,数据备份使用更多的还是磁带和硬盘存储介质。

6. 安全管理责任

由于人是制定和执行网络安全策略的主体,所以在制定网络安全策略时,必须明确网络安全管理责任人。小型网络可由网络管理员兼任网络安全管理职责,但大型网络、电子政务、电子商务、电子银行或其他要害部门的网络应配备专职网络安全管理责任人。网络安全管理采用技术与行政相结合的手段,主要对授权、用户和资源配置,其中授权是网络安全管理的重点。安全管理责任包括行政职责、网络设备、网络监控、系统软件、应用软件、系统维护、数据备份、操作规程、安全审计、病毒防治、入侵跟踪、恢复措施、内部人员和网络用户等与网络安全相关的各种功能。

7. 网络用户的安全责任

网络安全不只是网络安全管理员的事,网络用户对网络安全同样负有不可推卸的责任。网络用户应特别注意不能私自将调制解调器接入 Internet;不要下载未经安全认证的软件和插件;确保本机没有安装文件和打印机共享服务;不要使用脆弱性密码;经常更换密码等。

四、网络安全评价标准

(一)国际网络安全评价标准

安全评价标准及技术作为各种计算机系统安全防护体系的基础,已被许多企业和咨询公司用于指导 IT 产品的安全设计,并被作为衡量一个 IT 产品和评测系统安全性的依据。

目前,国际上比较重要和公认的安全标准有美国 TCSEC(橘皮书)、欧洲 ITSEC、加拿大 CTCPEC 等。

1. 美国 TCSEC

TCSEC 又称橙皮书,1985 年成为美国国防部的标准,该标准给出了一套标准来定义满足特定安全等级所需的安全功能及其保证的程度。TCSEC 将安全等级从低到高共分为 D、C、B、A 几个等级,每个等级之内还进行了细分,这些等级描述了不同类型的物理安全、用户身份验证、操作系统软件的可信任性和用户应用程序。

D 级。最低保护(Minimal Protection)是指未加任何实际的安全措施,D 的安全等级最低。D 系统只为文件和用户提供安全保护。D 系统最普遍的形式是本地操作系统,或一个完全没有保护的网络,如 DOS 被定为 D 级。

C 级。C 级表示被动的自主访问策略(Disretionary Access Policy Enforced),提供审慎的

保护,并为用户的行动和责任提供审计能力,由两个级别组成:C1 和 C2。

C1 级:具有一定的自主型存取控制(DAC)机制,通过将用户和数据分开达到安全的目的。用户认为 C1 系统中所有文档均具有相同的保密性,如 UNIX 的 owner/group/other 存取控制。

C2 级:具有更细分(每一个单独用户)的自主型存取控制(DAC)机制,且引入了审计机制。在连接到网络上时,C2 系统的用户分别对各自的行为负责。C2 系统通过登录过程或安全事件和资源隔离来增强这种控制。C2 系统具有 C1 系统中所有的安全性特征。

B 级。B 级是指被动的强制访问策略(Mandatory Access Policy Enforced)。由 3 个级别组成:B1、B2 和 B3 级。B 系统具有强制性保护功能,目前较少有操作系统能够符合 B 级标准。

B1 级:满足 C2 级所有的要求,且需具有所用安全策略模型的非形式化描述,实施了强制型存取控制(MAC)。

B2 级:系统的 TCB 是基于明确定义的形式化模型,并对系统中所有的主体和客体实施了自主型存取控制(DAC)和强制型存取控制(MAC)。另外,具有可信通路机制、系统结构化设计、最小特权管理以及对隐蔽通道的分析和处理等。

B3 级:系统的 TCB 设计要满足能对系统中所有的主体对客体的访问进行控制,TCB 不会被非法篡改,且 TCB 设计要小巧且结构化,以便于分析和测试其正确性。支持安全管理者(Security Administrator)的实现,审计机制能实时报告系统的安全性事件,支持系统恢复。

A 级。A 级表示形式化证明的安全(Formally Proven Security)。A 安全级别最高,只包含 1 个级别 A1。

A1 级:类同于 B3 级,它的特色在于形式化的顶层设计规格(Formal Toplevel Design Specification,FTDS)、形式化验证 FTDS 与形式化模型的一致性和由此带来的更高的可信度。

2. 欧洲 ITSEC

20 世纪 90 年代,西欧四国(英、法、荷、德)联合提出了《信息技术安全评估标准》(Information Technology Security Evaluation Criteria,ITSEC),又称欧洲白皮书,带动了国际计算机安全的评估研究,其应用领域为军队、政府和商业。该标准除吸收了 TCSEC 的成功经验外,首次提出了信息安全的保密性、完整性、可用性的概念,并将安全概念分为功能与评估两部分,使可信计算机的概念提升到可信信息技术的高度。

在 ITSEC 标准中,一个基本观点是:分别衡量安全的功能和安全的保证。ITSEC 标准对每个系统赋予两种等级,即安全功能等级 F(Functionality)和安全保证等级 E(European Assurance)。功能准则从 F1 - F10 共分 10 级,其中前 5 种安全功能与橙皮书中的 C1 - B3 级十分相似。F6 - F10 级分别对应数据和程序的完整性、系统的可用性、数据通信的完整性、数据通信的保密性以及保密性和完整性的网络安全。它定义了从 E0 级(不满足品质)到 E6

级(形式化验证)的7个安全等级,分别是测试、配置控制和可控的分配、能访问详细设计和源码、详细的脆弱性分析、设计与源码明显对应以及设计与源码在形式上一致。

在ITSEC标准中,另一个基本观点是:被评估的应是整个系统(硬件、操作系统、数据库管理系统、应用软件),而不只是计算平台,这是因为一个系统的安全等级可能比其每个组成部分的安全等级都高(或低)。此外,某个等级所需的总体安全功能可能分布在系统的不同组成中,而不是所有组成都要重复这些安全功能。

ITSEC标准是欧洲共同体信息安全计划的基础,并为国际信息安全的研究和实施带来了深刻的影响。

3. 加拿大CTCPEC

加拿大发布的《加拿大可信计算机产品评价标准》(Canadian Trusted Computer Product E－valuation Criteria,CTCPEC)将产品的安全要求分成安全功能和功能保障可依赖性两个方面。其中,安全功能根据系统保密性、完整性、有效性和可计算性定义了6个不同等级0－5。保密性包括隐蔽信道、自主保密和强制保密;完整性包括自主完整性、强制完整性、物理完整性和区域完整性等属性;有效性包括容错、灾难恢复及坚固性等;可计算性包括审计跟踪、身份认证和安全验证等属性。根据系统结构、开发环境、操作环境、说明文档及测试验证等要求,CTCPEC将可依赖性定为8个不同等级T0－T7,其中T0级别最低,T7级别最高。

(二)我国网络安全评价标准

由于信息安全直接涉及国家政治、军事、经济和意识形态等许多重要领域,各国政府对信息系统或技术产品安全性的测评认证要比其他产品更为重视。尽管许多国家签署了《信息技术安全评价公共标准》(Common Criteria for Information Technology Security Evaluation,CC),但很难想象一个国家会绝对信任其他国家对涉及国家安全和经济的产品的测评认证。事实上,各国政府都通过颁布相关法律、法规和技术评价标准对信息安全产品的研制、生产、销售、使用和进出口进行了强制管理。

中国国家质量技术监督局1999年颁布的《计算机信息系统安全保护等级划分准则》(GB17859—1999),在参考TCSEC、ITSEC和CTCPEC等标准的基础上,将计算机信息系统安全保护能力划分为用户自主保护、系统审计保护、安全标记保护、结构化保护、访问验证保护5个安全等级。

1. 用户自主保护级

本级别相当于TCSEC的C1级,使用户具备自主安全保护的能力。具有多种形式的控制能力,对用户实施访问控制,即为用户提供可行的手段,保护用户和用户组信息,避免其他用户对数据的非法读写与破坏。

2. 系统审计保护级

本级别相当于 TCSEC 的 C2 级，具备用户自主保护级所有的安全保护功能，更细粒度的自主访问控制，还要求创建和维护访问的审计跟踪记录，使所有的用户对自己的行为的合法性负责。

3. 安全标记保护级

本级别相当于 TCSEC 的 B1 级，属于强制保护。除具有系统审计保护级的所有功能外，还提供有关安全策略模型；要求以访问对象标记的安全级别限制访问者的访问权限，实现对访问对象的强制保护；具有准确地标记输出信息的能力；消除通过测试发现的任何错误。

4. 结构化保护级

本级别相当于 TCSEC 的 B2 级，具有前面所有安全级别的安全功能外，将安全保护机制划分为关键部分和非关键部分，关键部分直接控制访问者对访问对象的存取，从而加强系统的抗渗透能力。

5. 访问验证保护级

本级别相当于 TCSEC 的 B3 - A1 级，具备上述所有安全级别的安全功能，特别增设了访问验证功能，负责仲裁访问者对访问对象的所有访问活动。

为了与国际通用安全评价标准接轨，国家质量技术监督局于 2001 年 3 月又正式颁布了国家推荐标准《信息技术一安全技术一信息技术安全性评估准则 KGB/T18336—2001)，推荐标准完全等同于国际标准 ISO/IEC15408，即《信息技术安全评价公共标准》第 2 版。

推荐标准 GB/T18336—2001 由 3 部分组成：第一部分是《简介和一般模型》（GB/T18336.1），第二部分是《安全功能要求》（GB/T18336.2），第三部分是《安全保证要求》（GB/T18336.3），分别对应国际标准化组织和国际电工委员会国际标准 1SO/IEC 15408 - 1，ISO/IEC 15408 - 2 和 ISO/IEC 15408 - 3。

第二节　计算机病毒与防治技术

一、计算机病毒概述

（一）计算机病毒的定义

网络上传播着很多的病毒，只要是危害了用户计算机的程序，都可以称之为病毒。计算机病毒是一个程序，一段可执行码。病毒有独特的复制能力，可以快速地传染，并很难解除。它们把肖身附着在各种类型的文件上。当文件被复制或从一个用户传送到另一个用户时，病毒就随着文件一起被传播了。

我们可以从以下三个方面来理解计算机病毒的概念:

通过磁盘、磁带和网络等作为媒介传播扩散,能“传染”其他程序的程序。

能实现自身复制且借助一定的载体存在的,具有破坏性、传染性和潜伏性的程序。

一种人为制造的程序,它通过不同的途径潜伏或寄生在存储媒体(如磁盘、内存)或程序里,当某种条件或时机成熟时,它会自生复制并传播,使计算机的资源受到不同程度的破坏。

上述说法在某种意义上借用了生物学病毒的概念,计算机病毒同生物病毒所相似之处是能够攻击计算机系统和网络,危害正常工作的“病原体”。它能够对计算机体统进行各种破坏,同时能够自我复制,具有传染性。

计算机病毒确切的定义是:能够通过某种途径潜伏在计算机存储介质(或程序)里,当达到某种条件时即被激活具有对计算机资源进行破坏的一组程序或指令的集合。

(二)计算机病毒的特点

要防范计算机病毒,首先需要了解计算机病毒的特征和破坏机理,为防范和清除计算机病毒提供充实可靠的依据。根据计算机病毒的产生、传染和破坏行为的分析,计算机病毒一般具有以下特点。

1. 传染性

传染性是病毒的基本特征。是否具有传染性,是判别一个程序是否为计算机病毒的最重要条件。病毒的设计者总是希望病毒能够在较大的范围内实现蔓延和传播,感染更多的程序、计算机系统或网络系统,以达到最大的侵害目的。

病毒是人为设计的功能程序,因此,会利用一切可能的途径和方法进行传染。程序之间的传染借助于正常的信息处理途径和方法,通常是由病毒的传染模块执行的。计算机病毒会通过各种渠道从已被感染的计算机扩散到未被感染的计算机,在某些情况下造成被感染的计算机工作失常甚至瘫痪。它会搜寻其他符合其传染条件的程序或存储介质,确定目标后再将自身代码插入其中,达到自我繁殖的目的。

2. 隐蔽性

计算机病毒往往会借助各种技巧来隐藏自己的行踪,保护自己,从而做到在被发现及清除之前,能够在更广泛的范围内进行传染和传播,期待发作时可以造成更大的破坏性。

计算机病毒都是一些可以直接或间接运行的具有较高超技巧的程序,它们可以隐藏在操作系统中,也可以隐藏在可执行文件或数据文件中,目的是不让用户发现它的存在。如果不经过代码分析,病毒程序与正常程序是不容易区别开来的。一般在没有防护措施的情况下,受到感染的计算机系统通常仍能正常运行,用户不会感到任何异常。大部分的病毒代码之所以设计得非常短小,也是为了隐藏。病毒一般只有几百或一千字节。

3. 破坏性

任何病毒只要侵入系统，都会对系统及应用程序产生程度不同的破坏。轻者会降低计算机工作效率，占用系统资源，重者可导致系统崩溃。

4. 潜伏性

通常较“好”计算机病毒具有一定的潜伏性，也就是说，这种计算机病毒进入系统之后不会即刻发作，而只有等待预置条件的满足才会发作。

潜伏性一方面是指病毒程序不容易被检查出来，因此，病毒可以静静地躲在存储介质中待上一段时间，有的甚至可以潜伏几年也不会被人发现，而一旦得到运行的机会，就会四处繁殖、扩散，并对其他相关的系统进行传染。潜伏性越好，其在系统中存活的时间就越长，传染的范围就越大。

另一方面是指计算机病毒的内部往往有一种触发机制，不满足触发条件时，计算机病毒除了传染外不做什么破坏。触发条件一旦得到满足，就会进行格式化磁盘、删除磁盘文件、对数据文件做加密、封锁键盘以及使系统死锁等破坏活动。使计算机病毒发作的触发条件主要有以下几种：

利用系统时钟提供的时间作为触发器。

利用病毒体自带的计数器作为触发器。病毒利用计数器记录某种事件发生的次数，一旦计算器达到设定值，就执行破坏操作。这些事件可以是计算机开机的次数，也可以是病毒程序被运行的次数，还可以是从开机起被运行过的程序数量等。

利用计算机内执行的某些特定操作作为触发器。特定操作可以是用户按下某些特定键的组合，也可以是执行的命令，还可以是对磁盘的读写。

计算机病毒所使用的触发条件是多种多样的，而且往往是由多个条件的组合来触发的。但大多数病毒的组合条件是基于时间的，再辅以读写盘操作、按键操作以及其他条件。

5. 非授权性

非授权是指病毒未经授权而执行。一般正常的程序是由用户调用，再由系统分配资源，完成用户交给的任务。其目的对用户是可见的、透明的。而病毒具有正常程序的一切特性，它隐藏在正常程序中，当用户调用正常程序时窃取系统的控制权，并先于正常程序执行，病毒的动作、目的对用户是未知的，是未经用户允许的。

6. 不可预见性

从对病毒的检测方面来看，病毒还有不可预见性。不同种类的病毒，其代码千差万别，但有些操作是共有的，如驻留内存，改中断。有些人利用病毒的这种共性，制作了声称可以查找所有病毒的程序。这种程序的确可以查出一些新病毒，但由于目前的软件种类极其丰富，而且某些正常程序也使用了类似病毒的操作甚至借鉴了某些病毒的技术。使用这种方法对病毒进行检测势必会产生许多误报，而且病毒的制作技术也在不断地提高，病毒对反病毒软件永远是超前的。

（三）计算机病毒的分类

计算机病毒技术的发作，病毒特征的不断变化，给计算机病毒的分类带来了一定的困难。根据多年来对计算机病毒的研究，按照不同的体现可对计算机病毒进行如下分类。

1. 按病毒感染的对象分

（1）引导型病毒。引导型病毒是指寄生在磁盘引导区或主引导区的计算机病毒。这种病毒主要是用病毒的全部或部分逻辑取代正常的引导记录，而将正常的引导记录隐藏在磁盘的其他地方。这种病毒利用系统引导时，不对主引导区的内容正确与否进行判别的缺点，在引导型系统的过程中侵入系统，驻留内存，监视系统运行，待机传染和破坏。

按照引导型病毒在硬盘上的寄生位置又可细分为主引导记录病毒和分区引导记录病毒。主引导记录病毒感染硬盘的主引导区，如大麻病毒、2708 病毒、火炬病毒等；分区引导记录病毒感染硬盘的活动分区引导记录，如小球病毒和 Girl 病毒等。

（2）网络型病毒。网络型病毒是近几年来网络高速发展的产物，感染的对象不再局限于单一的模式和单一的可执行文件，而是更综合、隐蔽。现在某些网络型病毒可以对几乎所有的 Office 文件进行感染，如 Word、Excel、电子邮件等。其攻击方式也有转变，从原始的删除、修改文件到现在进行文件加密、窃取用户有用信息等。传播的途径也发生了质的飞跃，不再局限于磁盘，而是多种方式进行，如电子邮件、广告等。

（3）文件型病毒。文件型病毒早期一般是感染以.exe、.com 等为扩展名的可执行文件，当用户执行某个可执行文件时病毒程序就被激活。近些年也有一些病毒感染以.dll、.sys 等为扩展名的文件，由于这些文件通常是配置或链接文件，因此，执行程序时病毒可能也就被激活了。它们加载的方法是通过将病毒代码段插入或分散插入到这些文件的空白字节中，嵌入到 PE 结构的可执行文件中，通常感染后的文件的字节数并不增加。

（4）混合型病毒。混合型病毒同时具备引导型病毒和文件型病毒的某些特点，它们既可以感染磁盘的引导扇区文件，又可以感染某些可执行文件，如果没有对这类病毒进行全面的解除，则残留病毒可自我恢复。因此，这类病毒查杀难度极大，所用的抗病毒软件要同时具备查杀两类病毒的功能。

2. 按病毒链接的方式分

（1）源码型病毒。源码型病毒攻击高级语言编写的程序，该病毒在高级语言所编写的程序编译前插入到源程序中，经编译成为合法程序的一部分。

（2）嵌入型病毒。这种病毒是将自身嵌入到现有程序中，把计算机病毒的主体程序与其攻击的对象以插入的方式链接。这种计算机病毒是难以编写的，一旦侵入程序体后也较难消除。如果同时采用多态性病毒技术、超级病毒技术和隐蔽性病毒技术，将给当前的反病毒技术带来严峻的挑战。

(3)外壳型病毒。外壳型病毒将其自身包围在主程序的四周,对原来的程序不进行修改。这种病毒最为常见,易于编写,也易于发现,一般测试文件的大小即可得知。

(4)操作系统型病毒。这种病毒试图把它自己的程序加入或取代部分操作系统进行工作,具有很强的破坏力,可以导致整个系统的瘫痪。圆点病毒和大麻病毒就是典型的操作系统型病毒。

这种病毒在运行时,用自己的逻辑部分取代操作系统的合法程序模块,根据病毒自身的特点和被替代的操作系统中合法程序模块在操作系统中运行的地位与作用,以及病毒取代操作系统的取代方式等,对操作系统进行破坏。

3. 按病毒破坏的能力分

(1)良性病毒。它们入侵的目的不是破坏用户的系统,只是想玩一玩而已,多数是一些初级病毒发烧友想测试一下自己的开发病毒程序的水平。它们只是发出某种声音,或出现一些提示,除了占用一定的硬盘空间和 CPU 处理时间外没有其他破坏性。

(2)恶性病毒。恶性病毒会对软件系统造成干扰、窃取信息、修改系统信息,不会造成硬件损坏、数据丢失等严重后果。这类病毒入侵后系统除了不能正常使用之外,没有其他损失,但系统损坏后一般需要格式化引导盘并重装系统,这类病毒危害比较大。

(3)极恶性病毒。这类病毒比恶性病毒损坏的程度更大,如果感染上这类病毒用户的系统就要彻底崩溃,用户保存在硬盘中的数据也可能被损坏。

(4)灾难性病毒。这类病毒从它的名字就可以知道它会给用户带来的损失程度,这类病毒一般是破坏磁盘的引导扇区文件、修改文件分配表和硬盘分区表,造成系统根本无法启动,甚至会格式化或锁死用户的硬盘,使用户无法使用硬盘。一旦感染了这类病毒,用户的系统就很难恢复了,保留在硬盘中的数据也就很难获取了,所造成的损失是非常巨大的,因此,企业用户应充分做好灾难性备份。

4. 按病毒特有的算法分

(1)伴随型病毒。伴随型病毒并不改变文件本身,它们根据算法产生. exe 文件的伴随体,具有同样的名字和不同的扩展名(. com)。病毒把自身写入. com 文件并不改变. exe 文件,当 DOS 加载文件时,伴随体优先被执行,再由伴随体加载执行原来的. exe 文件。

(2)寄生型病毒。寄生型病毒依附在系统的引导扇区或文件中,通过系统的功能进行传播。

(3)蠕虫型病毒。蠕虫型病毒通过计算机网络传播,不改变文件和资料信息,利用网络从一台机器的内存传播到其他机器的内存,计算网络地址,将自身的病毒通过网络发送。有时它们在系统中存在,一般除了内存不占用其他资源。

(4)练习型病毒。练习型病毒自身包含错误,不能进行很好的传播,如一些在调试阶段的病毒。

(5)诡秘型病毒。诡秘型病毒一般不直接修改DOS中断和扇区数据,而是通过设备技术和文件缓冲区等对DOS内部进行修改,不易看到资源,使用比较高级的技术。利用DOS空闲的数据区进行工作。

(6)幽灵病毒。幽灵病毒使用一个复杂的算法,使自己每传播一次都具有不同的内容和长度。它们一般是由一段混有无关指令的解码算法和经过变化的病毒体组成。

5.按病毒攻击的目标分

(1)DOS病毒。DOS病毒是针对DOS操作系统开发的病毒。目前几乎没有新制作的DOS病毒,由于Windows 9x病毒的出现,DOS病毒几乎绝迹。但DOS病毒在Windows环境中仍可以进行感染活动。我们使用的杀毒软件能够查杀的病毒中一半以上都是DOS病毒,可见DOS时代DOS病毒的泛滥程度。但这些众多的病毒中除了少数几个让用户胆战心惊的病毒之外,大部分病毒都只是制作者出于好奇或对公开代码进行一定变形而制作的病毒。

(2)Windows病毒。Windows病毒主要针对Windows操作系统的病毒。现在的电脑用户一般都安装Windows系统,Windows病毒一般都能感染系统。

(3)其他系统病毒。其他系统病毒主要攻击UNIX、Linux和OS2及嵌入式系统的病毒。由于系统本身的复杂性,这类病毒数量不是很多。

6.按病毒传染的途径分

(1)驻留型病毒。驻留型病毒感染计算机后把自身驻留在内存(RAM)中,这一部分程序挂接系统调用并合并到操作系统中去,并一直处于激活状态。

(2)非驻留型病毒。非驻留型病毒是一种立即传染的病毒,每执行一次带毒程序,就自动在当前路径中搜索,查到满足要求的可执行文件即进行传染。该类病毒不修改中断向量,不改动系统的任何状态,因而很难区分当前运行的是一个病毒还是一个正常的程序。典型的病毒有Vienna/648。

7.按病毒传播的介质分

(1)单机病毒。单机病毒的载体是磁盘,一般情况下,病毒从USB盘、移动硬盘传入硬盘,感染系统,然后再传染其他USB盘和移动硬盘,接着传染其他系统,例如,CIH病毒。

(2)网络病毒。网络病毒的传播介质不再是移动式存储载体,而是网络通道,这种病毒的传染能力更强,破坏力更大,例如,“尼姆达”病毒。

(四)计算机病毒的危害

在计算机病毒出现的初期,提到计算机病毒的危害,往往注重于病毒对信息系统的直接破坏作用,例如,格式化硬盘、删除文件数据等,并以此来区分恶性病毒和良性病毒。其实这些只是病毒劣迹的一部分,随着计算机应用的发展,人们深刻地认识到凡是病毒都可能对计算机信息系统造成严重的破坏。

1. 直接破坏计算机数据信息

大部分病毒在激发时，直接破坏计算机的重要信息数据，所利用的手段有格式化磁盘，改写文件分配表和目录区，删除重要文件或者用无意义的“垃圾”数据改写文件，破坏 CMOS 设置等。

例如，“磁盘杀手”病毒内含计数器，在硬盘染毒后累计开机时间 48 小时内激发，激发的时候屏幕上显示“Warning!! Don’t turn off power or remove diskette while Disk Killer is Processing!”（警告！DISK KILLER 正在工作，不要关闭电源或取出磁盘），改写硬盘数据。

提示，被 DISK KILLER 破坏的硬盘可以用杀毒软件修复，不要轻易放弃。

2. 占用磁盘空间

寄生在磁盘上的病毒总要非法占用一部分磁盘空间。

引导型病毒的一般侵占方式是由病毒本身占据磁盘引导扇区，而把原来的引导区转移到其他扇区，也就是引导型病毒要覆盖一个磁盘扇区。被覆盖的扇区数据永久性丢失，无法恢复。

文件型病毒利用一些 DOS 功能进行传染，这些 DOS 功能能够检测出磁盘的未用空间，把病毒的传染部分写到磁盘的未用部位去。所以在传染过程中一般不破坏磁盘上的原有数据，但非法侵占了磁盘空间。一些文件型病毒传染速度很快，在短时间内感染大量文件，每个文件都不同程度地加长了，从而就造成磁盘空间的严重浪费。

3. 抢占系统资源

除 VIENNA、CASPER 等少数病毒外，其他大多数病毒在动态下都是常驻内存的，这就必然抢占一部分系统资源。病毒所占用的基本内存长度大致与病毒本身长度相当。病毒抢占内存，导致可用内存减少，一部分软件不能运行。

除占用内存外，病毒还抢占中断，干扰系统的运行。计算机操作系统的许多功能是通过中断调用技术来实现的。病毒为了传染激发，总是修改一些有关的中断地址，在正常中断过程中加入病毒的“私货”，从而干扰了系统的正常运行。

4. 影响计算机运行速度

病毒进驻内存后，不但干扰系统运行，还影响计算机速度，主要表现在以下几个方面。

（1）病毒为了判断传染激发条件，总要对计算机的工作状态进行监视。

（2）有些病毒为了保护自己，不但对磁盘上的静态病毒加密，而且进驻内存后的动态病毒也处在加密状态，CPU 每次寻址到病毒处时，都要运行一段解密程序把加密的病毒解密成合法的 CPU 指令再执行；而病毒运行结束时，再用一段程序对病毒重新进行加密。这样 CPU 额外执行数千条以至上万条指令。

（3）病毒在进行传染时，同样要插入非法的额外操作，特别是传染软盘时，不但计算机速度明显变慢,而且软盘正常的读写顺序被打乱。

5. 病毒错误与不可预见的危害

计算机病毒与其他计算机软件的一大差别是病毒的无责任性。编制一个完善的计算机软件需要耗费大量的人力、物力,经过长时间调试完善,软件才能推出。但在病毒编制者看来既没有必要这样做,也不可能这样做。很多计算机病毒都是个别人在一台计算机上匆匆编制调试后就向外抛出。反病毒专家在分析大量病毒后发现绝大部分病毒都存在不同程度的错误。

错误病毒的另一个主要来源是变种病毒。有些初学计算机者尚不具备独立编制软件的能力,出于好奇或其他原因修改别人的病毒,造成错误。

计算机病毒错误所产生的后果往往是不可预见的,反病毒工作者曾经详细指出黑色星期五病毒存在 9 处错误,乒乓病毒有 5 处错误等。但是人们不可能花费大量时间去分析数万种病毒的错误所在。大量含有未知错误的病毒扩散传播,其后果是难以预料的。

6. 病毒的兼容性对系统运行的影响

兼容性是计算机软件的一项重要指标,兼容性好的软件可以在各种计算机环境下运行,反之兼容性差的软件则对运行条件“挑肥拣瘦”,要求机型和操作系统版本等。病毒的编制者一般不会在各种计算机环境下对病毒进行测试,因此,病毒的兼容性较差,常常导致死机。

(五)计算机病毒的发展趋势

当前,计算机病毒已经由原来的单一传播、单种行为变成依赖于 Internet 传播,集电子邮件、文件传染等多种传播方式,融木马、黑客等多种攻击手段于一身的新病毒。根据这些病毒的发展演变,可预见未来计算机病毒的更新换代将向多元化方向发展,可能具有如下发展趋势:

1. 病毒的网络化

病毒与 Internet 更紧密地结合,利用 Internet 上一切可以利用的方式进行传播,如即时通信软件、电子邮件、局域网、远程管理等。

2. 病毒的多平台化

目前,各种常用的操作系统平台病毒均已出现,跨各种新型平台的病毒也陆续推出和普及。手机和 PDA 等移动设备病毒也出现了,而且还将有更大的发展。

3. 传播途径的多样化

病毒通过网络共享、网络漏洞、电子邮件、即时通信软件等途径进行传播。

4. 增强隐蔽性

病毒通过各种手段,尽量避免出现容易使用户产生怀疑的病毒感染特征。如请求在内存中的合法身份、维持宿主程序的外部特性、避开修改中断向量值和不使用明显的感染标志等。

5. 使用反跟踪技术

当用户或防病毒技术人员发现一种病毒时，一般都要先借助于 Debug 等调试工具对其进行详细分析、跟踪解剖。为了对抗动态跟踪，目前的病毒程序中一般都嵌入了一些破坏性的中断向量程序段，从而使动态跟踪难以完成。

病毒代码还通过在程序中使用大量非正常的转移指令，使跟踪者不断迷路，造成分析困难。而且，近来一些新的病毒肆意篡改返回地址，或在程序中将一些命令单独使用，从而使用户无法迅速摸清程序的转向。

6. 进行加密技术处理

（1）对程序段进行动态加密。病毒采取一边执行一边译码的方法，即后边的机器码是与前边的某段机器码运算后还原的，而用 Debug 等调试工具把病毒从头到尾打印出来，打印出的程序语句将是被加密的，无法阅读。

（2）对宿主程序段进行加密。病毒将宿主程序入口处的几个字节经过加密处理后存储在病毒体内，这给杀毒修复工作带来很大困难。

（3）对显示信息进行加密。例如，“新世纪”病毒在发作时，将显示一页书信，但作者对此段信息进行加密，从而不可能通过直接调用病毒体的内存映像寻找到它的踪影。

7. 攻击对象趋于混合型

随着防病毒技术的日新月异、传统软件保护技术的广泛探讨和应用，当今的计算机病毒在实现技术上有了一些质的变化，病毒攻击对象趋于混合，逐步转向对可执行文件和系统引导区同时感染，在病毒源码的编制、反跟踪调试、程序加密、隐蔽性、攻击能力等方面的设计都呈现了许多不同一般的变化。

8. 病毒不断繁衍、变种

目前病毒已经具有许多智能化的特性，例如，自我变形、自我保护、自我恢复等。在不同宿主程序中的病毒代码，不仅绝大部分不相同，且变化的代码段的相对空间排列位置也有变化。对不同的感染目标，分散潜伏的宿主也不一定相同，在活动时又能自动组合成一个完整的病毒。例如，经过多态病毒感染的文件在不同的感染文件之间相似性极少，使得防病毒检测成为一项艰难的任务。

二、计算机病毒的结构及工作原理

（一）计算机病毒的结构

要想了解计算机病毒的工作机理，首先要了解病毒的结构。计算机病毒在结构上有着共同性，一般由引导模块、感染模块、表现模块和破坏模块四部分组成，但并不是所有的病毒都必须包括这些模块。

1. 引导模块

引导模块是病毒的初始化部分，它随着宿主程序的执行而进入内存，为感染模块做准备。

2. 传染模块

传染模块的作用是将病毒代码复制到目标上去。一般病毒在对目标进行传染前，要先判断传染条件是否满足，判断病毒是否已经感染过该目标等。

3. 表现模块

这是病毒间差异最大的部分，前两部分是为这一部分服务的。它会破坏被感染系统或者在被感染系统的设备上表现出特定的现象。大部分病毒都是在一定条件下，才会触发其表现部分的。

4. 破坏模块

破坏模块在设计原则、工作原理上与感染模块基本相同。在触发条件满足的情况下，病毒对系统或磁盘上的文件进行破坏活动，这种破坏活动不一定都是删除磁盘文件，有的可能是显示一串无用的提示信息。有的病毒在发作时，会干扰系统或用户的正常工作。而有的病毒，一旦发作，则会造成系统死机或删除磁盘文件。新型的病毒发作还会造成网络的拥塞甚至瘫痪。

（二）计算机病毒的工作原理

计算机病毒的种类繁多，它们的具体工作原理也多种多样，这里只对几种常见的病毒工作原理进行剖析。

1. 引导型病毒的工作原理

引导型病毒传染的对象主要是软盘的引导扇区，硬盘的主引导扇区和引导扇区。因此，在系统启动时，这类病毒会优先于正常系统的引导将其自身装入到系统中，获得对系统的控制权。病毒程序在完成自身的安装后，再将系统的控制权交给真正的系统程序，完成系统的引导，但此时系统已处在病毒程序的控制之下。绝大多数病毒感染硬盘主引导扇区和软盘DOS引导扇区。

引导型病毒可传染主引导扇区和引导扇区，因此，引导型病毒可按寄生对象的不同分为主引导区病毒和引导区病毒。主引导区病毒又称为分区表病毒，将病毒寄生在硬盘分区主引导程序所占据的硬盘0磁头0柱面第1个扇区中。典型的病毒有“大麻”和“Bloody”等。引导区病毒是将病毒寄生在硬盘逻辑0扇区或软盘逻辑0扇区（即0面0道第1个扇区）。典型的病毒有“Brain”和“小球”病毒等。

引导型病毒还可以根据其存储方式分为覆盖型和转移型两种。覆盖型引导病毒在传染磁盘引导区时,病毒代码将直接覆盖正常引导记录。转移型引导病毒在传染磁盘引导区之前保留了原引导记录,并转移到磁盘的其他扇区,以备将来病毒初始化模块完成后仍然由原引导记录完成系统正常引导。绝大多数引导型病毒都是转移型的引导病毒。

2. 文件型病毒的工作原理

文件型病毒攻击的对象是可执行程序,病毒程序将自己附着或追加在后缀名为. exe 或. com 的可执行文件上。当被感染程序执行之后,病毒事先获得控制权,然后执行以下操作(具体某个病毒不一定要执行所有这些操作,操作的顺序也可能不一样)。

3. 宏病毒的工作原理

宏病毒是随着 Microsoft Office 软件的日益普及而流行起来的。为了减少用户的重复劳作,Office 提供了一种所谓宏的功能。利用这个功能,用户可以把一系列的操作记录下来,作为一个宏。之后只要运行这个宏,计算机就能自动地重复执行那些定义在宏中的所有操作。这就为病毒制造者提供了可乘之机。

宏病毒是一种专门感染 Office 系列文档的恶性病毒。当 Word 打开一个扩展名为. doc 的文件时,首先检查里面有没有模块/宏代码。如果有,则认为这不是普通的. doc 文件,而是一个模板文件。如果里面存在以 AUTO 开头的宏,则 Word 随后就会执行这些宏。

除了 Word 宏病毒外,还出现了感染 Excel、Access 的宏病毒。宏病毒还可以在它们之间进行交叉感染,并由 Word 感染 Windows 的 VxD。很多宏病毒具有隐形、变形能力,并具有对抗防病毒软件的能力。此外,宏病毒还可以通过电子邮件等进行传播。一些宏病毒已经不再在 File Save As 时暴露自己,并克服了语言版本的限制,可以隐藏在 RTF 格式的文档中。

4. 网络病毒的工作原理

为了容易理解,以典型的“远程探险者”病毒为例进行分析。“远程探险者”是真正的网络病毒,一方面它需要通过网络方可实施有效的传播;另一方面要想真正地攻入网络,本身必须具备系统管理员的权限,如果不具备此权限,则只能对当前被感染的主机中的文件和目录起作用。

该病毒仅在 Windows NT Server 和 Windows NT Workstation 平台上起作用,专门感染. exe 文件。Remote Explorer 的破坏作用主要表现为:加密某些类型的文件,使其不能再用,并且能够通过局域网或广域网进行传播。

当具有系统管理员权限的用户运行了被感染的文件后,该病毒将会作为一项 NT 的系统服务被自动加载到当前的系统中。为增强自身的隐蔽性,该系统服务会自动修改 Remote Explorer 在 NT 服务中的优先级,将自己的优先级在一定时间内设置为最低,而在其他时间则将自己的优先级提升一级,以便加快传染。

Remote Explorer 的传播无需普通用户的介入。该病毒侵入网络后,直接使用远程管理技术监视网络,查看域登录情况并自动搜集远程计算机中的数据,然后再利用所搜集的数据,将自身向网络中的其他计算机传播。由于系统管理员能够访问到所有远程共享资源,因此,具备同等权限的 Remote Explorer 也就能够感染网络环境中所有的 NT 服务器和工作站中的共享文件。

三、计算机病毒的检测与防治

(一)计算机病毒的检测依据

病毒检测是在特定的系统环境中,通过各种检测手段来识别病毒,并对可疑的异常情况进行报警。

1. 检查磁盘主引导扇区

硬盘的主引导扇区、分区表,以及文件分配表、文件目录区是病毒攻击的主要目标。

引导病毒主要攻击磁盘上的引导扇区。当发现系统有异常现象时,特别是当发现与系统引导信息有关的异常现象时,可通过检查主引导扇区的内容来诊断故障。方法是采用工具软件,将当前主引导扇区的内容与干净的备份相比较,若发现有异常,则很可能是感染了病毒。

2. 检查内存空间

计算机病毒在传染或执行时,必然要占据一定的内存空间,并驻留在内存中,等待时机再进行传染或攻击。病毒占用的内存空间一般是用户不能覆盖的。因此,可通过检查内存的大小和内存中的数据来判断是否有病毒。

虽然内存空间很大,但有些重要数据存放在固定的地点,可首先检查这些地方,如 BIOS、变量、设备驱动程序等是放在内存中的固定区域内。根据出现的故障,可检查对应的内存区以发现病毒的踪迹。

3. 检查 FAT 表

病毒隐藏在磁盘上,通常要对存放的位置做出坏簇信息标志反映在 FAT 表中。因此,可通过检查 FAT 表,看有无意外坏簇,来判断是否感染了病毒。

4. 检查可执行文件

检查. com 或. exe 文件的内容、长度、属性等,可判断是否感染了病毒。对于前附式. com 文件型病毒,主要感染文件的起始部分,一开始就是病毒代码;对于后附式. com 文件型病毒,虽然病毒代码在文件后部,但文件开始必有一条跳转指令,以使程序跳转到后部的病毒代码。对于. exe 文件型病毒,文件头部的程序入口指针一定会被改变。对可执行文件的检查主要查这些可疑文件的头部。

5. 检查特征串

一些经常出现的病毒,具有明显的特征,即有特殊的字符串。根据它们的特征,可通过工具软件检查、搜索,以确定病毒的存在和种类。

这种方法不仅可检查文件是否感染了病毒,并且可确定感染病毒的种类,从而能有效地清除病毒。但缺点是只能检查和发现已知的病毒,不能检查新出现的病毒,而且由于病毒不断变形、更新,老病毒也会以新面孔出现。因此,病毒特征数据库和检查软件也要不断更新版本,才能满足使用需要。

6. 检查中断向量

计算机病毒平时隐藏在磁盘上,在系统启动后,随系统或随调用的可执行文件进入内存并驻留下来,一旦时机成熟,它就开始发起攻击。病毒隐藏和激活一般是采用中断的方法,即修改中断向量,使系统在适当时候转向执行病毒代码。病毒代码执行完后,再转回到原中断处理程序执行。因此,可通过检查中断向量有无变化来确定是否感染了病毒。

(二)计算机病毒的检测手段

计算机病毒的检测技术是指通过一定的技术手段判定计算机病毒的一门技术。现在判定计算机病毒的手段主要有两种:一种是根据计算机病毒特征来进行判断,如病毒特殊程序段内容、关键字,特殊行为及传染方式;另一种是对文件或数据段进行校验和计算,保存结果,定期和不定期地根据保存结果对该文件或数据段进行校验来判定。总的来说,常用的检测病毒方法有特征代码法、校验和法、行为监测法、软件模拟法和病毒指令码模拟法。这些方法依据的原理不同,实现时所需开销不同,检测范围不同,各有所长。

1. 特征代码法

一般的计算机病毒本身存在其特有的一段或一些代码,这是因为病毒要表现和破坏,操作的代码是各病毒程序所不同的。所以早期的 SCAN 与 CPAV 等著名病毒检测工具均使用了特征代码法。它是检测已知病毒的最简单和开销最小的方法。

特征代码法的实现步骤如下:

(1)采集已知病毒样本。病毒如果既感染. com 文件,又感染. exe 文件,对这种病毒要同时采集 COM 型病毒样本和 EXE 型病毒样本。

(2)在病毒样本中,抽取特征代码。选好特征代码是扫描程序的精华所在。首先,抽取的病毒特征代码应是该病毒最具代表性的与最特殊的代码串;其次,要注意所选择的特征代码应在不同的环境中都能将所对应的病毒检查出来。另外,抽取的代码要有适当长度,既要维持特征代码的唯一性,又要有使抽取的特征代码长度尽量短。

(3)将特征代码纳入病毒数据库。

(4)打开被检测文件,在文件中搜索,检查文件中是否含有病毒数据库中的病毒特征代码。如果发现病毒特征代码,由于特征代码与病毒一一对应,便可以断定,被查文件中染有何种病毒。

因此,一般使用特征代码法的扫描软件都由两部分组成:一部分是病毒特征代码数据库;另一部分是利用该代码数据库进行检测的扫描程序。

特征代码法的优点如下:检测准确快速,可识别病毒的名称,误报警率低,依据检测结果可做解毒处理。

病毒特征代码法的缺点如下:

(1)不能检测未知病毒。对从未见过的新病毒,无法知道其特征代码,因而无法去检测这些新病毒,必须不断更新版本,否则检测工具便会老化,逐渐失去实用价值。

(2)不能检查多态性病毒。特征代码法是不可能检测多态性病毒的。国外专家认为多态性病毒是病毒特征代码法的索命者。

(3)不能对付隐蔽性病毒。隐蔽性病毒如果先进驻内存,后运行病毒检测工具,隐蔽性病毒能先于检测工具,将被查文件中的病毒代码剥去,使检测工具检查一个虚假的"好文件",而不能报警,被隐蔽性病毒所蒙骗。

(4)随着病毒种类的增多,逐一检查和搜集已知病毒的特征代码,不仅费用开销大,而且在网络上运行效率低,影响此类工具的实用性。

2. 校验和法

将正常文件的内容,计算其校验和,将该校验和写入文件中或写入别的文件中保存。在文件使用过程中,定期地或每次使用文件前,检查文件现在内容算出的校验和与原来保存的校验和是否一致,因而可以发现文件是否感染,这种方法称为校验和法,它既可发现已知病毒,又可发现未知病毒。在 SCAN 和 CPAV 工具的后期版本中除了病毒特征代码法之外,也纳入校验和法,以提闻其检测能力。

运用校验和法查病毒采用以下三种方式。

(1)在检测病毒工具中纳入校验和法,对被查的对象文件计算其正常状态的校验和将校验和值写入被查文件中或检测工具中,而后进行比较。

(2)在应用程序中,放入校验和法自我检查功能,将文件正常状态的校验和写入文件本身中,每当应用程序启动时,比较现行校验和与原校验和值,实现应用程序的自检测。

(3)将校验和检查程序常驻内存,每当应用程序开始运行时,自动比较检查应用程序内部或别的文件中预先保存的校验和。

但是,这种方法不能识别病毒类,不能报出病毒名称。由于病毒感染并非文件内容改变的唯一原因,文件内容的改变有可能是正常程序引起的,因此,校验和法常常误报警。而且此种方法也会影响文件的运行速度。

病毒感染的确会引起文件内容变化,但是校验和法对文件内容的变化太敏感,又不能区分正常程序引起的变动,而频繁报警。用监视文件的校验和来检测病毒,不是最好的方法。

这种方法遇到已有软件版本更新、变更口令、修改运行参数等,都会发生误报警。

校验和法对隐蔽性病毒无效。隐蔽性病毒进驻内存后,会自动剥去染毒程序中的病毒代码,使校验和法受骗,对一个有病毒文件算出正常校验和。

因此,校验和法的优点是:方法简单能发现未知病毒、被查文件的细微变化也能发现。缺点是:会误报警、不能识别病毒名称、不能对付隐蔽性病毒。

3. 行为监测法

行为监测法是常用的行为判定技术,其工作原理是利用病毒的特有行为特征进行检测,一旦发现病毒行为则立即警报。经过对病毒多年的观察和研究,人们发现病毒的一些行为是病毒的共同行为,而且比较特殊。在正常程序中,这些行为比较罕见。监测病毒的行为特征如下:

(1)占用 INT 13H。引导型病毒攻击引导扇区后,一般都会占用 INT 13H 功能,在其中放置病毒所需的代码,因为其他系统功能还未设置好,无法利用。

(2)修改 DOS 系统数据区的内存总量。病毒常驻内存后,为了防止 DOS 系统将其覆盖,必须修改内存总量。

(3)向.com 和.exe 可执行文件做写入动作。写.com 和.exe 文件是文件型病毒的主要感染途径之一。

(4)病毒程序与宿主程序的切换。染毒程序运行时,先运行病毒,而后执行宿主程序。在两者切换时,有许多特征行为。

行为监测法的长处在于可以相当准确地预报未知的多数病毒,但也有其短处,即可能虚假报警和不能识别病毒名称,而且实现起来有一定难度。

4. 软件模拟法

多态性病毒每次感染都变化其病毒密码,对付这种病毒,特征代码法失效。因为多态性病毒代码实施密码化,而且每次所用密钥不同,把染毒的病毒代码相互比较,也无法找出相同的可能作为特征的稳定代码。虽然行为检测法可以检测多态性病毒,但是在检测出病毒后,因为不知病毒的种类,难于进行消毒处理。

为了检测多态性病毒,可应用新的检测方法——软件模拟法。它是一种软件分析器,用软件方法来模拟和分析程序的运行。

新型检测工具纳入了软件模拟法,该类工具开始运行时,使用特征代码法检测病毒,如果发现隐蔽性病毒或多态性病毒嫌疑时,启动软件模拟模块,监视病毒的运行,待病毒自身的密码译码以后,再运用特征代码法来识别病毒的种类。

5. 病毒指令码模拟法

病毒指令码模拟法是软件模拟法后的一大技术上的突破。既然软件模拟可以建立一个保护模式下的 DOS 虚拟机,模拟 CPU 的动作,并假执行程序以解开变体引擎病毒,那么应用类似的技术也可以用来分析一般程序,检查可疑的病毒代码。因此,可将工程师用来判断程序是否有病毒代码存在的方法,分析和归纳为专家系统知识库,再利用软件工程模拟技术假执行新的病毒,则可分析出新的病毒代码以对付以后的病毒。

不管采用哪种检测方法,一旦病毒被识别出来,就可以采取相应措施,阻止病毒的下列行为:进入系统内存、对磁盘操作尤其是写操作、进行网络通信与外界交换信息。一方面防止外界病毒向机内传染,另一方面抑制机内病毒向外传播。

(三)计算机病毒的预防准则

从计算机病毒对抗的角度来看,病毒预防必须具备以下准则。

1. 拒绝访问能力

来历不明的尤其是通过网络传过来的各种应用软件,不得进入计算机系统。因为它是计算机病毒的重要载体。

2. 病毒检测能力

计算机病毒总是有机会进入系统,因此,系统中应设置检测病毒的机制来阻止外来病毒的侵犯。除了检测已知的计算机病毒外,能否检测未知病毒(包括已知行为模式的未知病毒和未知行为模式的未知病毒)也是衡量病毒检测能力的一个重要指标。

3. 控制病毒传播的能力

目前,还没有一种方法能检测出所有的病毒,更不可能检测出所有未知病毒,因此,计算机被病毒感染的风险性极大。关键是一旦病毒进入了系统,系统应该具有阻止病毒到处传播的能力和手段。因此,一个健全的信息系统必须要有控制病毒传播的能力。

4. 清除能力

如果病毒突破了系统的防护,即使控制了它的传播,也要有相应的措施将它清除掉。对于已知病毒,可以使用专用病毒清除软件。对于未知类病毒,在发现后使用软件工具对它进行分析,并尽快编写出杀毒软件。当然,如果有后备文件,也可使用它直接覆盖受感染文件,但一定要查清楚病毒的来源,防止再次感染病毒。

5. 恢复能力

在病毒波清除以前,它就已经破坏了系统中的数据,这是非常可怕但又很可能发生的事件。因此,系统应提供一种高效的方法来恢复这些数据,使数据损失尽量减到最小。

6. 替代操作

可能会遇到这种情况:当发生问题时,手头又没有可用的技术来解决问题,但是任务又必须继续执行下去。为了解决这种窘况,系统应该提供一种替代操作方案:在系统未恢复前用替代系统工作,等问题解决以后再换回来。这一准则对于战时的军事系统是必须的。

(四)计算机病毒的预防策略

1. 提高防毒意识

通过采取技术和管理上的措施,计算机病毒是完全可以防范的。由于计算机病毒的传播方式多种多样,又通常具有一定的隐蔽性,因此,只有在思想上有反病毒的警惕性,依靠反病毒技术和管理措施,才能真正起到对计算机病毒的防范作用。在计算机的使用过程中应注意以下几点:

(1)不要在互联网上随意下载软件,也不要使用盗版或来历不明的软件。

(2)安装正版防病毒软件,并及时升级杀病毒软件。

(3)养成经常用杀毒软件检查硬盘、外来文件和每一张外来盘的良好习惯。

(4)对于陌生人发来的电子邮件,附件不要轻易打开。

(5)订阅防病毒软件生产商网站提供的电子邮件病毒通知服务。

(6)尽量安装防火墙实时监控防病毒软件,并不要取消监视下载的功能,让防病毒软件自动运行。

(7)共享文件设置密码,一旦不需要共享应立即关闭共享,避免自由地访问共享文件。

(8)随时注意计算机的各种异常现象,一旦发现,应立即用杀毒软件仔细检查。并及时将可疑文件提交专业反病毒公司进行确认。

(9)定期备份。主要是硬盘引导区及重要的数据文件等。

2. 立足网络,以防为本

网络化是计算机病毒的发展趋势,对待病毒应该以防为本,从网络整体考虑。防毒应该是网络应用的一部分,建立以企业网络管理中心为核心的、分布式的防毒方案,形成完整的预防、检查、报警、处理和修复体系。

3. 多层防御

多层防御体系将病毒检测、多层数据保护和集中式管理功能集成起来,提供全面的病毒防护功能,以保证“治疗”病毒的效果。病毒检测一直是病毒防护的支柱,多层次防御软件使用了实时扫描、完整性保护、完整性检验 3 层保护功能。

(1)后台实时扫描驱动器能对未知的病毒包括多态性病毒和加密病毒进行连续的检测。它能对 E - mail 附件部分、下载的 Internet 文件(包括压缩文件)软盘及正在打开的文件进行实时的扫描检验。扫描驱动器能阻止已被感染过的文件拷贝到服务器或工作站上。

(2)完整性保护可阻止病毒从一个受感染的工作站扩散到服务器。完整性保护不只是病毒检测,实际上它能制止病毒以可执行文件的方式感染和传播,也能防止与未知病毒感染有关的文件崩溃等。

(3)完整性检验使用系统无需冗余的扫描并且能提高实时检验的性能。

4. 与网络管理集成

网络防病毒最大的优势在于网络的管理功能,如果没有网络管理,就很难完成网络防毒的任务。只有管理与防范相结合,才能保证系统的良好运行。管理功能就是管理全部的网络设备,从路由器、交换机、服务器到 PC、软盘的存取、局域网上的信息互通及与 Internet 的接驳等。

5. 在网关、服务器上防御

大量的病毒针对网上资源的应用程序进行攻击,这样的病毒存在于信息共享的网络介质上,因而要在网关上设防,在网络前端实时杀毒。防范手段应集中在网络整体上,在个人计算机的硬件和软件、服务器、网关、Web 站点上层层设防,对每种病毒都实行隔离、过滤。

(五)计算机病毒的清除

计算机病毒的消除过程是病毒传染程序的一种逆过程。从原理上讲,只要病毒不进行破坏性的覆盖式写盘操作,就可以被清除出计算机系统。

计算机病毒的消除技术是计算机病毒检测技术发展的必然结果,它是计算机病毒检测的延伸,病毒消除是在检测发现特定的计算机病毒基础上,根据具体病毒的消除方法从传染的程序中除去计算机病毒代码并恢复文件的原有结构信息。因此,安全与稳定的计算机病毒清除工作完全基于准确与可靠的病毒检测工作。

目前,流行的反病毒软件大都具有比较专业的病毒检测和病毒的清除技术,因此,使用反病毒软件是一种高效、安全和方便的清除方法,也是一般计算机用户的首选方法。

1. 计算机病毒的清除方法

(1)引导型病毒的清除。引导型病毒的物理载体是磁盘,主要包括硬盘、系统软盘和数据软盘。根据感染和破坏部位的不同,可以按以下方法进行修复:

修复染毒的硬盘。硬盘中操作系统的引导扇区包括第一物理扇区和第一逻辑扇区。硬盘第一物理扇区存放的数据是主引导记录(MBR),MBR 包含表明硬件类型和分区信息的数据。硬盘第一逻辑扇区存放的数据是分区引导记录。主引导记录和分区引导记录都有感染病毒的可能性。重新格式化硬盘可以清除分区引导记录中病毒,却不能清除主引导记录中的病毒。修复染毒的主引导记录的有效途径是使用 FDISK 这种低级格式化工具,输入 FDISK/MBR,便会重新写入主引导记录,覆盖掉其中的病毒。

修复染毒的系统软盘。找一台同样操作系统的未染毒的计算机,把染毒的系统软盘插入软盘驱动器中,从硬盘执行可以对软盘重新写入系统的命令,例如,DOS 系统情况下的 SYSA:命令。这样软盘上的系统文件就会被重新安装,并且覆盖引导扇区中染毒的内容,从而恢复成为干净的系统软盘。

修复染毒的数据软盘。把染毒的数据软盘插入一台未染毒的计算机中,把所有文件从软盘复制到硬盘的一个临时目录中,用系统磁盘格式化命令,例如,DOS 系统情况下的 FORMATA:/U 命令,无条件重新格式化软盘,这样软盘的引导扇区会被重写,从而清除其中的病毒。然后把所有文件备份复制回到软盘。

以上均是采用人工方法清除引导型病毒。人工方法要求操作者对系统十分熟悉,且操作复杂,容易出错,有一定的危险性,一旦操作不慎就会导致意想不到的后果。这种方法常用于消除自动方法无法消除的新病毒。

(2)文件型病毒的清除。文件型病毒的载体是计算机文件,包括可执行的程序文件和含有宏命令的数据文件。

除了覆盖型的文件型病毒之外,其他感染 COM 型和 EXE 型的文件型病毒都可以被清除干净。因为病毒是在保持原文件功能的基础上进行传染的,既然病毒能在内存中恢复被感染文件的代码并予以执行,则也可以依照病毒的方法进行传染的逆过程,将病毒清除出被感染文件,并保持其原来的功能。对覆盖型的文件则只能将其彻底删除,而没有挽救原来文件的余地。

如果已中毒的文件有备份,则把备份的文件直接拷贝回去就可以了。如果没有备份,但执行文件有免疫疫苗,遇到病毒的时候,程序可以自行复原;如果文件没有加上任何防护,就只能靠解毒软件来清除病毒,不过用杀毒软件来清除病毒并不能保证文件能够完全复原,有时候可能会越杀越糟,杀毒之后文件反而不能执行。因此,用户必须平时勤备份自己的资料。

(3)宏病毒的清除。宏病毒是一种文件型病毒,其载体是含有宏命令的和数据文件——文档或模版。

手工清除方法为:在空文档的情况下,打开宏菜单,在通用模板中删除被认为是病毒的宏,打开带有宏病毒的文档或模板,然后打开宏菜单,在通用模板和定制模板中删除认为是病毒的宏。保存清洁的文档或模板。

自动清除方法为:用 WordBasic 语言以 Word 模板方式编制杀毒工具,在 Word 环境中杀毒。这种方法杀毒准确,兼容性好。根据 WordBFF 格式,在 Word 环境外解剖病毒文档或模板,去掉病毒宏。由于各个版本的 WordBFF 格式都不完全兼容,每次 Word 升级它也必须跟着升级,兼容性不太好。

2. 染毒后的紧急处理

当系统感染病毒后,可采取以下措施进行紧急处理,以恢复系统或受损部分。

(1)隔离。当计算机感染病毒后,可将其与其他计算机进行隔离,避免相互复制和通信。当网络中某节点感染病毒后,网络管理员必须立即切断该节点与网络的连接,以避免病毒扩散到整个网络。

(2)报警。病毒感染点被隔离后,要立即向网络系统安全管理人员报警。

(3)查毒源。接到报警后,系统安全管理人员可使用相应的防病毒系统鉴别受感染的机器和用户,检查那些经常引起病毒感染的节点和用户,并查找病毒的来源。

(4)采取应对方法和对策。系统安全管理人员要对病毒的破坏程度进行分析检查,并根据需要采取有效的病毒清除方法和对策。如果被感染的大部分是系统文件和应用程序文件,且感染程度较深,则可采取重装系统的方法来清除病毒;如果感染的是关键数据文件,或破坏较为严重,则可请防病毒专家进行清除病毒和恢复数据的工作。

(5)修复前备份数据。在对病毒进行清除前,尽可能将重要的数据文件备份,以防在使用防病毒软件或其他清除工具查杀病毒时,破坏重要数据文件。

(6)清除病毒。重要数据备份后,运行查杀病毒软件,并对相关系统进行扫描。发现有病毒,立即清除。如果可执行文件中的病毒不能清除,应将其删除,然后再安装相应的程序。

(7)重启和恢复。病毒被清除后,重新启动计算机,再次用防病毒软件检测系统中是否还有病毒,并将被破坏的数据进行恢复。

第三节 防火墙技术

一、防火墙概述

(一)防火墙的定义及其组成

防火墙是指在内部网络与外部网络之间执行一定安全策略的安全防护系统。它是用一个或一组网络设备(计算机系统或路由器等),在两个网络之间执行控制策略的系统,以保护一个网络不受另一个网络攻击的安全技术。

防火墙的组成可以表示为:防火墙 = 过滤器 + 安全策略(+ 网关)。它可以监测、限制、更改进出网络的数据流,尽可能地对外部屏蔽被保护网络内部的信息、结构和运行状况,以此来实现网络的安全保护。防火墙的设计和应用是基于这样一种假设:防火墙保护的内部网络是可信赖的网络,而外部网络(如 Internet)则是不可信赖的网络。设置防火墙的目的是保护内部网络资源不被外部非授权用户使用,防止内部受到外部非法用户的攻击。因此,防火墙安装的位置一定是在内部网络与外部网络之间,其结构如图 6-2 所示。

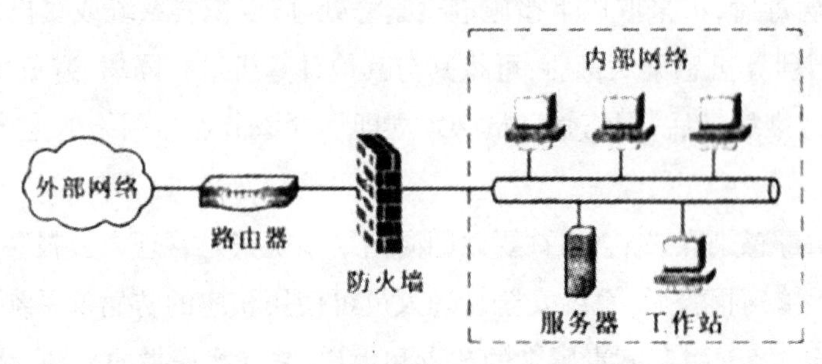

图 6-2 防火墙在网络中的位置

防火墙是一种非常有效的网络安全技术,也是一种访问控制机制、安全策略和防入侵措施。从网络安全的角度看,对网络资源的非法使用和对网络系统的破坏必然要以"合法"的网络用户身份,通过伪造正常的网络服务请求数据包的方式来进行。如果没有防火墙隔离内部网络与外部网络,内部网络的节点都会直接暴露给外部网络的所有主机,这样它们就会很容易遭受到外部非法用户的攻击。防火墙通过检查所有进出内部网络的数据包,来检查数据包的合法性,判断是否会对网络安全构成威胁,从而完成仅让安全、核准的数据包进入,同时又抵制对内部网络构成威胁的数据包进入。因此,犹如城门守卫一样,防火墙为内部网络建立了一个安全边界。

从狭义上讲,防火墙是指安装了防火墙软件的主机或路由器系统;从广义上讲,防火墙包括整个网络的安全策略和安全行为,还包含一对矛盾的机制:一方面它限制数据流通,另一方面它又允许数据流通。由于网络的管理机制及安全政策不同,因此,这对矛盾呈现出两种极端的情形:第一种是除了非允许不可的都被禁止,第二种是除了非禁止不可的都被允许。第一种的特点是安全但不好用,第二种是好用但不安全,而多数防火墙都是这两种情形的折中。这里所谓的好用或不好用主要指跨越防火墙的访问效率,在确保防火墙安全或比较安全的前提下提高访问效率是当前防火墙技术研究和实现的热点。

(二)防火墙的功能

作为网络安全的第一道防线,防火墙的主要功能如下所示。

1. 访问控制功能

这是防火墙最基本和最重要的功能,通过禁止或允许特定用户访问特定资源,保护内部网络的资源和数据。防火墙定义了单一阻塞点,它使得未授权的用户无法进入网络,禁止了潜在的、易受攻击的服务进入或是离开网络。

2. 内容控制功能

根据数据内容进行控制,例如,过滤垃圾邮件、限制外部只能访问本地 Web 服务器的部分功能等。

3. 日志功能

防火墙需要完整地记录网络访问的情况,包括进出内部网的访问。一旦网络发生了入侵或者遭到破坏,可以对日志进行审计和查询,查明事实。

4. 集中管理功能

针对不同的网络情况和安全需要,指定不同的安全策略,在防火墙上集中实施,使用中还可能根据情况改变安全策略。防火墙应该是易于集中管理的,便于管理员方便地实施安全策略。

5. 自身安全和可用性

防火墙要保证自己的安全,不被非法侵入,保证正常地工作。如果防火墙被侵入,安全策略被破坏,则内部网络就变得不安全。防火墙要保证可用性,否则网络就会中断,内部网的计算机无法访问外部网的资源。

此外,防火墙还可能具有流量控制、网络地址转换(NAT)、虚拟专用网(VPN)等功能。

(三)防火墙的发展趋势

鉴于 Internet 技术的快速发展,可以从产品功能上对防火墙产品进行初步展望,未来的防火墙技术应该是会全面考虑网络的安全、操作系统的安全、应用程序的安全、用户的安全以及数据安全等方面的内容。可能会结合一些网络前沿技术,如 Web 页面超高速缓存、虚拟网络和带宽管理等。总的来说应该有以下发展趋势:

1. 优良的性能

未来的防火墙系统不仅应该能够更好地保护内部网络的安全,而且还应该具有更为优良的整体性能。

目前而言,代理型防火墙能够提供较高级别的安全保护,但同时又限制了网络带宽,极大地制约了其实际应用。而支持 NAT 功能的防火墙产品虽然可以保护的内部网络的 IP 地址不暴露给外部网络,但该功能同时也对防火墙的系统性能有所影响等。总之,未来的防火墙系统将会有机结合高速的性能及最大限度的安全性,有效地消除制约传统防火墙的性能瓶。

2. 安装与管理便捷

防火墙产品的配置与管理,对于防火墙成功实施并发挥作用是很重要的因素之一。若防火墙的配置和管理过于困难,则可能会造成设定上的错误,反而不能达到安全防护的作用。

未来的防火墙将具有非常易于进行配置的图形用户界面,NT 防火墙市场的发展充分证明了这种趋势。

3. 充分的扩展结构和功能

防火墙除了应考虑其基本性能外,还应考虑用户的实际需求与未来网络的升级扩展。未来的防火墙系统应是一个可随意伸缩的模块化解决方案。传统防火墙一般都设置在网络的边界位置,如内部网络的边界或内部子网的边界,以数据流进行分隔,形成安全管理区域。这种设计的最大问题是,恶意攻击的发起不仅来自于外网,内网环境同样存在着很多安全隐患,而对于内部的安全隐患,利用边界式防火墙来处理就比较困难,所以现在越来越多的防火墙产品也开始体现出一种分布式结构。以分布式结构设计的防火墙,以网络节点为保护对象,可以最大限度地覆盖需要保护的对象,大大提升安全防护强度,这不仅仅是单纯的产品形式的变化,而是象征着防火墙产品防御理念的升华。

4. 防病毒与黑客

目前很多防火墙都具有内置的防病毒与防黑客的功能。防火墙技术下一步的走向和选择,也可能会包含以下几个方面。

(1)将检测和报警网络攻击作为防火墙的重要功能之一。

(2)不断完善安全管理工具,集成可疑活动的日志分析工具为防火墙的一个组成部分。

(3)防火墙将从目前对子网或内部网络管理的方式向远程上网集中管理的方式发展。

(4)利用防火墙建立专用网 VPN 是较长一段时间的主流,IP 的加密需求会越来越强,安全协议的开发是一大热点。

(5)过滤深度不断加强,从目前的地址、服务过滤,发展到 URL(页面)过滤、关键字过滤和对 ActiveX、Java 小应用程序等的过滤,并逐渐有病毒清除功能。

伴随计算机技术的发展和网络应用的普及,防火墙作为维护网络安全的关键设备,在目前的网络安全的防范体系中,占据着重要地位。多功能、高安全性的防火墙可以让用户网络更加无忧,但前提是要确保网络的运行效率,因此,在防火墙发展过程中,必须始终将高性能放在主要位置。

由于计算机网络发展的迅猛和防火墙产品的更新迅速,要全面展望防火墙技术的发展几乎是不可能的,以上的发展方向,只是防火墙众多发展方向中的一部分,随着新技术和新应用的出现,防火墙必将出现更多新的发展趋势。

二、防火墙的体系结构

防火墙的经典体系结构主要有 3 种形式,即宿主主机体系结构、屏蔽主机体系结构和屏蔽子网体系结构。

(一)双宿主机体系结构

双宿主机结构需要在用作防火墙的主机上插入两块网卡,即具有两个网络接口,位于内部网络与 Internet 连接处,在双宿主机上安装防火墙应用程序,构成代理服务器防火墙,可以使用包过滤技术和应用代理技术。在双宿主机的位置一般放置路由器,构成由单个路由器组成的包过滤防火墙,如图 6-3 所示。

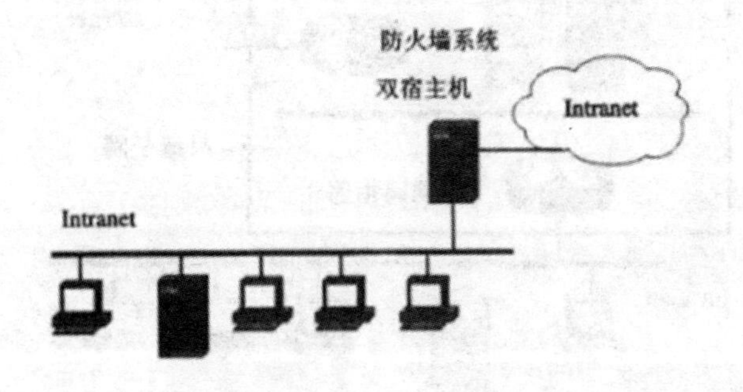

图 6-3　双宿主机防火墙

（二）屏蔽主机体系结构

屏蔽主机结构由屏蔽路由器与壁垒主机构成，屏蔽路由器位于内部网络与 Internet 连接处，提供主要的安全功能，在网络层次化结构中基于第三层实现包过滤。壁垒主机位于内部网络之上，主要提供面向应用的服务，基于网络层次化结构的最高层应用层实现应用过滤。

屏蔽路由器使用包过滤技术，只允许壁垒主机与外部网络通信，内部网络上的其他主机必须通过壁垒主机才能与外部网络通信。壁垒主机结构的防火墙如图 6－4 所示。

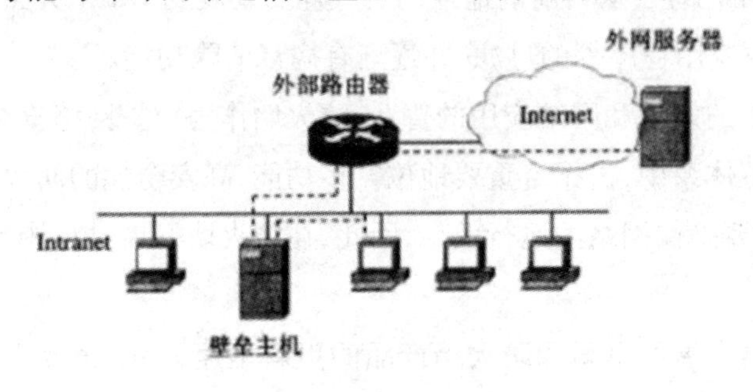

图 6－4　屏蔽主机防火墙

（三）屏蔽子网体系结构

屏蔽子网结构是在屏蔽主机的结构上，增加一个周边防御网段，进一步隔离内部网络和外部网络。周边防御网段所构成的安全网称为“停火区”（Demilitarized Zone，DMZ），这一网段所受到的安全威胁不会影响到内部网络。跨越防火墙的数据需要经过外部屏蔽路由器、壁垒主机、内部网络路由器。

在两个路由器上可以设置过滤规则，壁垒主机运行代理服务程序，企业对外的信息服务（如 WWW 服务器、FTP 服务器等）可以在停火区内，屏蔽子网结构的防火墙结构如图 6－5 所示。

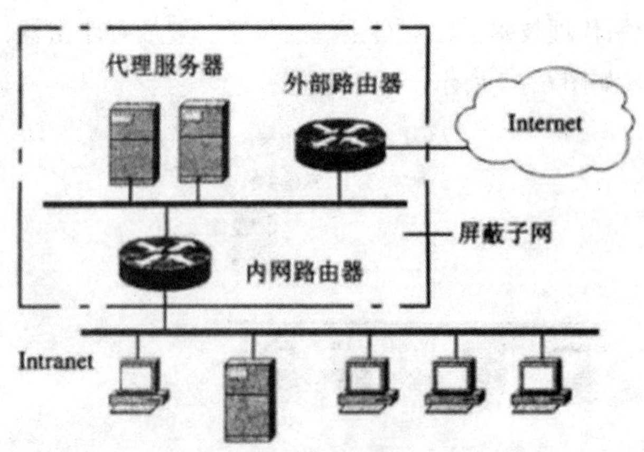

图 6－5　屏蔽子网防火墙

三、防火墙的主要技术

包过滤技术

(一)包过滤原理

包过滤(Packet Filtering,PF)是防火墙为系统提供安全保障的主要技术,可在网络层对进出网络的数据包进行有选择的控制与操作。包过滤操作一般都是在选择路由的同时,在网络层对数据包进行选择或过滤。

选择的依据是系统内设置的过滤逻辑,即访问控制表(Access Control Table,ACT)。由它指定允许哪些类型的数据包可以流入或流出内部网络。例如,如果防火墙中设定某一 IP 地址的站点为不适宜访问的站点,则从该站点地址来的所有信息都会被防火墙过滤掉。一般过滤规则是以 IP 数据包信息为基础,对 IP 数据包的源地址、目的地址、传输方向、分包、IP 数据包封装协议(例如,TCP/UDP/ICMP)、TCP/UDP 目标端口号等进行筛选、过滤。

包过滤技术是一种网络安全保护机制,可以用来控制流出和流入网络的数据。它有选择地让数据包在内部网络与外部网络之间进行交换,即根据内部网络的安全规则允许某些数据包通过,同时又阻止某些数据包通过。它通过检查数据流中每个数据包的源地址、目的地址、所用的端口号、协议状态等因素,或它们的组合,决定该 IP 数据包是否要进行拦截还是给予放行。这样可以有效地防止恶意用户利用不安全的服务对内部网进行攻击。

包过滤防火墙要遵循的一条基本原则就是"最小特权原则",即明确允许管理员希望通过的那些数据包,禁止其他的数据包。

(二)包过滤模型

包过滤防火墙的核心是包检查模块。包检查模块深入到操作系统的核心,在操作系统或路由器转发包之前拦截所有的数据包。当把包过滤防火墙安装在网关上之后,包过滤检查模块深入到系统的传输层和网络层之间,即 TCP 层和 IP 层之间,在操作系统或路由器的 TCP 层对 1P 包处理以前对 IP 包进行处理。在实际应用中,数据链路层主要由网络适配器(NIC)进行实现,网络层是软件实现的第一层协议堆栈,因此,防火墙位于软件层次的最底层,包过滤模型如图 6－6 所示。

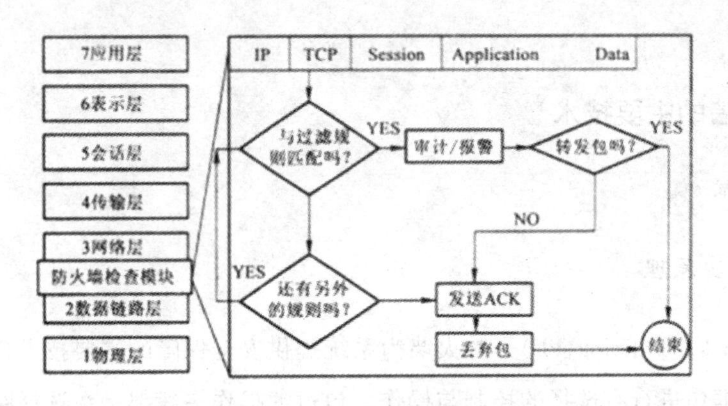

图6－6　包过滤模型

通过检查模块,防火墙能拦截和检查所有流出和流入防火墙的数据包。防火墙检查模块首先验证这个包是否符合过滤规则,不管是否符合过滤规则,防火墙一般都要记录数据包情况,不符合规则的包要进行报警或通知管理员。对被防火墙过滤或丢弃的数据包,防火墙可以给数据的发送方返回一个ICMP消息,也可以不返回,这要取决于包过滤防火墙的策略。如果都返回一个ICMP消息,攻击者可能会根据拒绝包的ICMP类型猜测包过滤规则的细节,因此,对于是否返回一个ICMP消息给数据包的发送者需要慎重。

(三)包过滤技术的优点

包过滤防火墙逻辑简单,价格低廉,易于安装和使用,网络性能和透明性好。它通常安装在路由器上,而路由器是内部网络与Internet连接必不可少的设备,因此,在原有网络上增加这样的防火墙几乎不需要任何额外的费用。包过滤防火墙的优点主要体现在以下几个方面。

1.不用改动应用程序。包过滤防火墙不用改动客户机和主机上的应用程序,因为它工作在网络层和传输层,与应用层无关。

2.一个过滤路由器能协助保护整个网络。包过滤防火墙的主要优点之一,是一个单个的、恰当放置的包过滤路由器,有助于保护整个网络。如果仅有一个路由器连接内部与外部网络,则不论内部网络的大小、内部拓扑结构如何,通过那个路由器进行数据包过滤,在网络安全保护上就能取得较好的效果。

3.数据包过滤对用户透明。数据包过滤是在IP层实现的,Internet用户根本感觉不到它的存在;包过滤不要求任何自定义软件或者客户机配置;它也不要求用户经过任何特殊的训练或者操作,使用起来很方便。

4.过滤路由器速度快、效率高。过滤路由器只检查报头相应的字段,一般不查看数据包的内容,而且某些核心部分是由专用硬件实现的,因此,其转发速度快、效率较高。

总之,包过滤技术是一种通用、廉价、有效的安全手段。通用,是因为它不针对各个具体的网络服务采取特殊的处理方式,而是对各种网络服务都通用;廉价,是因为大多数路由器都提供分组过滤功能,不用再增加更多的硬件和软件;有效,是因为它能在很大程度上满足企业的安全要求。

(四)包过滤技术的缺点

虽然包过滤技术是一种通用、廉价、有效的安全手段,许多路由器都可以充当包过滤防火墙,满足一般的安全性要求,但是它也有一些缺点及局限性。

1. 不能彻底防止地址欺骗。大多数包过滤路由器都是基于源 IP 地址和目的 IP 地址而进行过滤的。而数据包的源地址、目的地址及 IP 的端口号都在数据包的头部,很有可能被窃听或假冒,如果攻击者把自己主机的 IP 地址设成一个合法主机的 IP 地址,就可以很轻易地通过报文过滤器。因此,包过滤最主要的弱点是不能在用户级别上进行过滤,即不能识别不同的用户和防止 IP 地址的盗用。

2. 无法执行某些安全策略。有些安全规则是难于用包过滤系统来实施的。例如,在数据包中只有来自于某台主机的信息而无来自于某个用户的信息,因为包的报头信息只能说明数据包来自什么主机,而不是什么用户,如果要过滤用户就不能用包过滤。又如,数据包只说明到什么端口,而不是到什么应用程序,这就存在着很大的安全隐患和管理控制漏洞。因此,数据包过滤路由器上的信息不能完全满足用户对安全策略的需求。

3. 安全性较差。过滤判别的只有网络层和传输层的有限信息,因而各种安全要求不可能充分满足;在许多过滤器中,过滤规则的数目是有限制的,且随着规则数目的增加,性能会受到很大的影响;由于缺少上下文关联信息,因此,不能有效地过滤如 UDP、RPC 一类的协议;非法访问一旦突破防火墙,即可对主机上的软件和配置漏洞进行攻击;大多数过滤器中缺少审计和报警机制,通常没有用户的使用 E 录,这样,管理员就不能从访问记录中发现黑客的攻击记录,而攻击一个单纯的包过滤式的防火墙对黑客来说是比较容易的,因为他们在这一方面已经积累了大量的经验。

4. 管理功能弱。数据包过滤规则难以配置,管理方式和用户界面较差;对安全管理人员素质要求高;建立安全规则时,必须对协议本身及其在不同应用程序中的作用有较深入的理解。

5. 一些应用协议不适合于数据包过滤。即使在系统中安装了比较完善的包过滤系统,也会发现对有些协议使用包过滤方式不太合适。例如,对 UNIX 的 r 系列命令和类似于 NFS 协议的 RPC,用包过滤系统就不太合适。

从以上的分析可以看出,包过滤防火墙技术虽然能确保一定的安全保护,且也有许多优点,但是包过滤毕竟是早期防火墙技术,本身存在较多缺陷,不能提供较高的安全性。因此,在实际应用中,很少把包过滤技术作为单独的安全解决方案,通常是把它与应用网关配合使用或与其他防火墙技术揉合在一起使用,共同组成防火墙系统。

（二）代理服务技术

代理服务(Proxy)技术是一种较新型的防火墙技术,它分为应用层网关和电路层网关。

1. 代理服务原理

代理服务器是指代表客户处理连接请求的程序。当代理服务器得到一个客户的连接意图时,它将核实客户请求,并用特定的安全化的 Proxy 应用程序来处理连接请求,将处理后的请求传递到真实的服务器上,然后接受服务器应答,并进行进一步处理后,将答复交给发出请求的最终客户。代理服务器在外部网络向内部网络申请服务时发挥了中间转接和隔离内、外部网络的作用,因此,又称为代理防火墙。

代理防火墙工作于应用层,且针对特定的应用层协议。代理防火墙通过编程来弄清用户应用层的流量,并能在用户层和应用协议层间提供访问控制;而且还可用来保持一个所有应用程序使用的记录。记录和控制所有进出流量的能力是应用层网关的主要优点之一。代理防火墙的工作原理如图 6 - 7 所示。

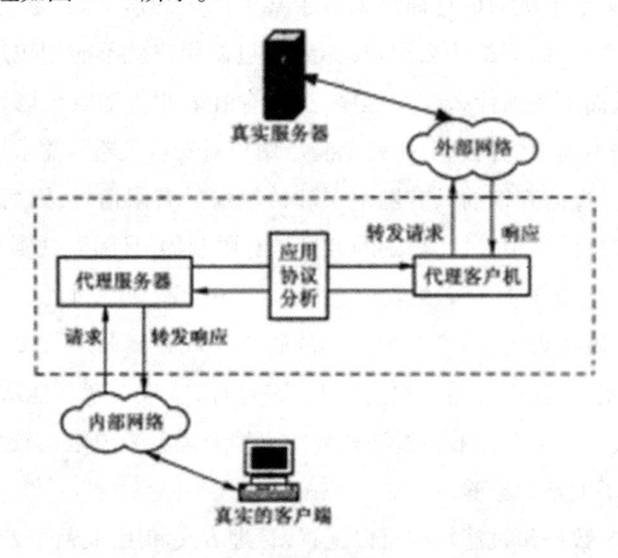

图 6 - 7　代理防火墙的工作原理

从图 6 - 7 中可以看出,代理服务器作为内部网络客户端的服务器,拦截住所有请求,也向客户端转发响应。代理客户机负责代表内部客户端向外部服务器发出请求,当然也向代理服务器转发响应。

2. 应用层网关防火墙

应用层网关(Application Level Gateways,ALG)防火墙是传统代理型防火墙,在网络应用层上建立协议过滤和转发功能。它针对特定的网络应用服务协议使用指定的数据过滤逻辑,并在过滤的同时对数据包进行必要的分析、登记和统计,形成报告。

应用层网关防火墙的核心技术就是代理服务器技术,它是基于软件的,通常安装在专用工作站系统上。这种防火墙通过代理技术参与到一个 TCP 连接的全过程,并在网络应用层上建立协议过滤和转发功能,因此,又称为应用层网关。

当某用户想和一个运行代理的网络建立联系时,此代理会阻塞这个连接,然后在过滤的同时对数据包进行必要的分析、登记和统计,形成检查报告。如果此连接请求符合预定的安全策略或规则,代理防火墙便会在用户和服务器之间建立一个“桥”,从而保证其通信。对不符合预定安全规则的,则阻塞或抛弃。换句话说,“桥”上设置了很多控制。

同时,应用层网关将内部用户的请求确认后送到外部服务器,再将外部服务器的响应回送给用户。这种技术对 ISP 很常见,通常用于在 Web 服务器上高速缓存信息,并且扮演 Web 客户和 Web 服务器之间的中介角色。它主要保存 Internet 上那些最常用和最近访问过的内容,在 Web 上,代理首先试图在本地寻找数据;如果没有,再到远程服务器上去查找。为用户提供了更快的访问速度,并提高了网络的安全性。

3. 电路层网关防火墙

在电路层网关(Circuit Level Gateway,CLG)防火墙中,数据包被提交给用户的应用层进行处理,电路层网关用来在两个通信的终点之间转换数据包,原理图如图 6-8 所示。

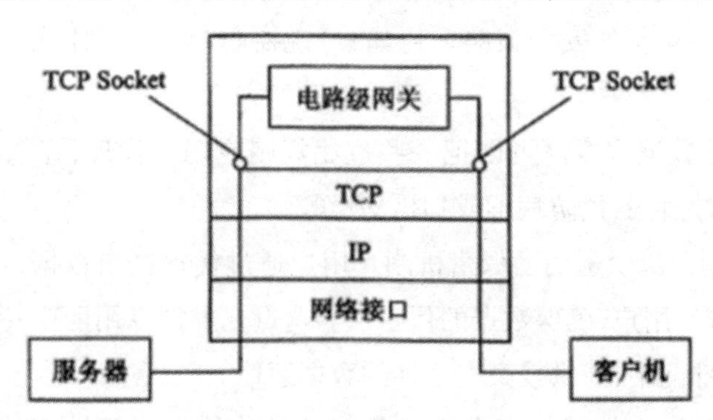

图 6-8 电路层网关

电路层网关是建立应用层网关的一个更加灵活的方法。它是针对数据包过滤和应用网关技术存在的缺点而引入的防火墙技术,一般采用自适应代理技术,也称为自适应代理防火墙。在电路层网关中,需要安装特殊的客户机软件。组成这种类型防火墙的基本要素有两个,即自适应代理服务器与动态包过滤器。在自适应代理与动态包过滤器之间存在一个控制通道。

在对防火墙进行配置时,用户仅仅将所需要的服务类型和安全级别等信息通过相应 proxy

的管理界面进行设置就可以了。然后,自适应代理就可以根据用户的配置信息,决定是使用代理服务从应用层代理请求还是从网络层转发数据包。如果是后者,它将动态地通知包过滤器增减过滤规则,满足用户对速度和安全性的双重要求。因此,它结合了应用层网关防火墙的安全性和包过滤防火墙的高速度等优点,在毫不损失安全性的基础之上将代理型防火墙的性能提高10倍以上。

电路层网关防火墙的特点是将所有跨越防火墙的网络通信链路分为两段。防火墙内外计算机系统间应用层的“链接”由两个终止代理服务器上的“链接”来实现,外部计算机的网络链路只能到达代理服务器,从而起到了隔离防火墙内外计算机系统的作用。

此外,代理服务也对过往的数据包进行分析、注册登记,形成报告,同时当发现被攻击迹象时会向网络管理员发出警报,并保留攻击痕迹。

4. 代理服务技术的优点

(1)代理服代理因为是一个软件,所以它较过滤路由器更易配置,配置界面十分友好。如果代理实现得好,可以对配置协议要求较低,从而避免配置错误。

(2)代理能生成各项记录。因代理工作在应用层,它检查各项数据,所以可以按一定准则,让代理生成各项日志、记录。这些日志、记录对于流量分析、安全检验是十分重要和宝贵的。当然,也可以用于计费等应用。

(3)代理能灵活、完全地控制进出流量和内容。通过采取一定的措施,按照一定的规则,可以借助代理实现一整套的安全策略。比如,可说控制“谁”和“什么”,还有“时间”和“地点”。

(4)代理能过滤数据内容。可以把一些过滤规则应用于代理,让它在高层实现过滤功能,如文本过滤、图像过滤、预防病毒或扫描病毒等。

(5)代理能为用户提供透明的保密机制。用户通过代理进出数据,可以让代理完成加/解密的功能,从而方便用户,确保数据的保密性。这点在虚拟专用网中特别重要。代理可以广泛地用于企业外部网中,提供较高安全性的数据通信。

(6)代理可以方便地与其他安全手段集成。目前的安全问题解决方案很多,如认证(Authentication)、授权(Authorization)、账号(Accouting)、数据加密、安全协议(SSL)等。如果把代理与这些手段联合使用,将大大增加网络安全性。

5. 代理服务技术的缺点

(1)代理速度较路由器慢。路由器只是简单查看TCP/IP报头,检查特定的几个域,不作详细分析、记录。而代理工作于应用层,要检查数据包的内容,按特定的应用协议进行审查、扫描数据包内容,并进行代理

(2)代理对用户不透明。许多代理要求客户端作相应改动或安装定制客户端软件,这给用户增加了不透明度。为庞大的互联网络的每一台内部主机安装和配置特定的应用程序既耗费时间,又容易出错,原因是硬件平台和操作系统都存在差异。

(3)对于每项服务代理可能要求不同的服务器。可能需要为每项协议设置一个不同的

代理服务器，因为代理服务器不得不理解协议以便判断什么是允许的和不允许的，并且还装扮一个对真实服务器来说是客户、对代理客户来说是服务器的角色。挑选、安装和配置所有这些不同的服务器也可能是一项较大的工作。

(4)代理服务通常要求对客户、对过程或两者进行限制。除了一些为代理而设的服务，代理服务器要求对客户、对过程或两者进行限制，每一种限制都有不足之处，人们无法经常按他们自己的步骤使用快捷可用的工作。由于这些限制，代理应用就不能像非代理应用运行那样好，它们往往可能曲解协议的说明，并且一些客户和服务器比其他的要缺少一些灵活性。

(5)代理服务不能保证免受所有协议弱点的限制。作为一个安全问题的解决方法，代理取决于对协议中哪些是安全操作的判断能力。每个应用层协议，都或多或少存在一些安全问题，对于一个代理服务器来说，要彻底避免这些安全隐患几乎是不可能的，除非关掉这些服务。

代理取决于在客户端和真实服务器之间插入代理服务器的能力，这要求两者之间交流的相对直接性，而且有些服务的代理是相当复杂的。

(6)代理不能改进底层协议的安全性。因为代理工作于TCP/IP之上，属于应用层，所以它就不能改善底层通信协议的能力。如IP欺骗、SYN泛滥、伪造ICMP消息和一些拒绝服务的攻击。而这些方面，对于一个网络的健壮性是相当重要的。

许多防火墙产品软件混合使用包过滤与代理服务这两种技术。对于某些协议如Telnet和SMTP用包过滤技术比较有效，而其他的一些协议如FTP、Archie、Gopher、WWW则用代理服务比较有效。

(三)状态检测技术

1.状态检测原理

基于状态检测技术的防火墙也称为动态包过滤防火墙。它通过一个在网关处执行网络安全策略的检测引擎而获得非常好的安全特性。检测引擎在不影响网络正常运行的前提下，采用抽取有关数据的方法对网络通信的各层实施检测。它将抽取的状态信息动态地保存起来作为以后执行安全策略的参考。检测引擎维护一个动态的状态信息表并对后续的数据包进行检查，一旦发现某个连接的参数有意外变化，就立即将其终止。

状态检测防火墙监视和跟踪每一个有效连接的状态，并根据这些信息决定是否允许网络数据包通过防火墙。它在协议栈底层截取数据包，然后分析这些数据包的当前状态，并将其与前一时刻相应的状态信息进行比较，从而得到对该数据包的控制信息。

检测引擎支持多种协议和应用程序，并可以方便地实现应用和服务的扩充。当用户访问请求到达网关操作系统前，检测引擎通过状态监视器要收集有关状态信息，结合网络配置和安全规则做出接纳、拒绝、身份认证及报警等处理动作。一旦有某个访问违反了安全规则,则该访问就会被拒绝,记录并报告有关状态信息。

状态检测防火墙试图跟踪通过防火墙的网络连接和包,这样,防火墙就可以使用一组附加的标准,以确定是否允许和拒绝通信。它是在使用了基本包过滤防火墙的通信上应用一些技术来做到这点的。

在包过滤防火墙中,所有数据包都被认为是孤立存在的,不关心数据包的历史或未来,数据包的允许和拒绝的决定完全取决于包自身所包含的信息,如源地址、目的地址和端口号等。状态检测防火墙跟踪的则不仅仅是数据包中所包含的信息,而且还包括数据包的状态信息。为了跟踪数据包的状态,状态检测防火墙还记录有用的信息以帮助识别包,如已有的网络连接、数据的传出请求等。

状态检测技术采用的是一种基于连接的状态检测机制,将属于同一连接的所有包作为一个整体的数据流看待,构成连接状态表,通过规则表与状态表的共同配合,对表中的各个连接状态因素加以识别。

2. 跟踪连接状态的方式

状态检测技术跟踪连接状态的方式取决于数据包的协议类型,具体如下:

(1)TCP 包。当建立起一个 TCP 连接时,通过的第一个包被标有包的 SYN 标志。通常来说,防火墙丢弃所有外部的连接企图,除非已经建立起某条特定规则来处理它们。对内部主机试图连到外部主机的数据包,防火墙标记该连接包,允许响应及随后在两个系统之间的数据包通过,直到连接结束为止。在这种方式下,传入的包只有在它是响应一个已建立的连接时,才会被允许通过。

(2)UDP 包。UDP 包比 TCP 包简单,因为它们不包含任何连接或序列信息。它们只包含源地址、目的地址、校验和携带的数据。这种信息的缺乏使得防火墙确定包的合法性很困难,因为没有打开的连接可利用,以测试传入的包是否应被允许通过。

但是,如果防火墙跟踪包的状态,就可以确定。对传入的包,如果它所使用的地址和 UDP 包携带的协议与传出的连接请求匹配,则该包就被允许通过。与 TCP 包一样,没有传入的 UDP 包会被允许通过,除非它是响应传出的请求或已经建立了指定的规则来处理它。对其他种类的包,情况与 UDP 包类似。防火墙仔细地跟踪传出的请求,记录下所使用的地址、协议和包的类型,然后对照保存过的信息核对传入的包,以确保这些包是被请求的。

3. 状态检测技术的优点

(1)与静态包过滤技术相比,状态检测技术提高了防火墙的性能。状态检测机制对连接的初始报文进行详细检查,而对后续报文不需要进行相同的动作,只需快速通过即可。

(2)安全性比静态包过滤技术高。状态检测机制可以区分连接的发起方与接收方,可以通过状态分析阻断更多的复杂攻击行为,可以通过分析打开相应的端口而不是要打开都打开或全部关闭。

4. 状态检测技术的缺点

在带来高安全性的同时，状态检测防火墙也存在着不足，主要体现在对大量状态信息的处理过程可能会造成网络连接的某种迟滞，特别是在同时有许多连接被激活时，或者是有大量的过滤网络通信的规则存在时。不过，随着硬件处理能力的不断提高，这个问题变得越来越不易察觉。

四、防火墙的选购

一般认为，没有一个防火墙的设计能够适用于所有的环境，所以应根据网站的特点来选择合适的防火墙。选购防火墙时应考虑以下几个因素。

（一）防火墙的安全性

安全性是评价防火墙好坏最重要的因素，这是因为购买防火墙的主要目的就是为了保护网络免受攻击。但是，由于安全性不太直观、不便于估计，因此，往往被用户所忽视。对于安全性的评估，需要配合使用一些攻击手段进行。

防火墙自身的安全性也很重要，大多数人在选择防火墙时都将注意力放在防火墙如何控制连接以及防火墙支持多少种服务上，而往往忽略了防火墙的安全问题，当防火墙主机上所运行的软件出现安全漏洞时，防火墙本身也将受到威胁，此时任何的防火墙控制机制都可能失效。因此，如果防火墙不能确保自身安全，则防火墙的控制功能再强，也不能完全保护内部网络。

（二）防火墙的高效性

用户的需求是选购何种性能防火墙的决定因素。用户安全策略中往往还可能会考虑一些特殊功能要求，但并不是每一个防火墙都会提供这些特殊功能的。用户常见的需求可能包括以下几种。

1. 双重域名服务（DNS）

当内部网络使用没有注册的 IP 地址或是防火墙进行 IP 地址转换时，DNS 也必须经过转换，因为同样的一台主机在内部的 IP 地址与给予外界的 IP 地址是不同的，有的防火墙会提供双重 DNS，有的则必须在不同主机上各安装一个 DNS。

2. 虚拟专用网络（VPN）

VPN 可以在防火墙与防火墙或移动的客户端之间对所有网络传输的内容进行加密，建立一个虚拟通道，让两者感觉是在同一个网络上，可以安全且不受拘束地互相存取。

3. 网络地址转换功能(NAT)

进行地址转换有两个优点,即一是可以隐藏内部网络真正的 IP 地址,使黑客无法直接攻击内部网络,这也是要强调防火墙自身安全性问题的主要原因;二是可以使内部使用保留的 IP 地址,这对许多 IP 地址不足的企业是有益的。

4. 杀毒功能

大部分防火墙都可以与防病毒软件搭配实现杀毒功能,有的防火墙甚至直接集成了杀毒功能。两者的主要差别只是后者的杀毒工作由防火墙完成,或由另一台专用的计算机完成。

5. 特殊控制需求

有时企业会有一些特别的控制需求,例如,限制特定使用者才能发送 E - rnail;FTP 服务只能下载文件,不能上传文件等,依需求不同而异。

最大并发连接数和数据包转发率是防火墙的主要性能指标。购买防火墙的需求不同,对这两个参数的要求也不同。例如,一台用于保护电子商务 Web 站点的防火墙,支持越多的连接意味着能够接受越多的客户和交易,因此,防火墙能够同时处理多个用户的请求是最重要的;但是对于那些经常需要传输大的文件且对实时性要求比较高的用户,高的包转发率则是关注的重点。

(三)防火墙的适用性

适用性是指量力而行。防火墙也有高低端之分,配置不同,价格不同,性能也不同。同时,防火墙有许多种形式,有的以软件形式运行在普通计算机之上,有的以硬件形式单独实现,也有的以固件形式设计在路由器之中。因此,在购买防火墙之前,用户必须了解各种形式防火墙的原理、工作方式和不同的特点,才能评估它是否能够真正满足自己的需要。

此外,用户选购防火墙时,还应该考虑自身的因素,如下所示。

用户网络受威胁的程度。

其他已经用来保护网络及其资源的安全措施。

如果入侵者闯入网络,或由于硬件、软件失效,将要受到的潜在损失。

站点是否有经验丰富的管理员。

希望能从 Internet 得到的服务以及可以同时通过防火墙的用户数目。

今后可能的要求,如要求新的 Internet 服务、要求增加通过防火墙的网络活动等。

(四)防火墙的可管理性

防火墙的管理是对安全性的一个补充。目前,有些防火墙的管理配置需要有很深的网络和安全方面的专业知识,很多防火墙被攻破不是因为程序编码的问题,而是管理和配置错误导致的。对管理的评估,应从以下几个方面进行考虑。

1. 远程管理

允许网络管理员对防火墙进行远程干预,并且所有远程通信需要经过严格的认证和加密。例如,管理员下班后出现入侵迹象,防火墙可以通过发送电子邮件的方式通知该管理员,管理员可以以远程方式封锁防火墙的对外网卡接口或修改防火墙的配置。

2. 界面简单、直观

大多数防火墙产品都提供了基于 Web 方式或图形用户界面 GUI 的配置界面。

3. 有用的日志文件

防火墙的一些功能可以在日志文件中得到体现。防火墙提供灵活、可读性强的审计界面是很重要的。例如,用户可以查询从某一固定 IP 地址发出的流量、访问的服务器列表等,因为攻击者可以采用不停地填写日志以覆盖原有日志的方法使追踪无法进行,所以防火墙应该提供设定日志大小的功能,同时在日志已满时给予提示。

因此,最好选择拥有界面友好、易于编程的 IP 过滤语言及便于维护管理的防火墙。

(五)完善的售后服务

只要有新的产品出现,就会有人研究新的破解方法,所以好的防火墙产品应拥有完善且及时的售后服务体系。防火墙和相应的操作系统应该用补丁程序进行升级,而且升级必须定期进行。

第四节　入侵检测技术

一、入侵检测系统概述

(一)入侵检测系统的概念

入侵检测是对入侵行为的检测,它通过收集和分析计算机网络或计算机系统中若干关键点的信息,检查网络或系统中是否存在违反安全策略的行为和被攻击的迹象。

入侵检测系统(Intrusion Detection System,IDS)是进行入侵检测监控和分析过程自动化的软件与硬件的组合系统。它处于防火墙之后对网络活动进行实时监测,是防火墙的延续。

入侵检测系统的主要功能如下所示。

监测、记录并分析用户和系统的活动,查找非法用户和合法用户的越权操作,防止网络入侵事件的发生。

识别已知的攻击行为，统计分析异常行为，检测其他安全措施未能阻止的攻击或安全违规行为。

检测黑客在攻击前的探测行为，报告计算机系统或网络中存在的安全威胁，预先给管理员发出警报。

核查系统配置和漏洞，帮助管理员诊断网络中存在的安全弱点，并提示管理员修补漏洞。

在复杂的网络系统中部署入侵检测系统，可以提高网络安全管理的效率和质量。

评估系统关键资源和数据文件的完整性。

操作系统日志管理，并识别违反安全策略的用户活动等。

一个成功的入侵检测系统，不仅可使系统管理员时刻了解网络系统（包括程序、文件和硬件设备等）的任何变更，还能给网络安全策略的制定提供依据。它应该管理配置简单，使非专业人员非常容易地获得网络安全。入侵检测的规模还应根据网络规模、系统构造和安全需求的改变而改变。入侵检测系统在发现入侵后，会及时做出响应，包括切断网络连接、记录事件和报警等。

（二）入侵检测系统的模型

入侵检测系统的模型有多种，其中最有影响的是以下几种。

1. Denning 模型

Denning 于 1987 年提出了一个通用的入侵检测模型，如图 6－9 所示。

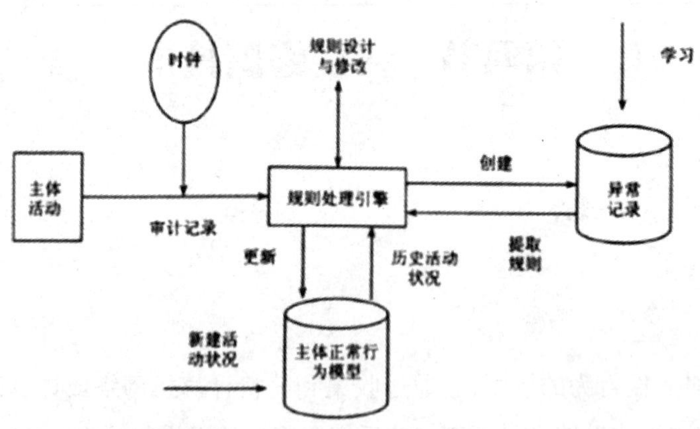

图 6－9　Denning 入侵检测模型

Denning 入侵检测模型中包含 6 个主要部分。

（1）主体（Subjects）：在目标系统上活动的实体，如用户。

（2）对象（Objects）：指系统资源，如文件、设备、命令等。

（3）审计记录（Audit records）：由主体、活动（Action）、异常条件（Exception－condition）、

资源使用状况(Resource - Usage)和时间戳(Time - Stamp)等组成。活动是指主体对目标的操作。异常条件是指系统对主体的该活动的异常情况的报告。资源使用状况是指系统的资源消耗情况,

(4)活动档案(Active Profile):即系统正常行为模型,保存系统正常活动的有关信息。在各种检测方法中其实现各不相同。在统计方法中可以从事件数量、频度、资源消耗等方面度量。

(5)异常记录(Anomaly Record):由事件、时间戳和审计记录组成,表示异常事件的发生情况。

(6)活动规则(Active Rule):判断是否为入侵的准则及相应要采取的行动。一般采用系统正常活动模型为准则,根据专家系统或统计方法对审计记录进行分析处理,在发现入侵时采取相应的对策。

2. SRI/CSL 的 IDES 模型

SRI/CSL 的 Tersa Lunt 等人于 1988 年改进了 Denning 的入侵检测模型,并开发了一个 IDES(Instrusion - Detection Expert System)。IDES 模型基于这样的假设:有可能建立一个框架来描述发生在主体(通常是用户)和客体(通常是文件、程序或设备)之间的正常的交互作用。这个框架由一个使用规则库(规则库描述了已知的违例行为)的专家系统支持。

该系统包括一个异常检测器和一个专家系统,分别用于统计异常模型的建立和基于规则的特征分析检测。

3. CIDF 模型

根据入侵检测的原理,入侵检测系统至少应该包含 3 个模块,即提供信息的信息源、发现入侵迹象的分析器和入侵响应部件。为此,美国国防部高级计划局提出了公共入侵检测模型 CIDF(Common Instrusion Detection Framework),阐述了一个入侵检测系统的通用模型,内容包括 IDS 的体系结构、通信机制、描述语言和应用编程接口(API)4 个方面。

入侵检测系统分为 4 个基本组件。

事件产生器。事件是指 HDS 需要分折的数据。事件产生器的任务是从入侵检测系统之外的计算环境中收集事件,但并不分析它们,并将这些事件转换成 GIDF 的 GIDO 格式传送给其他组件。可以说,事件产生器是实时监视网络数据流并依据入侵检测规则产生事件的一种过滤器。

事件分析器。事件分析器分析从其他组件收到的 GIDO,并将产生的新的 GIDO 再传送给其他组件。事件分析器可以是一个特征检测工具,用于在一个序列中检查是否有已知的攻击特征;也可以是一个统计分析工具,检查现在的事件是否与以前某个事件来自同一个事件序列;此外,时间分析器还可以是一个相关器,观察事件之间的关系,将有联系的事件放到一起,以利于以后的进一步分析。

响应单元。响应单元处理收到的GIDO,并根据处理结果,采取相应的措施,如杀死相关进程、将连接复位、修改文件权限等。

在检测到入侵攻击后,基于网络的入侵检测系统的响应单元主要有两类响应方式:被动响应方式和主动响应方式。被动响应方式是系统在检测出入侵攻击后只是产生报警和日志通知管理员,具体处理工作由管理员完成;主动响应方式是系统在检测出入侵攻击后,可以自动对目标系统或者相应网络设备作出修改制止入侵行为。

事件数据库。事件数据库用来存储GIDO,以备系统需要的时候使用。事件数据库保存的事件信息,包括正常事件信息和入侵事件信息,也包括存储的临时处理数据,扮演各个组件之间的数据交换中心。

这4个组件只是逻辑实体,一个组件可能是某台计算机上的一个进程甚至线程,也可能是多台计算机上的多个进程。这些组件以GIDO(统一入侵检测对象〉格式进行数据交换。从功能的角度,这种划分体现了入侵检测系统所必须具有的体系结构:数据获取、数据分析、行为响应和数据管理,因此具有通用性。事件产生器、事件分析器和响应单元通常以应用程序的形式出现,而事件数据库是以文件或数据流的形式出现。GIDO数据流可以是发生在系统中的审计事件或对审计事件的分析结果。

(三)入侵检测系统的分类

对入侵检测系统的分类方法很多,根据着眼点的不同,主要有下列几种分法。

1.按检测原理分

根据入侵行为的属性,传统的观点将其分为异常和误用两种,两者分别建立了相应的异常检测模型和误用检测模型。

异常检测模型。异常入侵检测是指能够根据异常行为和使用计算机资源的情况检测出来的入侵。异常入侵检测试图用定量的方式描述可以接受的行为特征。以区分非正常的、潜在的入侵行为。Anderson做了如何通过识别“异常”行为来检测入侵的早期工作。他提出了一个威胁模型,将威胁分为外部闯入(用户虽然授权,但对授权数据和资源的使用不合法或滥用授权)、内部渗透和不当行为3种类型,并使用这种分类方法开发了一个安全监视系统,可检测用户的异常行为。异常检测模型因为不需要对每种入侵行为进行定义,所以能有效检测未知的入侵,即漏报率低,但误报率高。

误用检测模型。检测与已知的不可接受行为之间的匹配程度。与异常入侵检测不同,误用入侵检测能直接检测不利或不可接受的行为,而异常入侵检测是检查出与正常行为相违背的行为。如果可以定义所有的不可接受行为,那么每种能够与之匹配的行为都会引起报警。收集非正常操作的行为特征,建立相关的特征库,当检测的用户或系统行为与库中的记录相匹配时,系统就认为这种行为是入侵。这种检测模型误报率低、漏报率高。对于已知的攻击,它可以详细、准确地报告出攻击类型,但是对未知攻击却效果有限,而且特征库必须不断更新。

2. 按数据来源分

按数据来源的不同,入侵检测系统可以分为以下三种基本结构。

基于主机的入侵检测系统。基于主机的入侵检测系统(Host Intrusion Detection System, HIDS)数据来源于主机系统,通常是系统日志和审计记录。它通过对系统日志和审计记录的不断监控和分析来发现攻击后的误操作。优点是针对不同操作系统捕获应用层入侵,误报少;缺点是依赖于主机及其审计子系统,实时性差。

基于网络的入侵检测系统。基于网络的入侵检测系统(Network Intrusion Detection System, NIDS)数据来源于网络上的数据流。它能够截获网络中的数据包,提取其特征并与知识库中已知的攻击签名相比较,从而达到检测的目的。其优点是侦测速度快、隐蔽性好,不容易受到攻击、对主机资源消耗少;缺点是有些攻击是由服务器的键盘发出的,不经过网络,因而无法识别,误报率较高。

分布式入侵检测系统(混合型)。分布式入侵检测系统(Distributed Intrusion Detection System, DIDS)能够同时分析来自主机系统审计日志和网络数据流的入侵检测系统,一般为分布式结构,由多个部件组成。它可以从多个主机获取数据也可以从网络传输取得数据,克服了单一的HIDS、NIDS的不足。

3. 按体系结构分

按入侵检测体系结构的不同,入侵检测系统可以分为集中式入侵检测系统、等级式入侵检测系统和分布式入侵检测系统。

集中式入侵检测系统。集中式入侵检测系统有多个分布在不同主机上的审计程序,仅有一个中央入侵检测服务器。审计程序将从当地收集到的数据踪迹发送给中央服务器进行分析处理。随着服务器所承载的主机数量的增多,中央服务器进行分析处理的数量就会猛增,而且一个服务器遭受攻击,整个系统就会崩溃。

等级式入侵检测系统。等级式入侵检测系统又称为分层式入侵检测系统,它定义了若干等级的监控区域,每个入侵检测系统负责一个区域,每一级IDS只负责所监控区域的分析,然后将当地的分析结果传送给上一级入侵检测系统。

等级式入侵检测系统也存在一些问题。首先,当网络拓扑结构改变时,区域分析结果的汇总机制也需要做相应的调整;其次,这种结构的入侵检测系统最后还是要将各地收集的结果传送到最高级的检测服务器进行全局分析,所以系统的安全性并没有实质性的改进。

分布式(协作式)入侵检测系统。分布式入侵检测系统又称为协作式入侵检测系统,它是将中央检测服务器的任务分配给多个基于主机的入侵检测系统,这些入侵检测系统不分等级,各司其职,负责监控当地主机的某些活动。所以,其可伸缩性、安全性都得到了显著的提高,并且与集中式入侵检测系统相比,分布式入侵检测系统对基于网络的共享数据量的要求较低。但维护成本却提高了很多,并且增加了所监控主机的工作负荷,如通信机制、审计开销、踪迹分析等。

4. 按检测的策略分

按检测的策略不同,可分为滥用检测、异常检测和完整性检测。

滥用检测(Misuse Detection)。滥用检测是指将收集到的信息与已知的网络入侵和系统误用模式数据库进行比较,从而发现违背安全策略的行为。该方法的优点是只需收集相关的数据集合,可显著减少系统负担,且技术已相当成熟。该方法存在的弱点是需要不断的升级以对付不断出现的黑客攻击手法,不能检测到从未出现过的黑客攻击手段。

异常检测(Abnormal Detection)。在异常检测中,首先给系统对象(如用户、文件、目录和设备等)创建一个统计描述、统计正常使用时的一些测量属性(如访问次数、操作失败次数和延时等测量属性的平均值将被用来与网络、系统的行为进行比较,任何观察值在正常值范围之外时,就认为有入侵发生。其优点是可检测到未知的入侵和更为复杂的入侵;缺点是误报、漏报率高,且不适应用户正常行为的突然改变。

完整性分析(Integratity Analysis)。完整性分析主要关注某个文件或对象是否被更改,这经常包括文件和目录的内容及属性,它在发现被更改的、被特洛伊化的应用程序方面特别有效。其优点是只要成功的攻击导致了文件或其他对象的任何改变,它都能够发现;缺点是一般以批处理方式实现,不易于实时响应。

5. 按数据分析的时效性分

按数据分析的时效性,入侵检测系统可分为离线检测系统和在线检测系统。

离线检测系统。离线检测系统又称脱机分析检测系统,就是在行为发生后,对产生的数据进行分析(而不是在行为发生的同时进行分析),从而检查出入侵活动。它是非实时工作的系统。对日志的审查、对系统文件的完整性检查等都属于这种检测系统。一般而言,脱机分析也不会间隔很长时间,所谓的脱机只是与联机相对而言的。

在线检测系统。在线检测系统又称联机分析检测系统,就是在数据产生或者发生改变的同时对其进行检查,以便发现攻击行为。它是实时联机的检测系统。这种方式一般用于网络数据的实时分析,有时也用于实时主机审计分析。它对系统资源的要求比较高。

二、基于主机的入侵检测系统

(一)基于主机的入侵检测系统的结构

基于主机的入侵检测系统是早期的入侵检测系统结构,其检测的目标主要是主机系统和系统本地用户。检测原理是根据主机的审计数据和系统日志发现可疑事件,检测系统可以运行在被检测的主机或单独的主机上，其系统结构如图 6－10 所示。

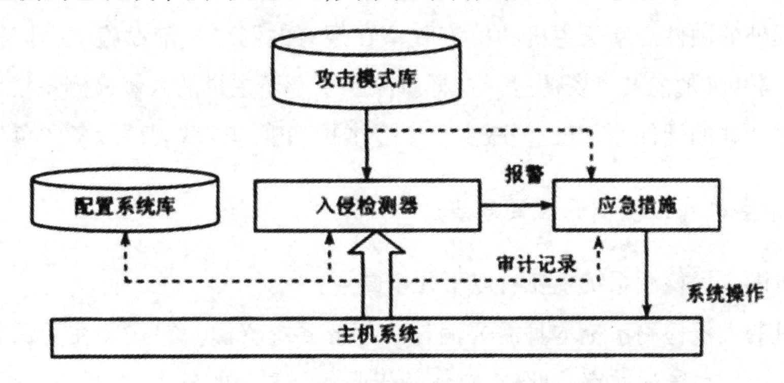

图 6－10　基于主机的入侵检测系统结构

这种类型的系统依赖于审计数据或系统日志的准确性、完整性以及安全事件的定义。如果入侵者设法逃避审计或进行合作入侵，则基于主机的检测系统的弱点就暴露出来了。特别是在现代的网络环境下，单独地依靠主机审计信息进行入侵检测难以适应网络安全的需求。

（二）基于主机的入侵检测系统的优点

基于主机的入侵检测系统主要有以下几个优点：

监视特定的系统活动。基于主机的入侵检测系统监视用户和访问文件的活动，包括文件访问、改变文件权限，试图建立新的可执行文件或者试图访问特殊的设备。操作系统记录了任何有关用户帐号的增加、删除、更改的情况，改动一旦发生，基于主机的入侵检测系统就能检测到这种不适当的改动。基于主机的入侵检测系统还可审计能影响系统记录的校验措施的改变。除此之外，基于主机的系统还可以监视主要系统文件和可执行文件的改变。系统能够查出那些欲改写重要系统文件或者安装特洛伊木马或后门的尝试并将它们中断。

适用于被加密的和交换的环境。既然基于主机的系统驻留在网络中的各种主机上，那么，它们可以克服基于网络的入侵检测系统在交换和加密环境中所面临的一些困难。由于在大的交换网络中确定入侵检测系统的最佳位置和网络覆盖非常困难，因此，基于主机的检测驻留在关键主机上则避免了这一难题。根据加密驻留在协议栈中的位置，它可能让基于网络的 IDS 无法检测到某些攻击。基于主机的入侵检测系统并不具有这个限制。因为当操作系统（因而也包括了基于主机的入侵检测系统）收到到来的通信时，数据序列已经被解密了。

近实时的检测和应答。尽管基于主机的检测并不提供真正实时的应答，但新的基于主机的检测技术已经能够提供近实时的检测和应答。早期的系统主要使用一个过程来定时检查日志文件的状态和内容，而许多现在的基于主机的系统在任何日志文件发生变化时都可以从操作系统及时接收一个中断,这样就大大减少了攻击识别和应答之间的时间。

不需要额外的硬件。基于主机的检测驻留在现有的网络基础设施上,其包括文件服务器、Web 服务器和其他的共享资源等。这样就减少了基于主机的入侵检测系统的实施成本,因为不需要增加新的硬件,所以也就减少了以后维护和管理这些硬件设备的负担。

(三)基于主机入侵检测系统的缺点

基于主机的入侵检测系统主要有以下几个缺点:

基于主机的入侵检测系统本身需要消耗一部分系统资源。它安装在受保护的设备上,这会降低其他应用系统的效率。此外,它依赖于服务器本身的日志,如果服务器没有配置日志功能,就必须重新配置日志功能,这可能会影响应用系统的正常运行。

当需要保护的服务器较多时,要全面部署基于主机的入侵检测系统的代价就会很高,通常情况下,我们只安装在关键服务器上。

基于主机的入侵检测系统只能监测主机自身,不能监测网络上的异常情况,因此,不能发现一些基于网络的入侵检测行为。

三、基于网络的入侵检测系统

(一)基于网络的入侵检测系统的结构

基于网络的入侵检测系统通过在计算机网络中的某些点被动地监听网络上传输的原始流量,对获取的网络数据进行处理,从中提取有用的信息,再通过与已知攻击特征相匹配或与正常网络行为原型相比较来识别攻击事件。

随着计算机网络技术的发展,单独地依靠主机审计信息进行入侵检测难以适应网络安全的需求,因而提出了一种基于网络的入侵检测系统。这种系统根据网络流量及单台或多台主机的审计数据检测入侵,其结构如图 6-11 所示。

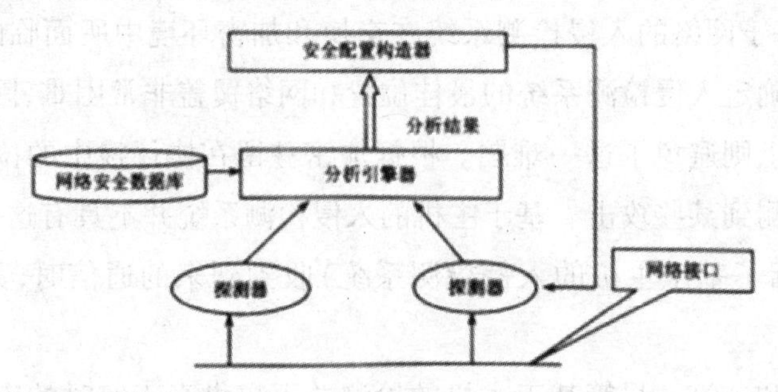

图 6-11 基于网络的入侵检测系统

分析引擎将从探测器上接收到的数据包结合网络安全数据库进行分析,把分折的结果传递给安全配置构造器。安全配置构造器按分析引擎器的结果构造出探测器所需要的配置规则。

(二)基于网络的入侵检测系统的优点

基于网络的入侵检测系统主要有以下几个优点：

拥有成本低。基于网络的入浸检测系统允许部署在一个或多个关键访问点来检查所有经过的网络通信。因此，基于网络的入侵检测系统并不需要在各种各样的主机上进行安装，大大减少了安全和管理的复杂性。

攻击者转移证据困难。基于网络的入侵检测系统使用活动的网络通信进行实时攻击检测，因此，攻击者无法转移证据，被检测系统捕获的数据不仅包括攻击方法，而且包括对识别和指控入侵者十分有用的信息。

实时检测和响应。一旦发生恶意访问或攻击，基于网络的入侵检测系统可以随时发现它们，因此，能够很快地作出反应。如对于黑客使用 TCP 启动基于网络的拒绝服务攻击(DoS)，入侵检测系统可以通过发送一个 TCP reset 来立即终止这个攻击，这样就可以避免目标主机遭受破坏或崩溃。这种实时性使得系统可以根据预先定义的参数迅速采取相应的行动，从而将入侵活动对系统的破坏降到最低。

能够检测未成功的攻击企图。一个放在防火墙外面的基于网络的入侵检测系统可以检测到旨在利用防火墙后面的资源的攻击，尽管防火墙本身可能会拒绝这些攻击企图。基于主机的系统并不能发现未能到达受防火墙保护的主机的攻击企图，而这些信息对于评估和改进安全策略是十分重要的。

与操作系统无关性。基于网络的入侵检测系统并不依赖主机的操作系统作为检测资源，而基于主机的系统必须在特定的、没有遭到破坏的操作系统中才能正常工作，生成有用的结果。

(三)基于网络的入侵检测系统的缺点

基于网络的入侵检测系统主要有以下几个缺点：

检测范围具有一定的局限性。基于网络的入侵检测系统只能检查与它直接相连的网段，不能检测不同网段的数据包，因此，在交换以太网的环境中就会出现监测范围的局限。

检测方法具有局限性。网络入侵检测系统为了提高系统的性能和效率，往往用基于特征的检测方法。它可以检测出常用的一些攻击，而很难检测一些新的、复杂的、需要大量计算与分析的入侵活动。

影响网络性能。网络入侵检测系统可能会将大量数据传递到分析系统中，也有一些系统因监听特定的数据包会产生大量的数据流量，这样的系统会占用一些网络带宽，影响网络性能。为了不影响网络系统,一些系统在实现时往往要采用一定的方法来缩减通信的数据量,也有一些系统对入侵的判断决策直接由传感器实现,中央控制台成为状态显示与通信中心,不再作为入侵行为分析器。但是系统中的传感器协同工作能力较弱。

处理加密的会话过程比较困难。目前通过加密通道的攻击不多,但是随着 IPv6 的普及,这个问题会越来越突出。

四、分布式入侵检测系统

(一)分布式入侵检测系统的结构

分布式入侵检测系统综合了上述两类入侵检测系统的特点,既监视网络数据也监视主机数据。分布式检测系统往往是分布式的,有一部分传感器(或称为代理)驻留在主机上收集信息,另一部分则部署在网络中,它们都由中央控制台管理,将收集到的信息发往控制台进行处理。目前,实际的入侵检测系统大多是这两种系统的混合体。

典型的入侵检测系统是一个统一集中的代码块,它位于系统内核或内核之上,监控传送到内核的所有请求。但是,随着网络系统结构复杂化和大型化,系统的弱点或漏洞将趋向于分布式。此外,入侵行为不再是单一的行为,而是表现出相互协作的入侵特点,在这种背景下,基于分布式的入侵检测系统就应运而生。

美国普度大学安全研究小组首先提出了基于主体入侵检测系统软件结构,如图 6 - 12 所示。其主要思想是采用相互独立并独立于系统而运行的进程组,这些进程组被称为自治主体。通过训练这些主体,并观察系统行为,然后将这些主体认为是异常的行为标记出来。

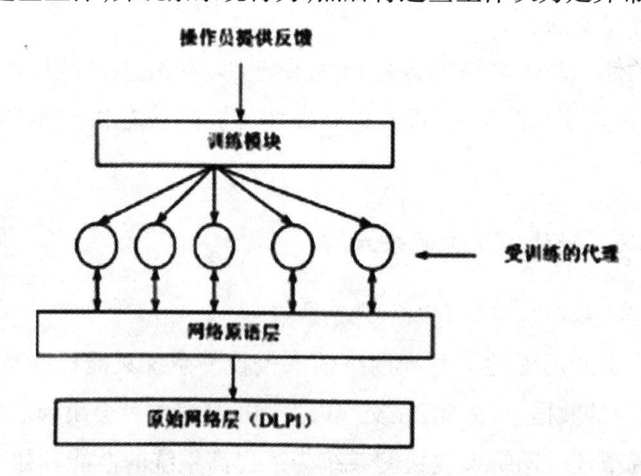

图 6 - 12　分布式入侵检测系统的结构

在基于主体的入侵检测系统原型中,主体将监控系统的网络信息流。例如,通过提供的 DL - PI 模块与网络接口。主体能够访问网络信息流。操作员将给出不同的网络信息流形式,如入侵状态下和一般状态下等情形来指导主体的学习。经过一段时间的训练,主体就可以在网络信息流中检测异常活动。目前，主体是通过基因算法来实际学习的，操作员不必主动调整主体的操作。

图6－12中的最底层为原始网络接口，通过该接口可以传输和接收数据链路层数据包。网络原语层在该层之上，可以使用原语从DLPI接口获得原始网络数据，并把它封装成主体可以处理的方式。结构的最上层是训练模块，在主体用于监控系统之前，必须训练到可以正确地对入侵作出反应。训练通过一种反馈机制实现，由操作员输入主体的训练要求，再根据主体的实际行为是否接近于给定的流量模式所期望的行为，再给出训练数据，与神经网络的训练相似。

（二）分布式入侵检测系统的技术难点

与传统的单机入侵检测系统相比，分布式入侵检测系统具有明显的优势。然而，在具体的实现中却存在着一些技术难点，具体体现在以下几个方面。

1. 知识库的存储

通常，专家系统将知识库与其分析代码和响应逻辑分离开来，以增加系统整体的模块性。将知识库放在集中管理的存储体中进行维护的方式具有特定的某些优势，如对整个信息的动态修改和控制操作将会比较容易实现。此外，集中放置的知识库存储方式可以很方便地应用插件式的规则集合，插件模式的规则集能够增加系统的通用性和可移植性。然而，在高度分布的且具有海量事件流量的环境中，集中存储和集中分析引擎的组合方式可能成为整个系统运行的性能瓶颈。同时，如果集中存储的知识库和规则集合遭到破坏或变得不可用时，它还可能成为整个系统的安全薄弱环节。

2. 状态空间管理及规则复杂度

状态空间管理及规则复杂度关注的是如何在规则的复杂程度和审计数据处理要求之间取得平衡。从检测的准确性角度来看，检测规则或检测模型越复杂，检测的有效性就越好，但同时也导致了复杂的状态空间管理和分析算法。

采用复杂的规则集对大量的审计数据进行处理，对处理机来说会消耗大量的CPU时间和存储空间，这可能会降低系统的实时处理能力。反之，如果采用较为简单的规则集，虽然可以提高系统的处理能力，但却无法保证检测的准确性。

3. 推理架构

在许多基于特征的专家系统内部，都存在特定的核心算法。该算法接受输入，然后在一组推理规则的基础上，执行对新知识或结论的推导过程。这种推理引擎模式实际上是集中式的。在一个大规模网络环境中，事件和数据流在网络内部异步地并行流动，其流量规模超过了任何一种集中式处理技术所能处理的范围。集中式的分析模式需要集中地收集事件信息，并将所有的分析负担置于该推理引擎所在的主机上。这种模式不具备良好的收缩扩展性能。如果采用了完全分布式的分析方法，则又会引发另外的问题。无论是全局的数据相关处理，还是各个分布式分析组件之间的协调工作，都会消耗大量的计算资源。在传统的集中式专家系统分析技术和完全分布式的分析方案之间寻找到一个最优的分析模式，将是在创建任何一个可伸缩的推理架构过程中所要解决的关键问题。

4. 状态空间和规则复杂性

在基于特征的分析技术中，规则的复杂性与系统性能之间存在着直接的制约折中关系。一种能够表示多个事件复杂次序关系的复杂规则结构，可能允许一种简明和结构完美的入侵模式定义。但是，复杂的规则结构同时也将大大增加在分析过程中维护各种状态信息的负担，从而限制其向具有海量事件数据流量环境的扩展能力。当处理速度成为关键因素时，最终确定的规则集合将是一种没有状态管理需求的系统，即在处理事件数据时无需对次序信息和费时的状态条件进行计算。因此，太简单的规则系统也将限制对网络滥用异常行为的表述能力，从而可能导致规模过度膨胀的规则库，以此作为对缺少描述特定攻击行为多个变化方式的表述能力的补偿。很显然，在高度复杂且具有高度表达能力的规则模型与更简短且需要最少状态管理和分析负担的规则集之间，常常存在一个权衡折中的关系。

5. 审计记录的生成和存储

审计记录的生成和存储往往是一种集中式的活动，并且常常在不恰当的抽象层次上收集到超过所需的过量信息。集中式的审计机制给主机的 CPU 和 I/O 系统施加了沉重的负担，并且无法很好地适应用户数目迅速增长的情况。此外，我们通常也很难将集中式的审计机制扩展到空间上高度分布的环境中，如网络基础设施，或者是不同的网络服务类型。

实际上，对于实际的网络系统和应用环境来说，还有其他一些因素需要考虑，例如，入侵检测组件间的通信可能占用网络带宽，影响系统的通信能力；网络范围内的日志共享导致了安全威胁，攻击者可以通过网络窃听的方式窃取安全相关信息等。

（三）分布式入侵检测系统的发展方向

目前，分布式入侵检测系统的主要朝着两个方向发展：协同探测方向、管理型入侵检测方向。

在分布式入侵检测系统的基础上，增加多类型的探测引擎，进行协同探测尤为重要，是今后入侵检测系统发展的重要方向之一。当分布式入侵检测系统规模较大时，对系统的管理与维护将是一项繁重的工作。主要包括以下几方面：

1. 探测器工作状态

工作状态一般为启动、停止，如果为硬件形式的探测器并且控制端分离，还应提供硬件设置管理。

2. 协同工作配置

一般入侵检测的协同工作内容包括与防火墙、扫描器、路由器、定位系统、通讯设备的协同工作，常见的是与防火墙、路由器的协同工作，涉及到管理的方面即为指定协同工作设备的类型、通信协议、具体的协同工作设备。目前与定义系统、通讯设备的协同工作也是一个趋势。管理型入侵检测应该可以对这些网络设备的状况进行检测对比,方便入侵检测管理人员对其本身的对照管理。

3. 所应用的策略

策略指入侵检测系统在检测到某一攻击事件后所做的动作响应,其中也涉及协同工作的内容。由于策略配置依据来源于对报警事件、流量、其他扫描结果、网络配置的综合分析,所以策略配置完全可以在手工的基础上实现半自动的配置管理,使得策略调整的速度更快。

4. 所应用的事件库

所应用的事件库包括事件库的更新升级、自定义。由于入侵检测探测器的原理使得自定义事件非常简单,所以入侵检测应该提供自定义事件的功能,有利于用户的具体应用及系统的可扩展性。

5. 分析结果的应用

分析结果是用户用来修改入侵检测工作状态的依据,为方便用户的管理,此时应根据分析的结果提供一个管理的建议,使用户能够快速准确的进行管理。

6. 对操作主体(管理员身份)的管理

由于任何管理动作都会对入侵检测系统以至用户网络产生不同程度的影响,因此,对管理人员要进行严格的身份鉴别,同时对其操作进行审计记录。

7. 多点多级探测数据的综合

多点多级的管理不仅局限于具体的入侵检测系统管理,还涉及系统自身的管理、协同工作、反馈等。

8. 对存储器的管理

大规模的入侵检测系统使用中,存储器容量与性能往往是影响规模的重要瓶颈,对存储器的管理内容包括对存储系统的优化配置、对新增的存储器的操作配置、手工自动清理无用数据。

第五节 网络管理技术

一、网络管理的概念及其重要性

(一)网络管理的概念

网络管理,简单地说就是为了保证网络系统能够持续、稳定、高效和可靠地运行,对组成网络的各种软硬件设施和人员进行的综合管理。

网络管理的任务是收集、分析和检测监控网络中各种设备和实施的工作参数和工作状态信息，将结果显示给网络管理员并进行处理，从而控制网络中的设备、设施的工作参数和工作状态，以实现对网络的管理。

（二）网络管理的重要性

随着网络在社会生活中的广泛应用，特别是在金融、商务、政府机关、军事、信息处理以及工业生产过程控制等方面的应用，支持各种信息系统的网络如雨后春笋般涌现。随着网络规模的不断扩大，网络结构也变得越来越复杂。用户对网络应用的需求不断提高，企业和用户对计算机网络的重视和依赖程度已是有目共睹。在这种情况下，企业的管理者和用户对网络性能、运行状况以及安全性也越来越重视。因此，网络管理成为现代网络技术中最重要的问题之一，也是网络设计、实现、运行与维护等环节中的关键问题。

一个有效、实用的网络每时每刻都离不开网络管理的规范。如果在网络系统设计中没有很好地考虑网络管理问题，这个设计方案是存在严重缺陷的，按这样的设计组建的网络系统是危险的。如果由于网络性能下降，甚至故障而造成网络瘫痪，对企业造成的严重的损失无法估算，这种损失有可能远远大于在网络组建时，用于网络软、硬件与系统的投资。重视网络管理技术的研究与应用是每个网络用户首先要面对的问题。

计算机网络的硬件包括实际存在服务器、工作站、网关、路由器、网桥、集线器、传输介质与各种网卡。计算机网络操作系统中存在着 UNIX、Windows NT、NetWare 等操作系统。不同厂家针对自己的网络设备与网络操作系统提供了专门的网络管理产品，但是这对于管理一个大型、异构、多厂家产品的计算机网络来说往往不够。具备丰富的网络管理知识与经验，是可以对复杂的网络进行有效管理的知识储备。所以，无论是对于网络管理员、网络应用开发人员，还是普通的网络用户来说，学习网络管理的基本理论与实现方法都是极有必要的。

二、网络管理的功能与模型

（一）网络管理的功能

网络管理标准化是要满足不同网络管理系统之间互操作的需求。为了支持各种网络互连管理的要求，网络管理需要有一个国际性的标准。

目前，国际上有许多机构与团体都在为制定网络管理国际标准而努力。在众多的网络协议标准化组织中，国际标准化组织与国际电信联盟的电信标准部（ITU - T）做了大量的工作，并制定出了相应的标准。

OSI 网络管理标准将开放系统的网络管理功能划分成 5 个功能域，这 5 个功能域分别用来完成不同的网络管理功能。OSI 网络管理中定义的 5 个功能域只是网络管理最基本的功能，这些功能都需要通过与其他开放系统交换管理信息来实现。

OSI 管理标准中定义的 5 个功能域,即故障管理(Fault Management)、配置管理(Configuration Management)、性能管理(Performance Management)、计费管理(Accounting Management)和安全管理(Security Management)。

1. 故障管理

故障管理是网络管理中最基本的功能之一,用户希望有一个可靠的计算机网络。当网络中某个组成部分发生故障时,网络管理器可以迅速查找到网络故障并及时排除。故障管理就是用来维持网络的正常运行。网络故障管理包括及时发现网络中发生的故障,找出网络故障产生的原因,必要时启动控制功能来排除故障。控制活动包括诊断测试活动、故障修复或恢复活动、启动备用设备等。

通常可能无法迅速隔离某个故障,因为网络故障的产生原因往往比较复杂,特别是当故障是由多个网络组成部分共同引起时。在此情况下,一般先将网络修复,然后再分析引起网络故障的原因。故障管理是网络管理功能中与检测设备故障、差错设备的诊断、故障设备的恢复或故障排除有关的网络管理功能,其目的是保证网络能够提供连续、可靠的服务。故障管理功能可以分解成以下 5 个功能。

(1)检测管理对象的差错现象,或接收管理对象的差错事件通报。

(2)当存在冗余设备或迂回路由时,提供新的网络资源用于服务。

(3)创建与维护差错日志库,对差错日志进行分析。

(4)进行诊断测试,以跟踪并确定故障位置与故障性质。

(5)通过资源的更换、维修或其他恢复措施使其重新开始服务。

网络中所有的组成部分,包括通话设备与线路,都有可能成为网络通信的瓶颈。事先进行性能分析,将有助于在运行前或运行中避免出现网络通信的瓶颈问题。在进行这项工作时需要对网络的各项性能参数(例如,可靠性、延时、吞吐量、网络利用率、拥塞与平均无故障时间等)进行定量评价。

2. 配置管理

网络配置是最基本的网络管理功能,是指网络中每个设备的功能、相互间的连接关系和工作参数,它反映网络的状态。因为网络经常地变化,所以调整网络配置的原因很多,主要有以下几点。

(1)向用户提供满意的服务,网络需要根据用户需求的变化,增加新的资源与设备,调整网络的规模,增强网络的服务能力。

(2)网络管理系统在检测到某个设备或线路发生故障,在故障排除的过程中可能会影响到部分网络的结构。

(3)通信子网中某个节点的故障会造成网络上节点的减少与路由的改变。

对网络配置的改变可能是临时性的,也可能是永久性的。网络管理系统必须有足够的手段来支持这些改变,不论这些改变是长期的还是短期的。有时甚至要求在短期内自动修改网络配置,以适应突发性的需要。配置管理就是用来识别、定义、初始化、控制与监测通信网中的管理对象。

配置管理功能主要包括资源清单管理、资源开通以及业务开通。

从管理控制的角度来看,网络资源可以分为3个状态:可用、不可用和正在测试。从网络运行的角度来看,网络资源有两个状态:活动和不活动。

配置管理是网络中对被管理对象的变化进行动态管理的核心。当配置管理软件接到网管操作员或其他管理功能设施的配置变更请求时,配置管理服务首先确定管理对象的当前状态并给出变更合法性的确认,然后对管理对象进行变更操作,最后要验证变更确实已经完成。因此,配置管理活动经常是由其他管理应用软件来实现。

配置管理包括:

(1)配置开放系统中有关路由操作的参数。

(2)被管理对象和被管对象组名字的管理。

(3)初始化或关闭被管对象。

(4)根据要求收集系统当前状态的有关信息。

(5)更改系统配置。

3. 性能管理

性能管理的目的是维护网络服务质量(QoS)和网络运营效率。网络性能管理活动是持续地评测网络运行中的主要性能指标,以检验网络服务是否达到了预定的水平,找出已经发生或潜在的瓶颈,报告网络性能的变化趋势,为网络管理决策提供依据。为了达到这些目的,网络性能管理功能要维护性能数据库、网络模型,需要与性能管理功能域保持连接,并完成自动的网络管理。

典型的性能管理可以分为两部分:性能监测和网络控制。性能监测是指网络工作状态信息的收集和整理;而网络控制则是为改善网络设备的性能而采取的动作和措施。

性能管理监测的主要目的是以下几点。

(1)在用户发现故障并报告后,去查找故障发生的位置。

(2)全局监视,及早发现故障隐患,在影响服务之前就及时将其排除。

(3)对过去的性能数据进行分析,从而清楚资源利用情况及其发展趋势。

ISO明确定义了网络或用户对性能管理的需求,以及衡量网络或开放系统性能的标准,定义了用于度量网络负荷、吞吐量、资源等待时间、响应时间、传播延时、资源可用性与表示服务质量变化的参数。

性能管理包括一系列管理对象状态的收集、分析与调整,保证网络可靠、连续通信的能力。性能分析的结果可能会触发某个诊断测试过程或重新配置网络以维护网络的性能。性能管理的一些典型功能包括以下几个部分。

(1)从管理对象中收集与性能有关的数据。

(2)分析与统计这些信息。

(3)根据统计分析的数据判断网络性能,报告当前网络性能,产生性能告警。

(4)将当前统计数据的分析结果与历史模型相比较,以便预测网络性能的变化趋势。

(5)形成并调整性能评价标准与性能参数标准值,根据实测值与标准值的差异来改变操作模式,调整网络管理对象的配置。

(6)实现对管理对象的控制,以保证网络性能达到设计要求。

4. 计费管理

计费管理(Accounting Management)随时记录网络资源的使用,目的是控制和监测网络操作的费用和代价。它可以估算出用户使用网络资源可能需要的费用和代价。网络管理员还可以规定用户能够使用的最大费用,从而控制用户过多地占用和使用网络资源,这也从另一方面提高了网络的效率。此外,当用户为了一个通信目的需要使用多个网络中的资源时,计费管理应能计算出总费用。

计费管理根据业务及资源的使用记录制作用户收费报告,确定网络业务和资源的使用费用并计算成本。计费管理保证向用户无误地收取使用网络业务应交纳的费用,也进行诸如管理控制的直接运用和状态信息提取一类的辅助网络管理服务。通常情况下,收费机制的启动条件是业务的开通。

计费管理的主要目的是正确地计算和收取用户使用网络服务的费用。但这并不是唯一的目的,计费管理还要进行网络资源利用率的统计和网络的成本效益核算。对于以盈利为目的的网络经营者来说,计费管理功能无疑是非常重要的。

在计费管理中,首先要根据各类服务的成本、供需关系等因素制定资费政策,资费政策包括根据业务情况制定的折扣率;其次要收集计费收据,如针对所使用的网络服务就占用时间、通信距离、通信地点等计算其服务费用。

通常计费管理包括如下几个主要功能。

(1)计算网络建设及运营成本,主要成本包括网络设备器材成本、网络服务成本、人工费用等。

(2)统计网络及其所包含的资源利用率。为确定各种业务在不同时间段的计费标准提供依据。

(3)联机收集计费数据。这是向用户收取网络服务费用的根据。

(4)计算用户应支付的网络服务费用。

(5)账单管理。保存收费账单及必要的原始数据,以备用户查询和置疑。

5. 安全管理

安全性一直是网络的薄弱环节之一，而用户对网络安全的要求又相当高，因此，网络安全管理非常重要。安全管理活动能够利用各种层次的安全防卫机制，使非法入侵事件尽可能少发生；能快速检测未授权的资源使用，并查出侵入点，对非法活动进行审查与追踪；能够使网络管理人员恢复部分受破坏的文件。

安全管理采用信息安全措施保护网络中的系统、数据以及业务。安全管理中通常需要设置一些权限，制定判断非法入侵的条件与检查非法操作的规则。非法入侵活动包括无权限的用户企图修改其他用户的文件、修改硬件或软件配置、修改访问优先权、关闭正在工作的用户，以及任何其他对敏感数据的访问企图。安全管理要收集有关数据产生报告，由网络管理中心的安全事务处理进程进行分析、记录与存档，并根据情况采取相应的措施，例如，给入侵用户以警告信息、取消其使用网络的权力等。无论是积极或消极行动，均要将非法入侵事件记录在安全日志中。

安全日志中记录的非法入侵事件主要有以下几类。

(1)所有被拒绝的访问企图。

(2)所有的用户登录与退出情况。

(3)所有对关键资源的使用情况。

(4)所有访问控制定义事项的变更情况。

(5)用户启动网络维护过程的情况。

(6)网络设备启动、关闭与重启动情况。

(7)所有包含有敏感数据的传输。

(8)所有被发现的积极入侵事件。

(9)所有被发现的消极入侵事件。

(10)所有对资源的物理毁坏与威胁。

安全管理系统的主要作用有以下几点。

(1)采用多层防卫手段，将受到侵扰和破坏的概率降到最低。

(2)提供迅速检测非法使用和非法侵入初始点的手段，核查跟踪侵入者的活动。

(3)提供恢复被破坏的数据和系统的手段，尽量降低损失。

(4)提供查获侵入者的手段。

(二)网络管理的模型

目前，应用最为广泛的网络管理模型是管理者/代理模型，如图 6－13 所示。这种网络管理模型的核心是一对相互通信的系统管理实体。网络管理模型采用独特方式来使两个管理进程之间相互作用，即某个管理进程与一个远程系统相互作用，以实现对远程资源的控制。

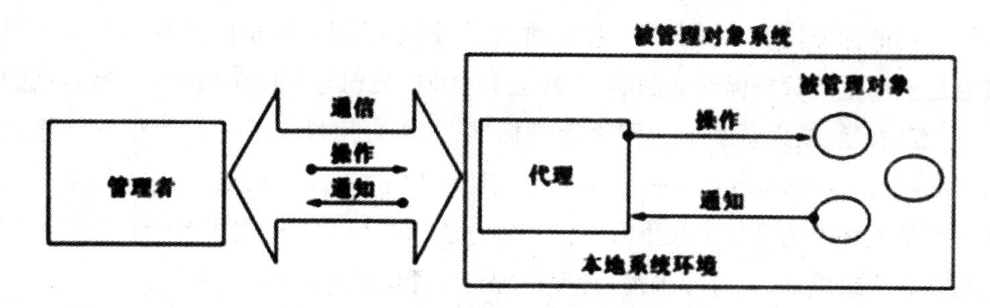

图6－13 网络管理的基本模型

在这种简单系统结构中，一个系统中的管理进程充当管理者角色，而另一个系统中的对应实体扮演代理角色，代理者负责提供对被管对象的访问。其中，前者称为网络管理者，后者称为网络管理代理。

不论是OSI的网络管理还是IETF的网络管理，都认为现代计算机网络管理系统基本上是由网络管理者（Network Manager）、网络管理代理（Managed Agent）、网络管理协议（Network Management Protocol，NMP）和管理信息库（Management Information Base，MIB）四个要素组成的。

网络管理者（管理进程）是管理指令的发出者，网络管理者通过各网管代理对网络内的各种设备、设施和资源实施监测和控制。

网络代理负责管理指令的执行，并以通知的形式向网络管理者报告被管对象发生的一些重要事件，它一方面从管理信息库中读取各种变量值，另一方面在管理信息库中修改各种变量值。

管理信息库是被管对象结构化组织的一种抽象，它是一个概念上的数据库，由管理对象组成，各个网管代理管理MIB中的数据实现对本地对象的管理，各网管代理对象控制的管理对象共同构成全网的管理信息库。

网络管理协议是最重要的部分，它定义了网络管理者与网管代理间的通信方法，规定了管理信息库的存储结构和信息库中关键词的含义以及各种事件的处理方法。

目前较有影响的网络管理协议是SNMP（Simple Network Management Protocol）和CMIS/CMIP（Common Management Information Service/Protocol）。其中，SNMP流传最广，应用最多，获得的支持也最为广泛，它已经成为事实上的工业标准。

三、简单网络管理协议

网络管理中最重要的部分就是网络管理协议，它定义了网络管理者与网管代理间的通信方法。在网络管理协议产生以前的相当长的时间里，管理者要学习各种不同网络设备获取数据的方法，因为各个生产厂家使用专用的方法收集收据。相同功能的设备，不同的生产厂商提供的数据采集办法可能大相径庭。因而,开始有了制定一个行业标准的需要。

除了专门的标准化组织制定了一些标准之外,网络发展比较早的机构与厂家也制定了应用在自己网络上的管理标准。例如,IBM 公司、DEC 公司与 Internet 组织都有自己的网络管理标准,有的已经成为事实上的网络管理标准,其中应用最广泛的是简单网络管理协议(Simple Network Management Protocol,SNMP)。SNMP 是由一系列协议组和规范组成的,它们提供了一种从网络上的设备中收集网络信息的方法。图 6-14 给出了 SNMP 的基本管理模型。它包括 3 个组成部分:管理进程、管理代理与管理信息库。

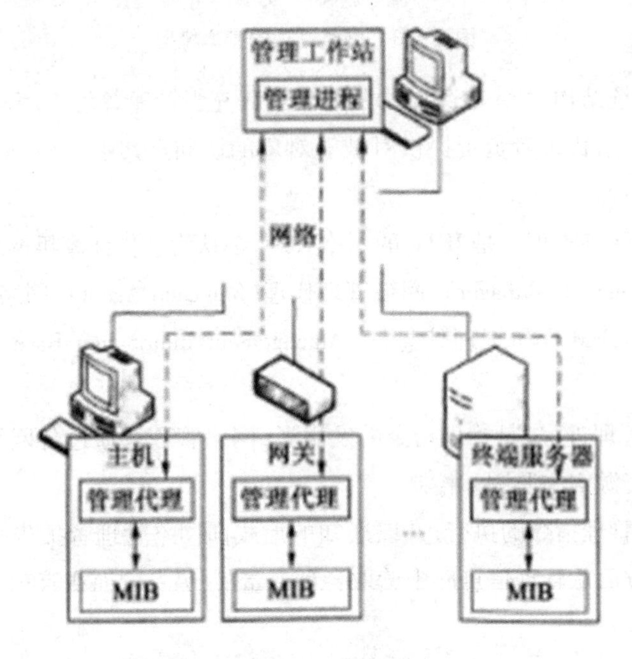

图 6-14　SNMP 的基本管理模型

(一)管理进程

管理进程(Management Processor)是管理指令的发出者。通常是一个或一组运行在网络管理站(或网络管理中心)的主机上的软件程序,可以在 SNMP 的支持下由管理代理执行各种管理操作。

管理进程负责完成各种网络管理功能,通过设备中的管理代理实现对网络设备与资源的拉制。另外,操作人员通过管理进程对全网进行管理。管理进程可以通过图形用户接口,以易于操作的方式显示各种网络信息、各管理代理的配置图等。管理进程将对各个管理代理中的数据集中存储,以备在事后进行分析时使用。

(二)管理代理

管理代理(Management Agent)是在被管理的网络设备中运行的软件,它负责执行管理进程的管理操作,即指令的执行。管理代理直接操作本地信息库,可以根据要求改变本地信息库,或是将数据传送到管理进程。

每个管理代理拥有自己的本地管理信息库,其中不一定具有 SNMP 定义的管理信息库的全部内容,只需包括与本地设备有关的管理对象。管理代理具有以下两个基本功能:读取管理信息库中各种变量值,修改管理信息库中各种变量值。

(三)管理信息库

管理信息库(Manager Information Base,MIB)是被管对象结构化组织的一种抽象,是一个概念上的数据库。由各种管理对象组成的。每个管理代理管理 MIB 中属于本地的管理对象,各管理代理控制的管理对象共同构成全网的 MIB。

网络管理协议是最重要的部分,它定义了网络管理者与网管代理间的通信方法,规定了管理信息库的存储结构和信息库中关键词的含义以及各种事件的处理方法。

第七章 下一代网络关键技术

第一节 下一代网络概述

一、下一代网络的产生背景及定义

(一)下一代网络的产生背景

现代电信是从1876年贝尔发明电话开始的,在之后的100多年的时间里,“电信”与“电话”是相同的含义,真正意义上的电信网络也就是电话网。传统的电话网络是一个基于电路交换技术的网络,提供的业务只有话音业务。传统的电话网经过100多年的发展,在经历人工交换、半自动交换、自动交换和空分交换等过程后,自20世纪60年代步入数字程控交换时代。程控数字交换技术使电话网在全世界迅速普及,到20世纪90年代发展到技术顶峰,成为当之无愧的第一大电信网络。随着移动通信技术的发展,程控交换技术与无线接入技术的结合使这种主要提供话音业务的电路交换网络的应用进一步扩展。

但是,电路交换网络存在电路利用率低、无法提供多媒体业务以及新业务扩展困难等缺点。进入20世纪80年代后,这些缺点在用户对于多媒体业务需求日益增加的情况下变得越来越突出。随着电信垄断经营局面变为历史,电信经营的市场竞争日益加剧,传统电路交换网络无法快速提供新的增值业务的缺点使运营商处于不利地位。

20世纪60年,产生了分组交换技术,并很快得到了大规模的应用。分组交换技术主要是用来满足数据业务的传输,因为它具有电路利用率高、可靠性强、适应于突发性业务的优势,TCP/IP、X.25、帧中继和ATM等各种分组交换技术层出不穷。在各种分组交换技术中,IP技术在很长一段时间内因为其无法保证业务质量而不为人们所重视;X.25、帧中继技术在相当长一段时间内承担起分组数据电信业务的服务,但是先天不足以及ATM技术的提出使它们很快退出了历史舞台或仅在某些局部范围应用。在20世纪90年代中期,人们对ATM技术寄予厚望,并赋予它承担多媒体电信业务的责任;但是ATM技术由于被赋予过多的责任及业务质量保证要求,使得技术变得非常复杂,商用化的缓慢进程与建设使用成本问题使 ATM 逐步退出了历史的舞台。导致 ATM 技术“失宠”的另外一个重要因素是 IP 路由在技术上的突破,随着半导体技术和计算机技术的发展,路由器转发 IP 的速率得到了极大的提高,以往制约 IP 路由器处理能力的问题得到解决。人们发现:在网络不出现拥塞的情况下,采用 IP 路由的方式同样可以提供需要一定业务质量保证的电信业务;IP 电话的规模商用也证明了这一点。

在 20 世纪 90 年代末期,IP 技术得到飞速发展。由于 IP 网络具有天然的开放性,IP 网络上的新业务层出不穷,“IP over Everything”及“Everything over IP”的提出进一步刺激了 IP 网络的发展。但是,IP 网络的服务质量问题、安全问题、维护管理问题,以及赢利模式问题一直困扰着 IP 网络的发展。人们意识到,要承载电信业务,传统的 IP 网络还有很多问题需要解决。

电信业务在 20 世纪 80 年代后期的一个发展趋势就是新业务的需求加快了,业务的生存周期缩短。而传统的电话网络由于是业务、控制及承载紧密耦合的体系结构,使新业务,尤其是增值业务的提供非常困难,这一点使运营商在日益激烈的市场环境中处于被动地位。为了解决这个问题,人们提出了智能网的概念。智能网是在传统的话音网络上增加一套附加的设施,达到快速提供新的增值业务的能力。智能网是一个增值业务的开发、生成、驻留、执行的环境,业务逻辑的执行环境成为业务控制点(SCP),SCP 通过标准的 No.7 信令与传统的电路交换网络互通,达到部分参与呼叫控制过程的目的。传统智能网的最大问题在于它仍然是构建在电路交换网络之上,无法提供多媒体增值业务;此外,由于它不能更改传统网络中交换设备的呼叫控制过程,而只表现在“暂停”呼叫进程及“增加”一些新的业务逻辑上,所以传统的智能网提供增值业务的智能程度是有限的。

综上所述,进入 20 世纪 90 年代末期,电信运营商面临这样的尴尬局面:业务分离及运营维护分离导致运营商每提供一种新的业务,就需要建设一个新的网络,造成了大量的重复建设和巨大的投资浪费;而且在运营过程中需要投入大量的人力、物力来维护多个网络。另一方面,用户对于多媒体特性的综合业务需求越来越多,业务的需求不但发生变化,而且对于这些新的需求运营商必须采用新的技术。

以 IP 技术为核心的互联网在 20 世纪 90 年代末期得到了飞速发展,其增长趋势是爆炸性的。基于 H.323 的 IP 电话系统的大规模商用有力地证明了 IP 网络承载电信业务的可行性,也让人们看到了利用一个网络承载综合电信业务的希望,下一代网络的概念就是在这样的一种背景下提出来的。

下一代网络是一个虚指的概念,是指区别于现有网络的一种网络,它的突出特征是能够承载综合电信业。下一代网络的概念在很长一段时间内并没有明确的定义,不同的研究人员有不同的理解,这种状况一直持续了几年的时间。

（二）下一代网络的定义

ITU 关于下一代网络（Next Generation Network，NGN）最新的定义是它是一个分组网络，它提供包括电信业务在内的多种业务，能够利用多种带宽和具有 QoS 能力的传送技术，实现业务功能与底层传送技术的分离；它提供用户对不同业务提供商网络的自由接入，并支持通用移动性，实现用户对业务使用的一致性和统一性。

可以说，下一代网络实际上是一把大伞，涉及的内容十分广泛，其含义不只限于软交换和 IP 多媒体子系统（IMS），而是涉及到网络的各个层面和部分。它是一种端到端的、演进的、融合的整体解决方案，而不是局部的改进、更新或单项技术的引入。从网络的角度来看，NGN 实际涉及了从干线网、城域网、接入网、用户驻地网到各种业务网的所有层面。NGN 包括采用软交换技术的分组化的话音网络；以智能网为核心的下一代光网络；以 MPLS、IPv6 为重点的下一代 IP 网络；采用 3G、4G 技术的下一代无线通信网络以及下一代业务网及各种宽带接入网等。

由以上定义可以看出，NGN 需要做到以下几点：一是 NGN 一定是以分组技术为核心的；二是 NGN 一定能融合现有各种网络；三是 NGN 一定能提供多种业务，包括各种多媒体业务；四是 NGN 一定是一个可运营、可管理的网络。

二、下一代网络的组成及特点分析

（一）下一代网络的组成

现在人们比较关注 NGN 的业务层面，尤其是其交换技术，但实际上，NGN 涉及的内容十分广泛，广义的 NGN 包含了以下几个部分：下一代传送网、下一接入网、下一代交换网、下一代互联网和下一代移动网。

. 下一代传送网

1 下一代传送网是以 ASON 为基础的，即自动交换光网络。其中，波分复用系统发展迅猛，得到大量商用，但是普通点到点波分复用系统只提供原始传输带宽，需要有灵活的网络节点才能实现高效的灵活组网能力。随着网络业务量继续向动态的 IP 业务量的加速汇聚，一个灵活动态的光网络基础设施是必要的，而 ASON 技术将使得光联网从静态光联网走向自动交换光网络，这将满足下一代传送网的要求，因此，ASON 将成为以后传送网发展的重要方向。

2. 下一代接入网

下一代接入网是指多元化的无缝宽带接入网。当前，接入网已经成为全网宽带化的最后瓶颈，接入网的宽带化已成为接入网发展的主要趋势。接入网的宽带化主要有以下几种解决方案:一是不断改进的 ADSL 技术及其他 DSL 技术;二是 WLAN 技术和目前备受关注的 WiMAX 技术等无线宽带接入手段;三是长远来看比较理想的光纤接入手段,特别是采用无源光网络(PON)用于宽带接入。

3. 下一代交换网

下一代交换网是指网络的控制层面采用软交换或 IMS 作为核心架构。传统电路交换网络的业务、控制和承载是紧密耦合的,这就导致了新业务开发困难,成本较高,无法适应快速变化的市场环境和多样化的用户需求。软交换首先打破了这种传统的封闭交换结构,将网络进行分层,使得业务、控制、接入和承载相互分离,从而使网络更加开放,建网灵活,网络升级容易,新业务开发简捷快速。在软交换之后 3GPP 提出的 IMS 标准引起了全球的关注,它是一个独立于接入技术的基于 IP 的标准体系,采用 SIP 协议作为呼叫控制协议,适合于提供各种 IP 多媒体业务。IMS 体系同样将网络分层,各层之间采用标准的接口来连接,相对于软交换网络,它的结构更加分布化,标准化程度更高. 能够更好地支持移动终端的接入,可以提供实际运营所需要的各种能力,目前已经成为 NGN 中业务层面的核心架构。软交换和 IMS 是传统电路交换网络向 NGN 演进的两个阶段,两者将以互通的方式长期共存,从长远看, IMS 将取代软交换成为统一的融合平台。

4. 下一代互联网

NGN 是一个基于分组的网络,现在已经对采用 IP 网络作为 NGN 的承载网达成了共识, IP 化是未来网络的一个发展方向。现有互联网是以 IPv4 为基础的,下一代的互联网将是以 IPv6 为基础的。IPv4 所面临的最严重问题就是地址资源的不足,此外,在服务质量、管理灵活性和安全方面都存在着内在缺陷,因此,互联网逐渐演变成以 IPv6 为基础的下一代互联网(NGI)将是大势所趋。

5. 下一代移动网

下一代移动网是指以 3G 和 B3G 为代表的移动网络。总的来看,移动通信技术的发展思路是比较清晰的。下一代移动网将开拓新的频谱资源,最大限度实现全球统一频段、统一制式和无缝漫游,应付中高速数据和多媒体业务的市场需求以及进一步提高频谱效率,降低成本,扭转 ARPU 下降的趋势。

总之,广义的 NGN 实际上包含了几乎所有新一代网络技术,是端到端的、演进的、融合的整体解决方案。

(二)下一代网络的特点

下一代网络具有以下基本特点。

1. 采用分层的体系架构

NGN 将网络分为用户层(包括接入层和传送层)、控制层和业务层,用户层负责将用户接入到网络之中并负责业务信息的透明传送,控制层负责对呼叫的控制,业务层负责提供各种业务逻辑，三个层面的功能相互独立，相互之间采用标准接口进行通信。NGN 的分层架构使复杂的网络结构简单化，组网更加灵活，网络升级容易；同时分层架构还使得承载、控制和业务这三个功能相互分离，这就使得业务能够真正地独立于下层网络，为快速、灵活、有效地提供新业务创造了有利环境，便于第三方业务的快速部署实施。

2. 基于分组技术

NGN 的定义中明确说明 NGN 将是一个基于分组的网络，即采用分组交换作为统一的业务承载方式。NGN 是以分组技术为基础的电信网络，在网络层以下将以分组交换为基础构建，其网络对信令和媒体均采用基于分组的传输模式。过去业界对 NGN 采用何种分组技术存在分歧，主要是在 IP 技术和 ATM 技术之间的争论，目前已经对采用 IP 技术达成了共识，但 IP 技术并不完善，还需要许多改进才能担当这个重任。

3. 提供各种业务

随着技术的进步和生活水平的提高，仅仅利用语音来交换信息已经不能满足人们的日常需要，尤其随着 Internet 的迅猛发展，多媒体服务已经越来越多地融入人们的日常生活之中。NGN 的最终目标就是为用户提供各种业务，这包括传统语音业务、多媒体业务、流媒体业务和其他业务。NGN 的生命力很大程度上取决于是否能够提供各种新颖的业务，因此，在 NGN 的发展中如何开发有竞争力的业务将是今后的一个问题。

4. 能够与传统网络互通

网络的发展不是一蹴而就的，现有网络过渡到下一代网络一定会经历一个漫长的过程。在这个过程中，下一代网络与现有网络将长期共存，因此，这两者之间必须要实现互通。目前制定的 NGN 标准中都充分考虑了互通的问题。

5. 具有可运营性和可管理性

NGN 是一个商用的网络，必须具备可运营性和可管理性。可运营性主要包括 QoS 能力和安全性能，NGN 需要为业务提供端到端的 QoS 保证和安全保证，当提供传统电信业务时，应至少能保证提供与传统电信网相同的服务质量。可管理性是指 NGN 应该是可管理和可维护的，其网络资源的管理、分配和使用应该完全掌握在运营商的手中，运营商对网络有足够的控制力度，明确掌握全网的状况并能对其进行维护。NGN 应能够支持故障管理、性能管理、客户管理、计费与记账、流量和路由管理等能力，运营商能够采取智能化的、基于策略的动态管理机制对其进行管理。

6. 具有通用移动性

与现有移动网能力相比，NGN 对移动性有更高的要求。通用移动性是指当用户采用不同的终端或接技术时，网络将其作为同一个客户来处理，并允许用户跨越现有网络边界使用和管理他们的业务。通用移动性包括终端移动性和个人移动性及其组合，即用户可以从任何地方的任何接入点和接入终端获得在该环境下可能得到的业务，并且对这些业务用户有相同的感受以及操作。通用移动性意味着通信实现个人化，用户只使用一个 IP 地址就能够实现在不同位置、不同终端上接入不同的业务。

三、下一代网络的体系结构

NGN是一个融合的网络,不再是以核心网络设备的功能纵向划分网络,而是按照信息在网络传输与交换的逻辑过程来横向划分网络。可以把网络为终端提供业务的逻辑过程分为承载信息的产生、接入、传输、交换及应用恢复等若干个过程。

为了使分组网络能够适应各种业务的需要,NGN网络将业务和呼叫控制从承载网络中分离出来。因此,NGN的体系结构实际上是一个分层的网络。

NGN从功能上可以分为接入层、传送层、控制层和网络业务层等几个层面。

接入层(Access Layer):将用户连接全网络,集中用户业务将它们传递至目的地,包括各种接入手段,例如,接入网、中继网、媒体网、智能网等。

传送层(Transport Layer):将不同信息格式转换成为能够在网络上传递的信息格式,例如,将话音信号分割成ATM信元或IP包。此外,媒体层可以将信息选路至目的地。

控制层(Control Layer):即指软交换设备,是NGN的核心,主要完成信令的处理等业务的执行。

网络业务层(Network Service Layer):处理具体业务逻辑,包括业务管理、应用服务、AAA服务等业务逻辑。

四、下一代网络中的网关技术

网关的主要作用就是实现两个异构网络之间的通信。考虑到网关功能的灵活性、可扩展性和高效性,业界提出了分解的网关功能的概念。IETF的RFC 2719给出了网关的总体模型,将网关分解为3个功能实体,即媒体网关(Media Gateway,MG)功能、媒体网关控制器(Media Gateway Controller,MGC)功能和信令网关(Signal Gateway,SG)功能,如图7-1所示,SCN是指交换电路网。

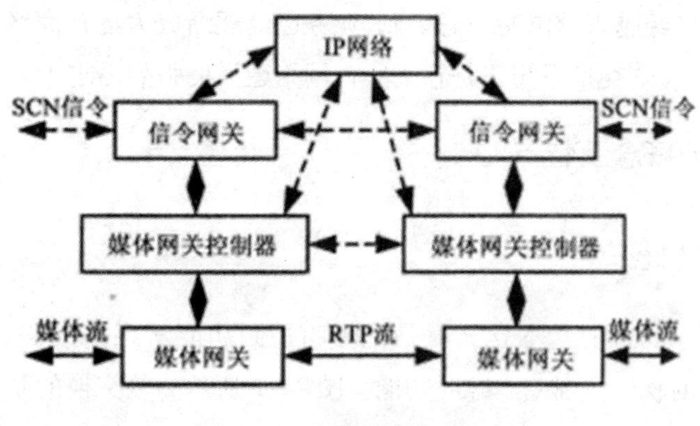

图7-1 分离的网关功能

1. 媒体网关

MG 主要是将一种网络中的媒体转换成另一种网络所要求的媒体格式。MG 能够在电路交换网的承载通道和分组网的媒体流之间进行转换,可以综合处理音频、视频和数据内容。

媒体网关 MG 在 NGN 中扮演着重要的角色,任何业务都需要 MG 在软交换的控制下实现。媒体网关主要涉及的功能有:用户或网络接入功能、接入核心媒体网络功能、媒体流的映射功能、受控操作功能、管理和统计功能。

2. 媒体网关控制器

MGC 能控制整个网络,监视各种资源并控制各种连接,负责用户认证和网络安全,发起和终结所有的信令控制。MGC 是软交换的重要组成部分和功能实现部分。

MGC 是 H. 248 协议关于 MG 媒体通道中呼叫连接状态的控制部分。MGC 可以通过 H. 248 协议或 MGCP 协议、媒体设备控制协议(MDCP)对 MG 进行控制,媒体网关控制器/呼叫代理之间通过 H. 323 或者 SIP 协议连接。在大多数情况下,MGC 被统称为"软交换",但 MGC 并不等于软交换,软交换的功能比 MGC 强大。

3. 信令网关

SG 是 No. 7 信令网与 IP 网的边缘接收和发送信令消息的信令代理,对信令消息进行中继、翻译或终结处理。其实质就是为了实现电话网端局与软交换设备的 No. 7 信令互通,尤其实现信令承载层电路交换形式与 IP 形式的转换功能。一般 SG 包括 No. 7 信令网接口、IP 网络接口、协议处理单元 3 个功能实体。

第二节　软交换技术

下一代网络是集语音、数据、传真和视频业务于一体的全新网络。在向未来网络发展的过程中,运营商们已经越来越清楚地意识到,业务已经逐渐成为运营商区别于同行而立于不败之地的主要因素。软交换思想正是在下一代网络建设的强烈需求下孕育而生的。

一、软交换的概念及特点

(一)软交换的概念

软交换(Soft Switch)的基本含义就是把呼叫控制功能从媒体网关(传输层)中分离出来,通过服务器上的软件实现基本呼叫功能。图 7 - 2 所示为软交换的基本概念。

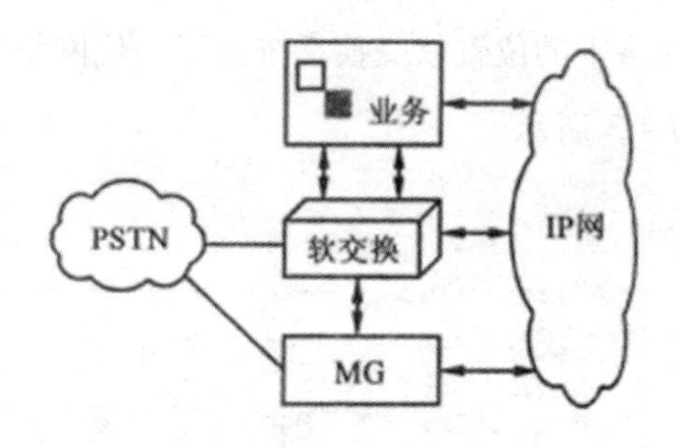

图7-2 软交换的基本概念

(二)软交换的特点

软交换具有以下几个特点。

1. 高效灵活

软交换体系结构的最大优势在于将应用层和控制层与核心网络完全分开,有利于以最快的速度、最有效的方式引入各类新业务,大大缩短了新业务的开发周期。利用该体系架构,用户可以非常灵活地享受所提供的业务和应用。

2. 开放性

由于软交换体系架构中的所有网络部件之间均采用标准协议,因此,各个部件之间既能独立发展、互不干涉,又能有机组合成一个整体,实现互连互通。这样,“开放性”成为软交换的一个最为主要的特点,运营商可以根据自己的需求选择市场上的优势产品,实现最佳配置,而无需拘泥于某个公司、某种型号的产品。

3. 多用户

软交换的设计思想迎合了电信网、计算机网及有线电视网三网合一的大趋势。模拟用户、数字用户、移动用户、ADSL用户、ISDN用户、IP窄带网络用户、IP宽带网络用户都可以享用软交换提供的业务,因此,它不仅为新兴运营商进入语音市场提供了有力的技术手段,也为传统运营商保持竞争优势开辟了有效的技术途径。目前各运营商都认为可以对软交换进行深入研究,探索其在网络发展、演进和融合过程中的作用。

4. 强大的业务功能

软交换可以利用标准的全开放应用平台为客户定制各种新业务和综合业务,最大限度地满足用户需求。特别是软交换可以提供包括语音、数据和多媒体等各种业务,这就是软交换被越来越多的运营商接受和利用的主要原因。

二、软交换系统的体系结构

(一)软交换系统的参考模型

软交换系统由传输平面、控制平面、应用平面、数据平面和管理层面构成。

软交换在下一代通信网络中的位置软交换系统在下一代网络中的位置。软交换系统在下一代网络中的位置如图 7－3 所示。

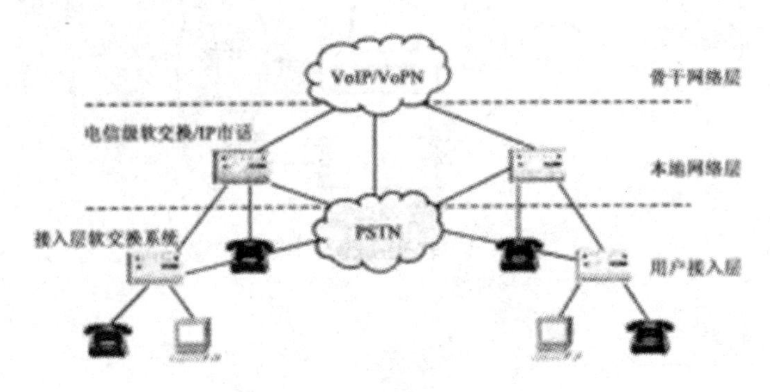

图 7－3 软交换在下一代通信网络中的位置示意图

根据传统通信网络的发展和演变，下一代电信网络将是以包交换为基本支撑网络的三层体系架构。其中，骨干层将由实现路由解析、域资源管理等功能的设备完成（如 H.323 体系中的 GK、SIP 体系中的重定位服务器等）。本地层将由软交换或 IP 市话等相关设备完成，为本地用户提供多媒体通信服务，并通过高层骨干网络管理设备与其他本地设备通信实现异地的用户间多媒体通信功能。而用户接入层将通过各种 MG（如与 PSTN 互通的 MG）、宽带接入设备、移动接入设备等接入至本地软交换处理。

（二）基于软交换技术的网络结构

在下一代网络中，应有一个较统一的网络系统结构。基于软交换技术的网络结构如图 7－4 所示。

由图 7－4 可以看出，软交换位于网络控制层，较好地实现了基于分组网利用程控软件提供呼叫控制功能和媒体处理相分离的功能。

软交换与应用/业务层之间的接口提供访问各种数据库、三方应用平台、功能服务器等接口，实现对增值业务、管理业务和三方应用的支持。其中软交换与应用服务器间的接口可采用 SIP、API，以提供对三方应用和增值业务的支持；软交换与策略服务器间的接口对网络设备工作进行动态干预，可采用普通开放策略服务（Common Open Policy Service，COPS）协议；软交换与网关中心之间的接口实现网络管理，采用 SNMP；软交换与 INSCP 之间的接口实现对现有 IN 业务的支持，采用 INAP 协议。

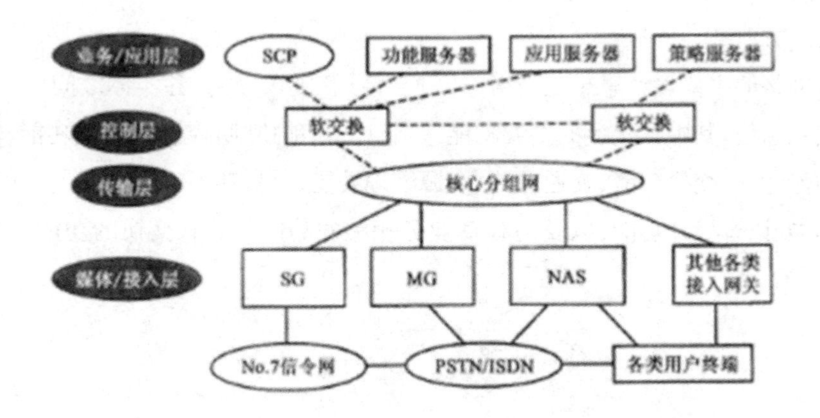

图 7-4 基于软交换技术的网络结构图

应用服务器负责各种增值业务和智能业务的逻辑产生和管理，并且还提供各种开放的API，为第三方业务的开发提供创作平台。应用服务器是一个独立的组件，与控制层的软交换无关，从而实现了业务与呼叫控制的分离，有利于新业务的引入。

MG 其主要功能是将一种网络中的媒体转换成另一种网络所要求的媒体格式。它提供API，为第三方业务的开发提供创作平台。应用服务器是一个独立的组件，与控制层的软交换无关，从而实现了业务与呼叫控制的分离，有利于新业务的引入。

MG 其主要功能是将一种网络中的媒体转换成另一种网络所要求的媒体格式。它提供多种接入方式，如数据用户接入、模拟用户接入、ISDN 接入、V5 接入、中继接入等。

通过核心分组网与媒体层网关的交互，接收处理中的呼叫相关信息，指示网关完成呼叫。其主要任务是在各点之间建立关系，这些关系可以是简单的呼叫，也可以是一个较为复杂的处理。软交换技术主要用于处理实时业务，如语音业务、视频业务、多媒体业务等。

软交换之间的接口实现不同于软交换之间的交互，可采用 SIP-T、H.323 或 BICC 协议。

三、软交换设备功能

软交换设备是整个软交换网络的核心，主要完成呼叫控制功能，相当于软交换网络的“大脑”，是软交换网络中呼叫与控制的核心。

软交换作为多种逻辑功能实体的集合，提供综合业务的呼叫控制、连接以及部分业务提供功能，是下一代网络中语音/数据/视频业务呼叫、控制、业务提供的核心设备，也是目前电路交换网向下一代分组网演进的主要设备之一。

我国信息产业部在《软交换设备总体技术要求》中对软交换设备的定义如下：软交换设备（Soft Switch，SS）是电路交换网向分组网演进的核心设备，也是下一代电信网络的重要设备之一，它独立于底层承载协议，主要完成呼叫控制、媒体网关接入控制、资源分配、协议处理、路由、认证和计费等主要功能，并可以向用户提供现有电路交换机所能提供的业务以及多样化的第三方业务。

软交换网络的主要设计思想是业务/控制与传送/接入分离,各实体之间通过标准的协议进行连接和通信,其中软交换的主要功能包括以下几项:呼叫控制和处理功能、协议功能、业务提供功能、业务交换功能、互通功能、资源管理功能、计费功能、认证与授权功能、地址解析及路由功能、语音处理功能,以及与移动业务相关的功能等。软交换的功能结构示意图,如图 7 - 5 所示。

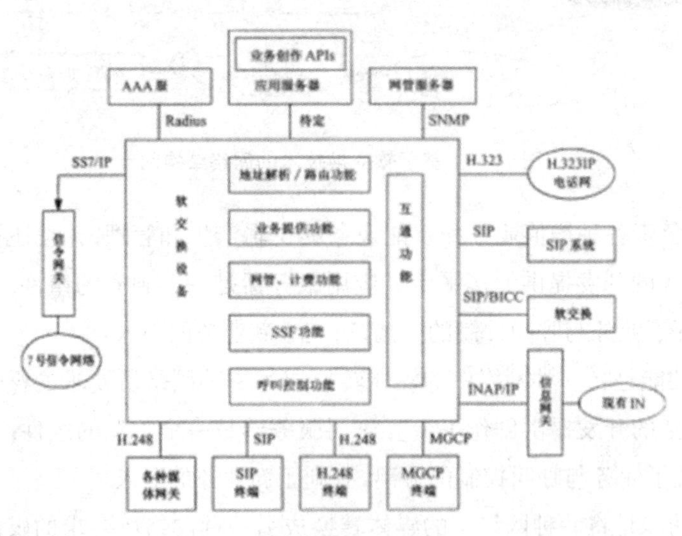

图 7 - 5　软交换设备的功能结构

(一)呼叫控制和处理功能

软交换可以为基本呼叫的建立、保持和释放提供控制功能,包括呼叫处理、连接控制、智能呼叫触发检出和资源控制等。

软交换应可以接收来自业务交换功能的监视请求,并对其中与呼叫相关的事件进行处理。接受来自业务交换功能的呼叫控制相关信息,支持呼叫的建立和监视。

支持基本的两方呼叫控制功能和多方呼叫控制功能,提供多方呼叫控制功能,包括多方呼叫的特殊逻辑关系、呼叫成员的加入/退出/隔离/旁听以及混音过程的控制等口

软交换应能够识别媒体网关报告的用户摘机、拨号和挂机等事件;控制媒体网关向用户发送各种音信号,如拨号音、振铃音和回铃音等;提供满足运营商需求的编号方案。

当软交换内部不包含信令网关时,软交换应该能够采用 SS7/IP 协议与外置的信令网关互通,完成整个呼叫的建立和释放功能,其主要承载协议采用 SCTP。

软交换应可以控制媒体网关发送 IVR,以完成诸如二次拨号等多种业务。

软交换可以同时直接与 H. 248 终端、MGCP 终端和 SIP 客户端终端进行连接,提供相应业务。

当软交换位于 PSTN/ISDN 本地网时，应具有本地电话交换设备的呼叫处理功能。

当软交换位于 PSTN/ISDN 长途网时，应具有长途电话交换设备的呼叫处理功能。

(二)协议功能

开放性是软交换体系结构的一个主要特点，因此，软交换应具备丰富的协议功能。

呼叫控制协议：ISUP、TUP、PRI、BRI、BICC、SIP－T 及 H. 323 等。

传输控制协议：TCP、UDP、SCTP、M3UA 及 M2PA 等。

媒体控制协议：H. 248，MGCP 及 SIP 等。

业务应用协议：PARLY、INAP、MAP、LDAP 及 RADIUS 等。

维护管理协议：SNMP 及 COPS 等。

它们分别应用于软交换与网络中其他部件之间，如软交换与媒体网关之间、软交换与信令网关之间、软交换与软交换之间、软交换与 H. 323 终端之间等。

(三)业务提供功能

网络发展的根本目的是提供业务。目前，许多厂家提供的软交换可以支持电路交换机提供的业务，如软交换自身可以提供诸如呼叫前转、主叫号码显示、呼叫等待、缩位拨号、呼出限制、免打扰服务等程控交换机提供的补充业务，软交换还可以与现有智能网配合提供现有智能网提供的业务等。

下一代网络可以说是业务驱动的网络，软交换的引入主要是提供控制功能，而应用服务器(Application Server)则是下一代网络中业务支撑环境的主体，也是业务提供、开发和管理的核心，从这个角度来看，下一代网络是以软交换设备和应用服务器为核心的网络。软交换的业务提供功能应主要体现在可以与第三方合作，提供多种增值业务和智能业务。这样不仅增加了服务的种类，而且加快了服务应用的速度。

(四)业务交换功能

业务交换功能与呼叫控制功能相结合提供呼叫控制功能和业务控制功能(SCF)之间进行通信所要求的一系列功能。业务交换功能主要包括：

业务交互作用管理。

管理呼叫控制功能与 SCF 间的信令。

业务控制触发的识别以及与 SCF 间的通信。

按要求修改呼叫/连接处理功能，在 SCF 控制下处理 IN 业务请求。

软交换与网关设备共同完成智能网中 SSP 设备的功能，从而使得软交换网络的用户可以享有原智能网的业务。当软交换收到用户所拨叫号码后，经过号码分析识别为智能业务呼叫,则使用 INAP 协议通过信令网关将业务请求上报给 SCP,由 SCP 中的业务逻辑完成业务控制;软交换接收到 SCP 的指令后,控制网关设备完成媒体接续功能。

（五）互通功能

提供 IP 网内 H.248 终端、SIP 终端和 MGCP 终端之间的互通。

软交换应可以通过信令网关实现分组网与现有 No.7 信令网的互通。

可以与其他软交换互通,它们之间的协议可以采用 SIP 或 BICC。

可以通过软交换中的互通模块,采用 SIP 协议实现与未来 SIP 网络体系的互通。

可以通过信令网关与现有智能网互通,为用户提供多种智能业务;允许 SCF 控制 VoIP 呼叫,且对呼叫信息进行操作(如号码显示等)。

可以通过软交换中的互通模块,采用 H.323 协议实现与现有 H.323 体系的 IP 电话网的互通。

（六）资源管理功能

软交换应提供资源管理功能,对系统中的各种资源进行集中管理,如资源的分配、释放和控制等,接受网关的报告,掌握资源当前状态,对使用情况进行统计,以便决定此次呼叫请求是否进行接续等。

（七）计费功能

软交换应具有采集详细话单及复式计次功能,并能够按照运营商的需求将话单传送到相应计费中心。当使用记账卡等业务时,软交换应具备实时断线的功能。

软交换具有根据计费对象进行计费和信息采集的功能,并负责将采集信息送往计费中心。例如,当用户接入授权认证通过并开始通话时,由软交换启动计费计数器;当用户拆线或网络拆线时终止计费计数器,并将采集的原始记录数据 CDR(Call Detail Record)送到相应的计费中心,再由该计费中心根据费率生成账单,并汇总上交给相应的结算中心。再如,当采用账号(如记账卡用户)方式计费时,软交换应具有计费信息传送和实时断线功能。在用户接入授权认证通过后,与软交换连接的计费中心应从用户数据库(漫游用户应在其开户地计费中心查找)提取余额信息并折算成最大可通话时间传给软交换设备,软交换设备启动相应的定时器以免用户透支。开始通话时由软交换设备启动计费计数器,在用户拆线或网络拆线时终止计费计数器。最终由软交换设备将采集的数据送到相应的计费中心,由该计费中心生成 CDR,并根据费率生成用户账单并扣除记账卡用户的一定的余额(对漫游用户应将账单送到其开户地相应的计费中心,由它负责扣除记账卡用户的一定的余额),并汇总上交给相应的结算中心。

对智能业务的计费，主要是由SCP决定是否计费、计费类别及计费相关信息，但记录由软交换生成。当呼叫结束后，软交换将详细计费信息送往计费中心，将与分摊相关的信息送IP到SCP，由SCP送往SMP，再送到结算中心，由结算中心进行分摊。在软交换中应有计费类别（Charge Class）与具体的费率值的对应表。

计费的详细采集内容与各运营商的资费策略密切相关，但其主要内容可以包括日期、通话开始时间、通话终止时间、PSTN，qSDN侧接通开始时间、PSTN/ISDN侧释放时间、通话时长、卡号、接入号码、被叫用户号码、主叫用户号码、入字节数、出字节数、业务类别、主叫侧媒体网关/终端的IP地址、被叫侧媒体网关/终端的IP地址、主叫侧软交换设备IP地址、被叫侧软交换设备IP地址、通话终止原因等。

（八）认证与授权功能

软交换应能够与认证中心连接，并可以将所管辖区域内的用户及媒体网关信息（如IP地址及MAC地址等）送往认证中心进行认证和授权，以防止非法用户/设备的接入。

（九）地址解析及路由功能

软交换应可以完成E.164地址至IP地址及别名地址至IP地址的转换功能，同时也可完成重定向的功能。

能够对号码进行路由分析，通过预设的路由原则（如拥塞控制路由原则）找到合适的被叫软交换，将呼叫请求送至被叫软交换。

（十）语音处理功能

软交换可以控制媒体网关之间语音编码方式的协商过程，语音编码算法至少包括G.711、G.729和G.723等。呼叫建立之前，软交换会分别向主/被叫网关发送可选的（按优先级由高到低的）编码方式列表，网关根据自身情况回送（按优先级由高到低的）编码方式列表，最后双方选取都支持的最高优先级编码方式，完成两个网关之间编码方式的协商。当网络发生拥塞时，软交换会控制网关设备切换至压缩率高的编码方式，减少网络负荷。当网络负荷恢复至正常时，软交换会控制网关设备切换至压缩率低的编码方式，提高业务质量。

软交换可以控制媒体网关是否采用回声抑制功能，提供的协议应至少包括G.168等。软交换能够向媒体网关提供语音包缓存区的最大容量，以减少抖动对语音质量带来的影响。软交换可以控制媒体网关的增益的大小，并控制中继网关是否执行导通检验过程。

（十一）与移动业务相关的功能

软交换具备无线市话交换局、移动交换局能提供的相关功能，包括用户鉴权、位置查询、号码解析及路由分析、呼叫控制、业务提供和计费等功能。

四、软交换协议

软交换作为一个开放的实体,与外部的接口采用开放的协议。图 7 - 6 所示为软交换提供的一些外部接口。

(一)H.248/MEGACO 协议

H.248 和 MEGACO 协议均称为媒体网关控制协议,应用在媒体网关和软交换之间、软交换与 H.248/MEGACO 终端之间,如图 7 - 7 所示。

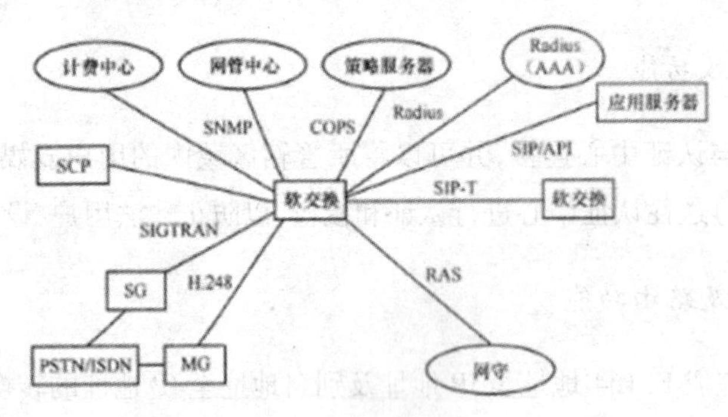

图 7 - 6　软交换对外接口

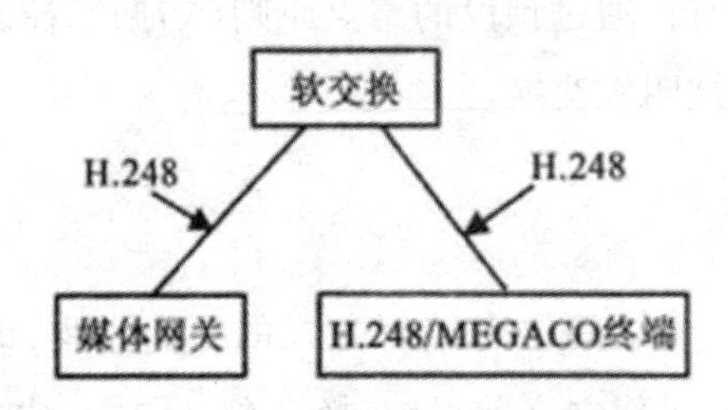

图 7 - 7　H.248/MEGACO 的应用范围

H.248 是由 ITU - T 第 16 组提出来的,而 MEGACO 是由 IETF 提出来的。两个标准化组织在制定媒体网关控制协议过程中,相互联络和协商,因此,H.248 和 MEGACO 协议的内容基本相同。它们引入了终节点(Termination)和关联(Context)两个重要概念。

终节点为媒体网关或 H.248 终端上发起或终接媒体或控制流的逻辑实体,一个终节点可发起或支持多个媒体或控制流,中继时隙 DS0、RTP 端口或 ATM 虚信道均可以用 Termination 进行抽象。关联用来描述终节点之间的连接关系。例如,拓扑结构、媒体混合或交换的方式等。

由于 H.248/MEGACO 是 ITU - T 和 IETF 共同推荐的协议,因此,许多设备制造商和运营商看好这个协议。

（二）H.323 协议

H.323 是一套较为成熟的电信级 IP 电话体系协议。1996 年 ITU 通过 H.323 规范时，是作为 H.320 的修改版，用于 LAN 上的会议电视。经过几次改版后，H.323 成为 IP 网关/终端在分组网上传送话音和多媒体业务所使用的核心协议，包括点到点、点到多点会议、呼叫控制、多媒体管理、带宽管理、LAN 与其他网络的接口等。H.323 建议是为多媒体会议系统而提出，并不是为 IP 电话专门提出的，只是 IP 电话，特别是电话到电话经由网关的这种 IP 电话工作方式，可以采用 H.323 建议来完成它要求的工作，因而 H.323 建议被“借”过来作为 IP 电话的标准。对 IP 电话来说，它不只用 H.323 建议，而且用了一系列建议，其中有 H.225、H.245、H.235、H.450、H.341 等。只是 H.323 建议是“总体技术要求”，因而通常把这种方式的 IP 电话称为 H.323IP 电话。H.323 建议是一个较为完备的建议书，它提供了一种集中处理和管理的工作模式。这种工作模式与电信网的管理方式是适配的，尤其适用于从电话到电话的 IP 电话网的构建（目前国内 IP 电话网络全部采用 H.323）。

（三）MGCP 协议

MGCP 协议是 H.323 电话网关分解的结果，由 IETF 的 MEGACO 工作组制定，具体内容可参考 IETFRFC2705。在软交换系统中，MGCP 协议主要用于软交换与媒体网关或软交换与 MGCP 终端之间控制过程。如图 7－8 所示。

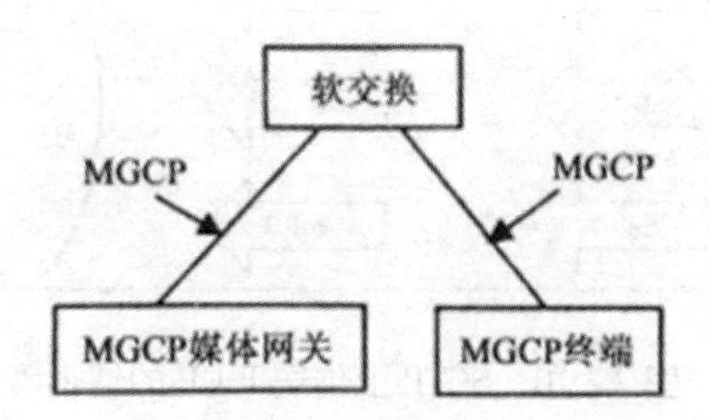

图 7－8 MGCP 的应用范围

MGCP 协议模型基于端点和连接两个构件进行建模。端点用来发送或接收数据流，可以是物理端点或虚拟端点；连接则由软交换控制网关或终端在呼叫所涉及的端点间进行建立，可以使点到点、点到多点连接。一个端点上可以建立多个连接，不同呼叫的连接可以终接于同一个端点。MGCP 命令分成连接处理和端点处理两类，共有 9 条命令。

由于 MGCP 比 MAGACO 推出的时间早，因此，目前许多厂家开发的终端和媒体网关均支持 MGCP 协议。

（四）SIP 协议

SIP 是会话启动协议，是由 IETF 提出并主持研究的一个在 IP 网络上进行多媒体通信的应用层控制协议，它被用来创建、修改和终结一个或多个参加者参加的会话进程。其设计思想与 H.248、MEGACO/MGCP 完全不同,SIP 采用基于文本格式的客户机－服务器方式,以文本的形式表示消息的语法、语义和编码,客户机发起请求,服务器进行响应。SIP 主要用于 SIP 终端和软交换之间、软交换和软交换之间以及软交换和各种应用服务器之间。总的来说,会话启动协议能够支持下列 5 种多媒体通信的信令功能。

(五)SCTP 协议

SCTP(流控制传送协议)主要在无连接的网络上传送 PSTN 信令信息,该协议可以在 IP 网上提供可靠的数据传输。SCTP 可以在 IP 网上承载 No.7 信令,完成 IP 网与现有的 No.7 信令网和智能网的互通。同时,SCTP 还可以承载 H.248、ISDN、SIP、BICC 等控制协议,因此可以说,SCTP 是 IP 网上控制协议的主要承载者。图 7－9 所示为 ISUP 承载在 TCP 层上的情形,1 个单数据"管道"为 3 个呼叫传送所有的 ISUP 消息。图 7－10 则是 SCTP 上传送 ISUP 的情形。

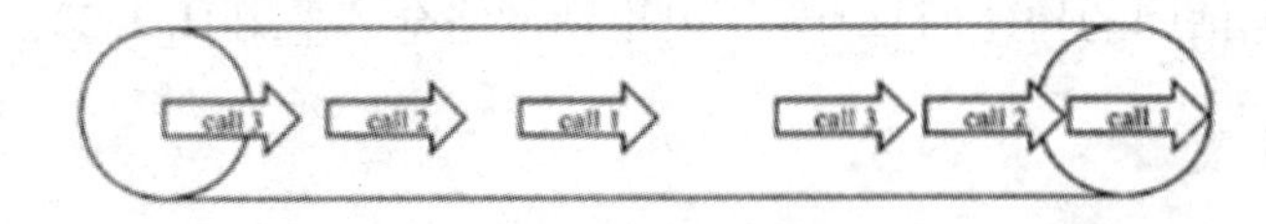

图 7－9　ISUP 上传送 TCP 的情形

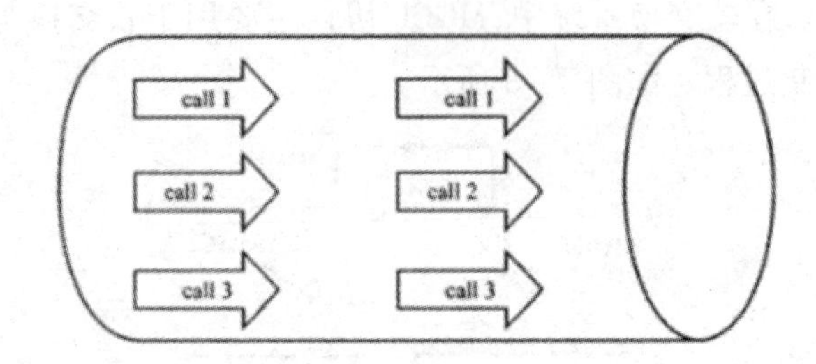

图 7－10　SCTP 上传送 ISUP 的情形

SCTP 具有以下特点。

SCTP 是一个单播协议,数据交换是在两个已知端点间进行。

它定义的定时器间隔比 TCP 协议的更短。

提供可靠的用户数据传输,检测什么时间数据被损坏或乱序,需要时可进行修复。

速率适应,可对网络拥塞作出响应,并按需要阻止回传。

支持多导航,每个 SCTP 端点可能被多个 IP 地址识别,对一个地址进行选路与其他地址无关,如果一条路由不可用,将会使用另一条路由。

使用基于 Cookies 的初始过程,以防止因业务冲突而遭拒绝。

支持捆绑,在单个 SCTP 消息中可以包含多个数据块,每块都可以包含一个完整的信令消息。

支持划分,单个信令消息可以被划分为多个 SCTP 消息,以便满足低层 PDU 的需要。

以面向消息的形式定义数据帧的结构，相反，TCP 协议在传送字节流时不强调结构。

具有多流的能力，数据被分成多个流，每个流都按独立的顺序传送，但 TCP 协议没有这样的特点。

（六）BICC 协议

BICC 协议提供了支持独立于承载技术和信令传送技术的窄带 ISDN 业务，BICC 协议属于应用层控制协议，可用于建立、修改、终结呼叫。

支持 BICC 信令的节点有多种，这些节点可以是具有承载控制功能（BCF）的服务节点（SN），也可以是不具有承载控制功能的媒体节点。图 7－11 所示是具有承载控制功能的服务节点模型。

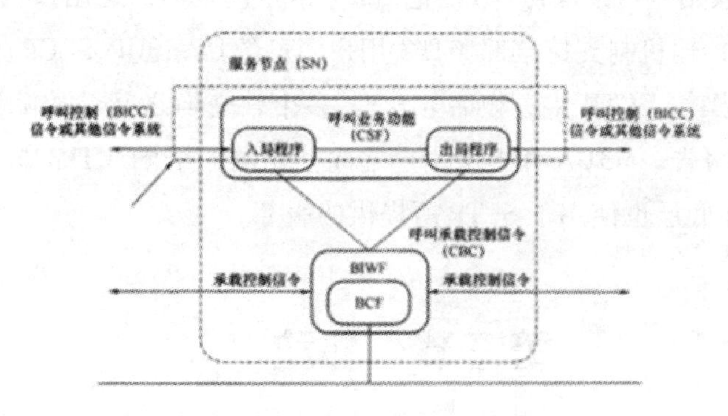

图 7－11　具有承载控制功能的服务节点模型

图 7－12 给出了 BICC 协议模型。BICC 协议具有呼叫信令和承载信令功能分离的特点，通过 BCF 接收/发送承载信令事件。显然，BICC 并不是用于 SIP 体系的，它只可能与 H. 323 网络配用。

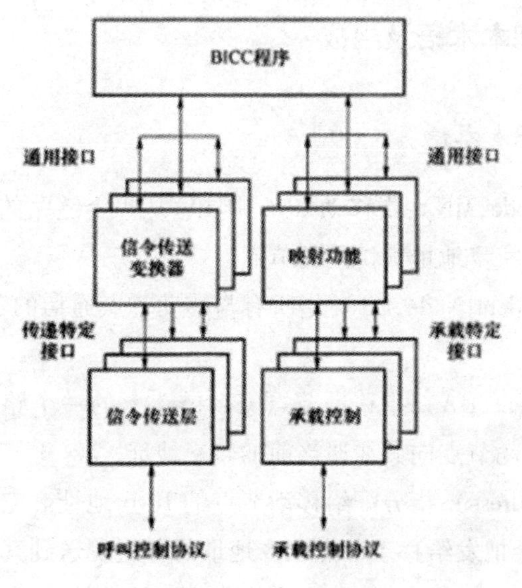

图 7－12　BICC 协议模型

（七）M2PA 协议

M2PACMTP2 层用户对等适配层协议）是把 No.7 信令的 MTP3 层适配到 SCTP 层的协议，它描述的传输机制可以使任何两个 No.7 节点通过 IP 网上的通信完成 MTP3 消息处理和信令网管理功能，因此，能够在 IP 网连接上提供与 MTP3 协议的无缝操作。此时，软交换具有一个独立的信令点。M2PA 提供的传输机制支持 IP 网络连接上的 MTP3 协议对等层的操作。

（八）M3UA 协议

M3UACMTP3 层用户适配层协议）是把 No.7 信令的 MTP3 层用户信令适配到 SCTP 层的协议。它描述的传输机制支持全部 MTP3 用户消息（TUP、ISUP、SCCP）的传送、MTP3 用户协议对等层的无缝操作、SCTP 传送和话务管理、多个软交换之间的故障倒换和负荷分担以及状态改变的异步报告。M3UA 和上层用户之间使用的原语同 MTP3 与上层用户之间使用的原语相同，并且在底层也使用了 SCTP 所提供的服务。

第三节　移动 IPv6

越来越多的移动用户都希望能够以更加灵活的方式接入到 Internet 中去，而不会受到时空的限制。移动 IP 技术正式适应这种需求而产生的一种新的支持移动用户和 Internet 连接的互联技术，它能使移动用户在移动自己位置的同时无需中断正在进行的网络通信。

一、移动 IPv6 的基本术语及组成

（一）移动 IPv6 的基本术语

移动节点（Mobile Node，MN）：指移动 IPv6 中能够从一个链路的连接点移动到另一个链路的连接点，仍能通过其家乡地址被访问的节点。

通信节点（Correspondent Node，CN）：指所有与移动节点通信的节点，通信节点可以是静止的，也可以是移动的。

家乡代理（Home Agent，HA）：指移动节点家乡链路上的一个路由器。当移动节点离开家乡时，家乡代理允许移动节点向其注册当前的转交地址。

家乡地址（Home Address）：指分配给移动节点的 IPv6 地址。它属于移动节点的家乡链路，标准的 IP 路由机制会把发给移动节点家乡地址的分组发送到其家乡链路。

转交地址（Care of Address，CoA）：指移动节点访问外地链路时获得的 IPv6 地址。这个

IP 地址的子网前缀是外地子网前缀。移动节点同时可得到多个转交地址,其中注册到家乡代理的转交地址称为主转交地址。

家乡链路(Home link):对应于移动节点家乡子网前缀的链路。标准 IP 路由机制会把目的地址是移动节点家乡地址的分组转发到移动节点的家乡链路。

外地链路(Foreign Link):对于一个移动节点而言,指除了其家乡链路之外的任何链路。

移动(Movement):指移动节点改变其网络接入点的过程。如果移动节点当前不在它的家乡链路上,则称为离开家乡。

子网前缀(Subnet Prefix):指同一网段上的所有地址中前面的相同部分。子网前缀是前缀路由技术的基础,IPv6 中子网前缀的概念与 IPv4 中的子网掩码的概念类似。

家乡子网前缀(Home Subnet Prefix):指对应于移动节点家乡地址的 IP 子网前缀。

外地子网前缀(Foreign Subnet Prefix):对于一个移动节点而言,指除了其家乡链路之外的任何 IP 子网前缀。

绑定(Binding):绑定也称为注册,是指移动节点的家乡地址和转交地址之间建立的对应关系。家乡代理通过这种关联把发送到家乡链路的属于移动节点的分组转发到其当前位置,通信节点通过这种关联也可以知道移动节点的当前接入点,从而实现通信的路由优化。

(二)移动 IPv6 的组成

移动 IPv6 与移动 IPv4—样,同样包括家乡链路(Home Link)和外地链路(Foreign Link)的概念。家乡链路就是具有本地子网前缀的链路,移动节点使用本地子网前缀来创建家乡地址(Home Address)。外地链路就是非移动节点家乡链路的链路,外地链路具有外地子网前缀,移动节点使用外地子网前缀创建转交地址(care - of Address)。

移动 IPv6 中的家乡地址和转交地址的概念与移动 IPv4 中的基本相同。其中,移动 IPv6 的家乡地址就是移动节点在家乡链路时所获得的地址,无论移动节点位于 IPv6 互联网中的哪个位置,移动节点的家乡地址总是可到达的。移动 IPv6 的转交地址是移动节点位于外地链路时所使用的地址,由外地子网前缀和移动节点的接口 ID 组成。移动节点可同时具有多个转交地址,但是仅有一个转交地址可以在移动节点的家乡代理(Home Agent)中注册为主转交地址。

与移动 IPv4 不同,在移动 IPv6 中只有家乡代理的概念,而取消了外地代理。移动节点的家乡代理是家乡链路上的一台路由器,主要是负责维护离开本地链路的移动节点,以及这些移动节点所使用的地址信息。如果移动节点位于家乡链路,则家乡代理的作用与一般的路由器相同,它将目的地为移动节点的数据包正常转发给移动节点;当移动节点离开家乡链路时,则家乡代理将截取发往移动节点家乡地址的数据包,并将这些数据包通过隧道发往移动节点的转交地址。

在移动 IPv6 中,还有一个重要的组成部分就是对端节点。对端节点是与离开家乡的移动节点进行通信的 IPv6 节点。对端节点可以是一个固定节点,也可以是一个移动节点。移动 IPv6 的组成如图 7－13 所示。

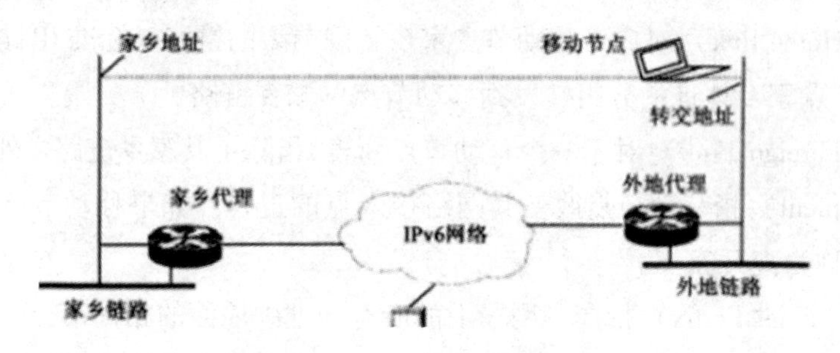

图 7－13　移动 IPv6 的组成

二、移动 IPv6 的工作原理

移动 IPv6 的工作过程分为 3 个部分:路由器发现、位置登记和收发数据包,如图 7－14 所示。

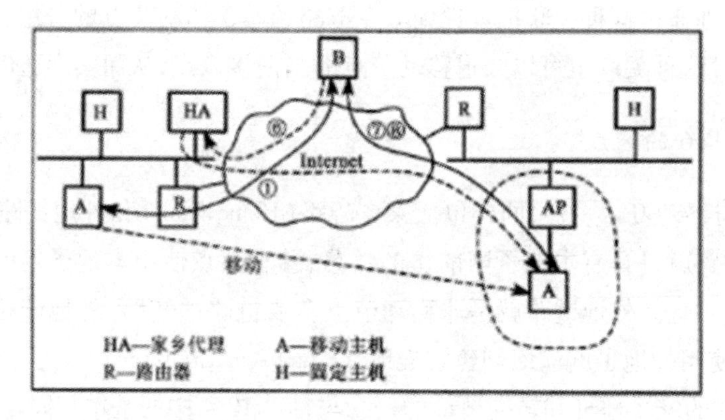

图 7－14　移动 IPv6 的工作原理

移动节点利用路由器发现机制来确定其当前位置。

如果移动节点属于在它的家乡链路上,则和固定主机或路由器一样,以相同的机制收发数据包。

当移动节点在外地链路上时,可利用 IPv6 定义的地址自动配置机制获得其转交地址。

移动节点将其转交地址通知给它的家乡代理,同时,移动节点也可将它的转交地址通知给对应的通信节点,并更新其绑定缓存列表。

不知道移动节点转交地址的通信节点所发出的包首先要发送到移动节点的家乡网络,再由家乡代理通过隧道技术将其发送到移动节点的转交地址,移动节点解开数据包并更新其绑定缓存列表,直接将包发送到通信对端,通信对端接收数据包并更新其绑定缓存列表。

如果通信节点知道移动节点的转交地址,就可利用 IPv6 的选路报头直接将数据包发送到移动节点的转交地址。

由移动节点发出的数据包直接路由到目的节点，而不需要任何特殊的转发机制。

如果移动节点离开家乡网络后，由于家乡网络配置变更或其他原因，导致移动节点无法找到家乡代理。这时，移动 IPv6 就会利用“动态家乡代理发现机制”通过发送 ICMP 家乡代理地址发现请求消息，得到当前家乡链路上的家乡代理地址，从而保证能够注册其转交地址。

三、移动 IPv6 报文

（一）移动报头

移动 IPv6 定义了一个移动报头，其实质是一个新的 IPv6 扩展报头，主要作用是承载移动节点、通信节点和家乡代理间在绑定管理过程中使用的移动 IP 消息，这些消息都是封装在 IPv6 的扩展报头之中进行传送的。移动报头是通过前一个扩展报头的“下一个扩展报头”字段值 135 进行标识的。

（二）绑定更新请求报文

绑定更新请求报文（Binding Refresh Request Message，BRR）要求移动节点更新其移动绑定，移动报头类型字段的取值为 0，移动报头中报文数据内容为绑定更新请求报文的格式。

（三）转交测试初始报文

转交测试初始报文（Care - of Test Init，CoTI），移动节点使用该报文初始化返回路由可达过程，向通信节点请求转交密钥生成令牌。CoTI 报文的格式同 HoTI 的几乎一样，不同的只是把家乡初始 Cookie 替换为转交初始 Cookie。移动报文类型字段的取值为 2，移动报文中报文数据内容为转交测试初始报文的格式。

（四）家乡测试报文

家乡测试报文（Home Test Message，HoT）是对家乡转变测试初始报文的应答，是通信节点发往移动节点的。移动报文类型字段的取值为 3，移动报文中报文数据内容为家乡测试报文的格式。

（五）转交测试报文

转交测试报文（Care - of Test Message，CoT）是对转交测试初始报文的响应，从通信节点发往移动节点。移动报文类型字段的取值为 4，移动报文中报文数据内容为转交测试报文的格式。

（六）绑定更新报文

绑定更新报文（Binding Updae，BU）是移动节点使用绑定更新报文通知其他节点（主要是通信节点或家乡代理）自己的新的转交地址。移动报文类型字段的取值为5，移动报文中报文数据内容为绑定更新报文的格式。

（七）绑定确认报文

绑定确认报文（Binding Acknowledgment Message，BA）用于确认收到了绑定更新，移动报文类型字段的取值为6，移动报文中报文数据内容为绑定确认报文的格式。

（八）绑定错误报文

绑定错误报文（Binding Error Message），对端节点使用绑定错误报文表示与移动性相关的错误。移动报文类型字段的取值为7，移动报文中报文数据内容为绑定错误报文的格式。

对于不需要在所有发送的绑定错误报文中出现的消息内容，可能存在与这些绑定错误报文相关的附加信息。移动选项允许对已经定义的绑定错误报文格式做进一步扩展。

若该报文中不存在实际选项，不需要字节填充，且报头长度字段将设为2。

四、移动IPv6中的关键技术

（一）移动IPv6的安全技术

从物理层与数据链路层角度来看，移动节点多数情况是通过无线链路接入，无线链路是一种开发的链路，容易遭受窃听、重放或其他攻击。

从网络层移动IP协议角度来看，移动节点通过家乡代理和外地代理不断地从一个网络移动到另一个网络，使用代理发现、注册与隧道机制，实现与对端的通信。

代理发现机制很容易遭到一个恶意节点的攻击，它可以发出一个伪造的代理通告，使得移动节点认为当前绑定失效。

移动注册机制很容易受到拒绝服务攻击与假冒攻击。典型的拒绝服务攻击是攻击者向本地代理发送伪造的注册请求，把自己的IP地址当作移动节点的转交地址。在注册成功后，发送到移动节点的数据分组就被转发到攻击者，而真正的移动节点却接收不到数据分组。攻击者也可以通过窃听会话与截取分组，储藏一个有效的注册信息，然后采取重放的办法，向家乡代理注册一个依靠的转发地址。

对于隧道机制，攻击者可以伪造一个从移动节点到家乡代理的隧道分组，从而冒充移动节点非法访问家乡网络。

移动IP面临着一般IP网络中几乎所有的安全威胁，而且有特有的安全问题，家乡代理、外地代理与通信对端,以及注册与隧道机制都可能成为攻击的目标,因此,移动 IP 的安全问题是研究的重要方向之一。

(二)移动 IPv6 快速切换技术

移动 IPv6 已经提供了切换过程,但是在某些情况下不适合支持实时应用程序。研究切换的目的是要减少切换的延迟和丢包率,这样,移动 IPv6 才能很好地运行实时应用的移动节点的移动问题。

快速切换于 2005 年 7 月成为 IETF 发布的“移动 IPv6 的快速切换(Fast Handover for Mobile IPv6,FMIPv6)”协议标准,定义在 RFC4068 中,其核心思想是有移动节点预测网络层的移动,在断开当前链路前,能够发现新的路由器和网络前缀并进行切换预处理。快速切换的工作过程如图 7-15 所示。

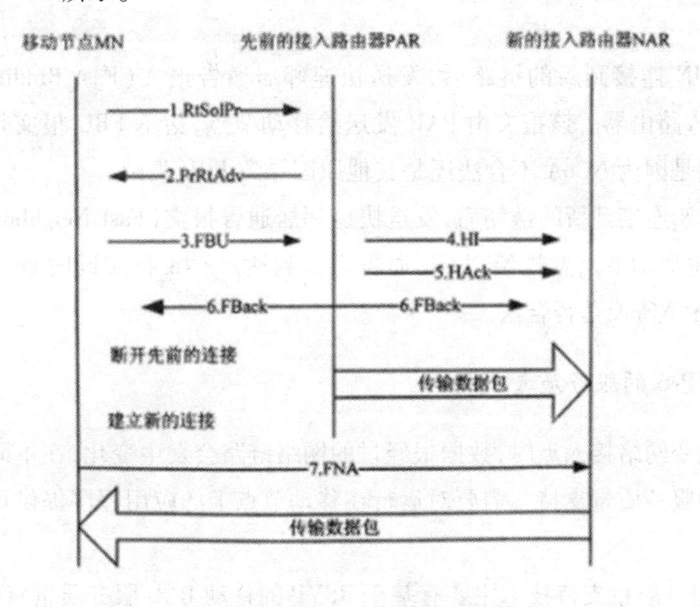

图 7-15　移动 IPv6 的快速切换技术

图 7-15 中的切换过程包括以下操作。

移动节点发送路由代理请求报文(Router Solicitation for Proxy,RtSolPr)上发现邻居接入路由器。当移动节点发现新的接入点(Access Point,AP)时,它预测到自己将要进行切换,于是发送 RtSolPr 消息给旧的接入路由器(Previous Access Router,PAR)。RtsolPr 包含新发现 AP 的标识符,以查衔与其对应的新的接入路由器(New Access Router,NAR)的相关信息。

移动节点收到代理路由通告报文(Proxy Router Advertisement,PrRtAdv),该报文由 PAR 发送给移动节点,作为对 RtSolPr 报文的响应。PrRtAdv 提供了与新发现 AP 相对应的 NAR 的子网前缀或者 IP 地址信息。移动节点使用这些信息配置新的转交地址(New Care - of Address,NCoA)。

移动节点发送快速绑定更新报文(Fast Binding Update,FBU)到旧的接入路由器。这样,PAR就可以建立移动节点旧的转交地址(Previous Care - of Address,PCoA)与NCoA的绑定以及它到NAR的分组转发隧道。

旧的接入路由器发送切换初始化报文(Handover Initiate,HI)给新的接入路由器。在收到FBU消息之后,PAR发送该报文给NAR。HI报文包含移动节点的PCoA和NCoA,使得NAR可以通过重复地址检测过程检查NCoA的合法性。HI报文的另外一个作用是建立NAR到PAR的反向隧道,该隧道将移动节点发送的分组转发给PAR新的接入路由器发送切换确认报文给旧的接入路由器。

旧的接入路由器发送快速绑定确认报文(Handover Acknowledgement,HAck)给处于新链路上的移动节点,同时这个报文也发送到生成绑定更新报文的链路。该报文由NAR发送给PAR,作为对HI报文的确认。它指示NCoA是合法的,或提供另一个合法的NCoA给移动节点。

移动节点MN连接到新的链路后,发送快速邻居通告报文(Fast Binding Acknowledgement)给新的接入路由器。该报文由PAR发送给移动节点,指示FBU报文是否成功。否定的确认报文指明是因为NCoA不合法还是其他原因导致FBU失败。

移动节点MN连接到新的链路后,发送快速邻居通告报文(Fast Neighbor Advertisement,FNA)。该报文由移动节点发送给NAR,通告它的到达。FNA报文同时触发一个路由器通告作为响应,指示NCoA是否合法。

(三)移动IPv6的服务质量支持

移动节点改变网络接入点时,数据报经过的网络链路会发生变化,在不同的网络链路中需要提供适当的服务质量支持。需要对运行在移动节点上的应用程序提供可用的服务质量保证。

移动IPv6服务质量支持技术主要有基于RSVP的移动IPv6服务质量(QoS)体系和层次化移动管理(HMIPv6)。

基于RSVP的移动IPv6服务质量体系提出了一套用于移动网络中的信令协议,当移动节点从一个子网移动另一个子网时,允许移动节点在当前位置的路径上建立和维持资源预留。通过对IPv6流标记(Flow Label)字段的应用设置实现对服务质量的支持。流标记是按位产生的伪随机数,在一定的时间内,源端不能重用流标记。如果流标记字段值为0,则表明这个数据报不属于任何流。

移动IPv6与RSVP结合,采用两种方式标识数据流,即一种是基于移动节点的家乡地址来标识源端或目的端,另一种是用移动节点的转交地址(CoA)来标识源端或目的端。

需要进一步解决的问题如下:

如果采用移动节点的家乡地址标识数据流,可能会出现数据报分类不匹配,预留路径上中间路由器的数据报分类将可能是基于移动节点的家乡地址而不是基于移动节点的转交地址,说明这种方法是不可行的。

如果采用移动节点的转交地址来标识数据流,当移动节点移动到另一个子网时,携带了新的转交地址的 PATH 报文与 RSVP 报文将会触发预留路径上的路由器进行新的资源预留,而不是重用原来设置的资源预留。可以看出,无论移动节点作为源端或目的端,都必须在切换后在新的路径上重新进行资源预留,不能实现流透明。

通过对移动 IPv6 与 RSVP 的扩展,出现了一些改进的移动 IPv6 QoS 模型,这些改进技术主要有以下两种:

流透明的移动 IPv6 QoS 模型。把移动节点发出的数据报的家乡地址选项的存放位置由目的选项首部改为逐跳选项首部,基本思路是需要路径上所有的中间路由器都对每个数据报的逐跳选项首部进行检查。问题是当路径上的路由器很多时会增大开销,该种模型没有可扩展性。

移动 IPv6 基于条件的 QoS 切换模型。采用基于层次化管理的 QoS 条件切换机制,减少了区域内切换时信令的数目,该种模型只是提出了一种框架,没有给出具体的处理机制,也没有考虑到流透明。

层次化移动管理(HM IPv6)的基本思路是,有 69% 的移动是在一个区域内,因此,可以考虑采用类似层次路由的概念,对移动 IPv6 的服务质量实现提供层次化管理。层次化移动 IPv6 是对移动 IPv6 的补充,引入了一种称为移动锚点(Mobility Anchor Point,MAP)的功能实体　MAP 可以使移动 IPv6 的绑定报文处理限制在本地区域内,实现在 MAP 区域内部节点的移动性对通信对端节点保持透明。

HM IPv6 对移动 IPv6 的扩展对移动节点和家乡代理的操作进行了少量的修改,没有对通信对端节点操作做改动。HM IPv6 引入了两个转交地址的概念,即一个是移动节点在 MAP 上获得的区域转交地址(Regiona Care - of Address,RCoA),以 RCoA 作为转交地址注册到家乡代理和通信对端节点;另一个移动节点的接入地址称为接入链路转交地址(onLink Care - of Address,LCoA),当移动节点在 MAP 管理区域内改变了 LCoA 时,仅需要向 MAP 注册更新,不需要向家乡代理和对端节点注册。可以认为,MAP 就相当于移动节点的本地家乡代理(Local Hone Agent,LHA),MAP 代表注册在其上的移动节点接收所有的数据报,并经过隧道封装发送到移动节点的 LCoA。

第四节　多协议标记交换技术

一、MPLS 概述

多协议标记交换(Multi - Protocol Label Switching,MPLS)是 IP 通信领域中的一种新兴的

网络技术,这种技术将第三层路由和第二层交换结合起来,是对传统 IP Over ATM 技术的改进,从而把 IP 的灵活性,可扩展性与 ATM 技术的高性能性,QoS 性能,流量控制性能有机地结合起来。其基本思想表现在 MPLS 网络上即为边缘路由和核心交换。MPLS 不仅能够解决当前 Internet 网络中存在的大量问题,而且能够支持许多新的功能,是一种理想的 IP 骨干网络技术。

为了解决 Internet 中存在的问题,各个厂商(如 Cisco、IBM、Nortel、Ipsilon)分别推出了自己的标记交换技术,这充分说明了标记交换技术的应用前景十分广阔。1996 年 12 月在 MIT 举办了一个关于标记交换的 BOF(Bird of Feather)会议。以后,在各个厂家的积极参与下,1997 年 IETF 成立一个从事综合路由和交换问题研究的工作组,称为 MPLS 工作组(MPLSWG),其工作任务是制定标记分配、封装、组播、高层资源预留、QoS 机制,以及主机行为定义等方面的协议。目前,MPLS 方面的研究十分活跃,MPLS 技术在近些年得到了迅速的发展。

需要说明的是,虽然把 MPLS 视为一种集成模型的 IP Over ATM 技术,但实际上 MPLS 是一种支持多协议技术。它既可以支持 IP、IPX 等网络层协议,又可运行在 Ethernet、FDDI,ATM、帧中继、PPP 等多种数据链路层上。它既源于传统的标记交换技术,又不同于传统的标记交换技术,因而它们之间存在着很多相似点,但也有着重要区别。

正是由于标记交换技术不受限于某一具体的网络层协议,并且具有高性能转发特性,因此,被广大网络研究者认同。到目前为止关于 MPLS 的各种草案多达 140 个,速度之快,也是前所未有的。同时,在研究界也发表了大量有关 MPLS 的论文,但至今还没有一个国际标准化组织颁布关于 MPLS 核心规范的标准。这说明 MPLS 的研究还处于"百家争鸣"阶段,有很多技术还不完善,在与传统的 Internet 技术集成时,还存在许多未解决的问题。

二、MPLS 的体系结构与工作原理

MPLS 的体系结构是在 1997 年的第 4 次工作组会议上确定的,其典型结构如图 7 - 16 所示,基本组成单元是 MPLS 标记交换路由器(LSR)。由 MPLSLSR 构成的网络区域称为 MPLS 域,位于 MPLS 域边缘与其他网络或用户相连的 LSR 称为边缘 LSR(LER),而位于 MPLS 域内部的 LSR 则称为核心 LSR。LSR 既可以是专用的 MPLS LSR,也可以是由 ATM 等交换机升级而成的 ATM - LSR。

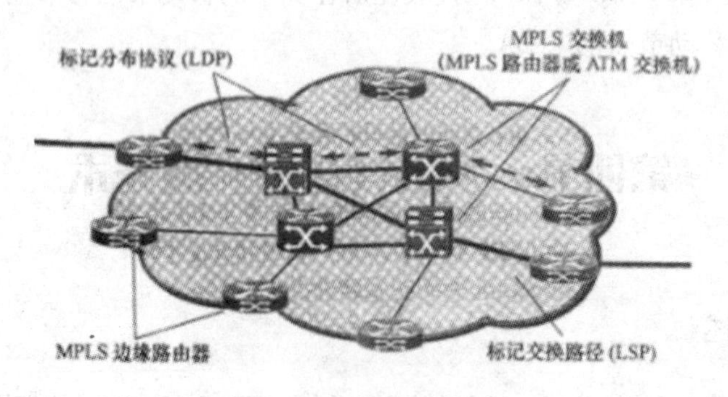

图 7 - 16　MPLS 网络的结构

MPLS 网络的信令控制协议称为标记分发协议(LDP)。MPLS 网络与传统 IP 网络的不同主要在于 MPLS 域中使用了标记交换路由器,域内部 LSR 之间使用 MPLS 协议进行通信,而在 MPLS 域的边缘由 MPLS 边缘路由器进行与传统 IP 技术的适配。

标记是一个长度固定、具有本地意义的短标识符,用于标识一个转发等价类。特定分组上的标记代表着分配给该分组的转发等价类。MPLS 允许标记是世界唯一的,或者每个节点唯一的或者每个接口唯一的。MPLS 的标记可以具有广泛的粒度,如可以为最佳颗粒度,即路由表中的每一个地址前缀都属于一个转发等价类;也可以是中等颗粒度的,即网络的每一个外部接口归为一个等级,将所有通过某一接口离开网络的分组归为一类;也可以为粗颗粒度的,即每一个节点归为一个等级,将所有通过某一节点离开网络的分组归为一类。但需要注意的是,相邻 LSR 之间的粒度不一致可能会产生问题。

标记交换的具体工作过程,简单来说主要包括以下几个步骤,如图 7－17 所示。

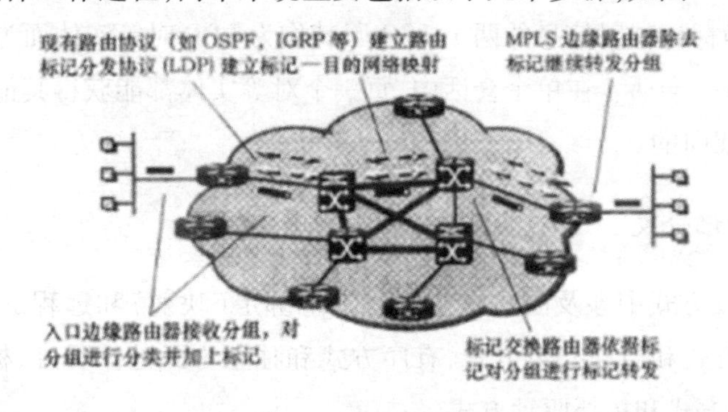

图 7－17　MPLS 的工作原理

标记分发协议和传统路由协议(OSPF 和 ISIS 等)一起,在各个 LSR 中为有业务需求的转发等价类建立路由表和标记映射表。

边缘路由器接收分组,完成第三层功能,判定分组所属的转发等价类,并给分组加上标记形成 MPLS 标记分组。

此后,在 LSR 构成的网络中,LSR 对标记分组不再进行任何第三层处理,只是依据分组上的标记和标记转发表通过交换单元对其进行转发。

在 MPLS 出口的路由器上,将分组中的标记去掉后继续进行转发。

三、标记分发协议

LSP 实质上是一条 MPLS 隧道,而隧道建立过程则是通过 LDP 来实现的。LDP 是 LSR 将它所做的 FEC/标记绑定通知给另一个 LSR 的协议簇,使用 LDP 交换 FEC/标记绑定信息的两个 LSR 称为对应于相应绑定信息的标记分发对等实体。LDP 还包括标记分发对等实体为了获知彼此的 MPLS 能力而进行的任何协商。

目前主要研究三种标记分发协议:基本的标记分发协议(LDP)、基于约束的 LDP(CR－

LDP)和扩展 RSVP(RSVP－TE)。

LDP 是基本的 MPLS 信令与控制协议,它规定了各种消息格式以及操作规程,LDP 与传统路由算法相结合,通过在 TCP 连接上传送各种消息,分配标记、发布 <标记,FEC> 映射,建立维护标记转发表和标记交换路径。但如果需要支持显式路由、流量工程和 QoS 等业务,就必须使用后两种标记分发协议。

CR－LDP 是 LDP 协议的扩展,它仍然采用标准的 LDP 消息,与 LDP 共享 TCP 连接,CR－LDP 的特征在于通过网络管理员制定或是在路由计算中引入约束参数的方法建立显式路由,从而实现流量工程等功能。

RSVP 本来就是为了解决 TCP/IP 网络服务质量问题而设计的协议,将该协议进行扩展得到的 RSVP－TE 也能够实现各种所需功能,在协议实现中将 RSVP 的作用对象从流转变为 FEC,从而提高了网络的扩展性。

利用 LDP 交换标记映射信息的两个 LSR 因其作为 LDP 对等实体而为人们所了解,并且它们之间有一个 LDP 会话。在单个会话中,每一个对等实体都能获得其他的标记映射,换句话说,这个协议是双向的。

(一)MPLS 标记分发

MPLS 标记分发方式中涉及的概念主要有本地绑定(映射)和远程绑定、上游绑定和下游绑定、按需提供方式和主动提供方式、有序方式和独立方式等。另外,标记交换进程的发起方式有数据驱动方式和拓扑驱动方式。

1. 本地绑定和远程绑定

本地绑定是由 LSR 自己决定的 FEC 与标记之间的绑定关系,而远程绑定是 LSR 根据其相邻节点(上游或下游)发来的标记绑定消息来决定的 FEC 与标记之间的绑定关系,本地绑定标记选择的决定权在本地 LSR,而远程绑定标记选择的决定权在相邻的 LSR,远程绑定的 LSR 只是遵从相邻 LSR 的绑定选择。

2. 上游绑定和下游绑定

上游绑定是指 LSR 的输入端口采用远程绑定,而输出端口采用本地绑定,而下游绑定是指 LSR 的输入端口采用本地绑定,输出端口采用远程绑定,即用其他 LSR 传来的标记来填写自己标记转发表的输出端口部分。上游绑定中标记绑定的消息与带有标记的分组传送方向相同,绑定产生的起始点在上游的首端,而下游绑定则完全相反,标记绑定的消息与带有标记的分组传送方向相反,绑定产生于下游的末端。

下游绑定数据流的方向与标记映射消息的方向相反,如果标记绑定的建立需要标记请求信息,则该方式为按需提供方式,否则为主动提供方式;如果标记绑定的建立需要标记映射消息,则为有序方式,否则为独立方式,如果标记请求消息和标记映射消息需要同时满足才能建立标记绑定,则为下游按需有序的标记分发方式。

3. 按需提供方式和主动提供方式

按需提供方式是指 LSR 在收到标记请求消息后才开始决定本地的标记绑定，而主动提供方式则不受此限制，例如，在路由协议收敛后，只要有了稳定的路由表，LSR 就可以直接根据路由表对 FEC 分发标记，而无需等到相邻 LSR 向自己发标记请求消息后才建立绑定关系。

4. 有序方式和独立方式

有序方式是指相邻的 LSR 向本地 LSR 发出标记映射消息后，本地 LSR 才建立 FEC 和标记的绑定，独立方式则是 LSR 无需收到标记映射消息，各个 LSR 独立建立标记绑定并向相邻的 LSR 发送标记映射消息。

5. 数据驱动方式与拓扑驱动方式

数据驱动是指 LSR 在有数据发送时，才建立 LSP，而拓扑驱动是指 LSR 根据路由表中的内容建立 LSP，而不管是否有实际的数据传送。

3. LDP 协议报文格式

LDP 协议报文格式如图 7－18 所示。

0 ... 15
PDU 长度
LDP 标识（6 字节）
LDP 信息

图 7－18　LDP 协议报文格式

（1）版本协议版本号。

（2）PDU 长度

PDU 总长度（不包括版本和 PDU 长度字段）。

（3）LDP 标识

该字段唯一识别由 PDU 请求的发送 LSR 的标记空间。起始的 4 字节分配给 ISR 的 IP 地址进行编码，最后 2 字节表示 LSR 中的标记空间。

（4）LDP 信息

所有 UDP 信息都具有如图 7－19 所示的格式。

0	1	16 31
版本		
PDU 长度		
LDP 标识（6 字节）		
LDP 信息		

图 7－19　LDP 信息格式

第五节　IP多媒体子系统

一、IMS 概述

(一)IMS 简介

IMS 的全称为 IP 多媒体核心网子系统,简称为 IP 多媒体子系统(IP Multimedia Subsystem,IMS),由 3GPP 在 2002 年启动的 R5 规范中正式提出。IMS 系统为提供丰富的业务建立了一个独立于下层的承载网络、基于开放的 SIP/IP 以及可管理可控制的平台。3G 系统引入 IMS 后,用户通过蜂窝网络无线接入互联网并使用其提供的所有业务。诸多互联网服务,如 Web、E－mail、即时消息、共享白板、VoIP 和视频会议,只需要通过 3G 手持终端就可以接入和使用。

(二)IMS 的特点

IMS 能够成为 NGN 的核心,是因为 IMS 具有很多能够满足 NGN 需求的优点。除了上面提到的与接入无关的特点外,IMS 还具有其他一些特点。

1. 基于 SIP 协议

IMS 中使用 SIP 作为唯一的会话控制协议。为了实现接入的独立性,IMS 采用 SIP 作为会话控制协议,这是因为 SIP 协议本身是一个端到端的应用协议,与接入方式没有任何关联。此外,由于 SIP 是由 IETF 提出的使用于 Internet 上的协议,因此,使用 SIP 协议也增强了 IMS 与 Internet 的互操作性。但是 3GPP 在制定 IMS 标准时对原来的 IETF 的 SIP 标准进行了一些扩展,主要是为了支持终端的移动特性和一些 QoS 策略的控制和实施等,因此,当 IMS 的用户与传统 Internet 的 SIP 终端进行通信时,会存在一些障碍,这也是 IMS 目前存在的一个问题。

SIP 协议是 IMS 中唯一的会话控制协议,但不是说 IMS 体系中只会用到 SIP 协议,IMS 也会用到其他的一些协议,但其他的这些协议并不用于对呼叫的控制。如 Diameter 用于 CSCF 与 HSS 之间,COPS 用于策略的管理和控制,H. 248 用于对媒体网关的控制等。

2. 接入无关性

IMS 是一个独立于接入技术的基于 IP 的标准体系,它与现存的语音和数据网络都可以互通,不论是固定用户还是移动用户。IMS 网络的用户与网络是通过 IP 连通的,即通过 IP－CAN(IP Connectivity Access Network)来连接。例如,WCDMA 的无线接入网络(RAN)以及分组域网络构成了移动终端接入 IMS 网络的 IP－CAN，用户可以通过 PS 域的 GGSN 接入到 IMS 网络。而为了支持 WLAN、WiMAX、XDSL 等不同的接入技术，会产生不同的 IP－CAN 类型。IMS 的核心控制部分与 IP－CAN 是相独立的，只要终端与 IMS 网络可以通过一定的 IP－CAN 建立 IP 连接，则终端就能利用 IMS 网络来进行通信，而不管这个终端是何种类型的终端。

IMS 的体系使得各种类型的终端都可以建立起对等的 IP 通信，并可以获得所需要的服务质量。除会话管理之外，IMS 体系还涉及完成服务所必需的功能，如注册、安全、计费、承载控制、漫游等。

3. 针对移动通信环境的优化

由于 3GPP 最初提出 IMS 是要用于 3G 的核心网中，因此，IMS 体系针对移动通信环境进行了充分的考虑，包括基于移动身份的用户认证和授权、用户网络接口上 SIP 消息压缩的确切规则、允许无线丢失与恢复检测的安全和策略控制机制。除此之外，很多对于运营商颇为重要的方面在体系的开发过程中得到了解决，例如，计费体系、策略和服务控制等。这个特点是 IMS 与软交换相比的最大优势，即 IMS 是支持移动终端接入的，目前 IMS 在移动领域中的应用相对于固网来说比较成熟，标准也更加成熟，估计 IMS 将最先应用于移动网之中，逐渐地融合各种固定网络的接入，最终实现固定与移动网络的融合。

4. 网络融合的平台

IMS 的出现使得网络融合成为可能。IMS 具有一个商用网络所必须拥有的一些能力，包括 QoS 控制、计费能力、安全策略等，IMS 从最初提出就对这些方面进行了充分的考虑。正因为如此，IMS 才能够被运营商接受并被运营商寄予厚望。运营商希望通过 IMS 这样一个统一的平台，来融合各种网络，为各种类型的终端用户提供丰富多彩的服务，无需同以前那样使用传统的“烟囱”模式来部署新业务，从而减少重复投资，简化网络结构，减少网络的运营成本。

5. 提供丰富的组合业务

IMS 在个人业务实现方面采用比传统网络更加面向用户的方法。IMS 给用户带来的一个直接好处就是实现了端到端的 IP 多媒体通信。传统的多媒体业务是人到内容或人到服务器的通信方式，而 IMS 是直接的人到人的多媒体通信方式。同时，IMS 具有在多媒体会话和呼叫过程中增加、修改和删除会话和业务的能力，并且还可以对不同的业务进行区分和计费的能力。因此对用户而言，IMS 业务以高度个性化和可管理的方式支持个人与个人以及个人与信息内容之间的多媒体通信，包括语音、文本、图片和视频或这些媒体的组合。

二、IMS的功能实体与接口

(一)IMS的功能实体

IMS的体系结构如图7－20所示。

由图7－20可以看出,IMS是一个复杂的体系,其中包括许多功能实体,每个功能实体都肩负着自己的任务,大家协同工作、相互配合来共同完成对话的控制。

1. HSS

归属用户服务器HSS是IMS中所有与用户和服务相关的数据的主要数据存储器。存储在HSS中的数据主要包括用户身份、注册信息、接入参数和服务触发信息。

用户身份分为私有用户身份和公共用户身份。私有用户身份是由归属网络运营商分配的用户身份,用于注册和授权等用途。而公共用户身份用于其他用户向该用户发起通信请求。IMS接入参数用于会话建立,它包括诸如用户认证、漫游授权和分配S－CSCF的名字等。服务触发信息使SIP服务得以执行。HSS也提供各个用户对S－CSCF能力方面的特定要求,这个信息被I－CSCF用来为用户挑选最合适的S－CSCF。

在一个归属网络中可以有不止一个HSS,这依赖于用户的数目、设备容量和网络的架构。在HSS与其他网络实体之间存在多个参考点。

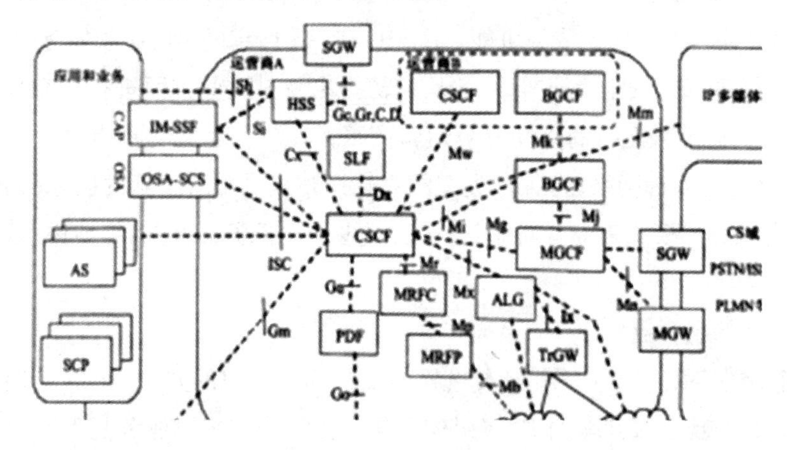

图7－20 IMS的体系结构

2. SLF

订购关系定位功能SLF作为一种地址解析机制,当网络运营商部署了多个独立可寻址的HSS时,这种机制使I－CSCF、S－CSCF和AS能够找到拥有给点州户身份的订购关系数据的HSS地址。

3. CSCF

CSCF(Call Session Control Function)叫做呼叫会话控制功能,它是IMS体系的核心,根据

功能不同 CSCF 又分为 P－CSCF、I－CSCF 和 S－CSCF。

(1)DP－CSCF

P－CSCF 即 Proxy－CSCF，叫做代理呼叫会话控制功能。它是 IMS 系统中用户的第一个接触点，所有 SIP 信令流，无论是来自 UEC User Equipment)或者发给 UE，都必须通过 P－CSCF。正如这个实体的名字所指出的，P－CSCF 的行为很像一个代理。P－CSCF 负责验证请求，将它转发给指定的目标，并且处理和转发响应。同一个运营商的网络中可以有一个或者多个 P－CSCF。P－CSCF 执行的功能包括：

基于请求中 UE 提供的归属域名来转发 SIP REGISTER(注册)请求给 I－CSCFs

将 UE 收到的 SIP 请求和响应转发给 S－CSCF。

检测紧急会话建立请求。

将 SIP 请求和响应转发给 UE。

发送计费有关的信息给计费采集功能 CCF。

提供 SIP 信令的完整性保护，并且维持 UE 和 P－CSCF 之间的安全联盟。完整性保护是通过因特网协议安全(IPSec)的封装安全净荷(ESP)提供的。

对来自 UE 和发往 UE 的 SIP 消息进行解压缩和压缩。

(2)H－CSCF

I－CSCF 又称为问询 CSCF，它是一个运营商网络中为所有连接到这个运营商的某一用户的连接提供的联系点。在一个运营商的网络中 I－CSCF 可以有多个。I－CSCF 执行的功能如下：

联系 HSS 以获得正在为某个用户提供服务的 S－CSCF 的名字。

基于从 HSS 处收到的能力集来指定一个 S－CSCF。

发送计费相关的信息给 CCF。

转发 SIP 请求或响应给 S－CSCF。

提供隐藏功能。I－CSCF 可能包含被称为网间拓扑隐藏网关 THIG 的功能。THIG 用于对外部隐藏运营商网络的配置、容量和网络拓扑结构。

(3)S－CSCF

S－CSCF 又称为服务 CSCF，它位于归属网络，是 IMS 的核心所在，为 UE 进行会话控制和注册服务。当 UE 处于会话中时，S－CSCF 维持会话状态，并且根据网络运营商对服务支持的需要，与服务平台和计费功能进行交互。在一个运营商的网络中，可以有多个 S－CSCF，并且这些 S－CSCF 可以具有不同的功能。S－CSCF 所实现的详细功能如下：

按照 RFC 3261 的定义，充当登记员(Register)处理注册请求。S－CSCF 了解 UE 的 IP 地址以及哪个 P－CSCF 正在被 UE 用作 IMS 入口。

通过 IMS 认证和密钥协商(Authernticationand Key Agreement，AKA)机制来认证用户。

IMS 的 AKA 实现了 UE 和归属网络间的相互认证。

在注册过程中或者在处理去往一个未注册用户的请求时，从 HSS 下载用户信息和与服务相关的数据。

将去往用户的业务流转发给 P－CSCF，并且转发用户发起的业务流给 I－CSCF、出口网关控制功能（BGCF）或者应用服务器（AS）。

与服务平台交互，交互意味着决定何时需要将请求或者响应转发到特定的 AS 去进行进一步处理的能力。

进行会话控制。根据 RFC3261 的定义，S－CSCF 可以作为代理服务器和 UA。

使用域名服务器（DNS）翻译机制将 E.164 号码翻译成 SIP 统一资源标志符（URI）。这种翻译是必需的，因为 IMS 中 SIP 信令的传送只能使用 SIPURI 进行。

监视注册计时器并能在需要的时候解除用户注册。

当运营商支持 IMS 紧急呼叫时，用于选择紧急呼叫中心，这是 R6 的特色。

执行媒体修正。S－CSCF 能够检查会话描述协议（SDP）净荷的内容，并且检查它是否包含不允许提供给用户的媒体类型和编码方案。当被提议的 SDP 不符合运营商的策略时，S－CSCF 拒绝该请求并且发送 SIP 报错消息 488 给用户。

维持会话计时器。R5 没有为状态感知的代理提供了解会话状态的方法。R6 通过引入会话汁时器改正了这个不足。它允许 P－CSCF 检测和释放被挂起的会话所消耗的资源。

发送与计费相关的信息给 CCF 以进行离线计费，或者发给在线计费系统（OCS）进行在线计费。

4. MRFC

多媒体资源功能控制器 MRFC 用于支持和承载相关的服务，例如，会议、对用户公告、进行承载代码转换等。MRFC 解释从 S－CSCF 收到的 SIP 信令，并且使用媒体网关控制协议指令来控制多媒体资源功能处理器 MRFP。MRFC 还能够发送计费信息给 CCF 和 OCS。

5. MRFP

多媒体资源功能处理器 MRFP 提供被 MRFC 所请求和指示的用户平面资源。MRFP 具有下列功能：

在 MRFC 的控制下进行媒体流及特殊资源的控制。

支持多方媒体流的混合功能（如音频/视频多方会议）。

支持媒体流发送源处理的功能（如多媒体公告）。

在外部提供 RTP/IP 的媒体流连接和相关资源。

支持媒体流的处理功能（如音频的编解码转换和媒体分析）。

6. IMS－MGW

IMS 多媒体网关功能 IMS－MGW 提供 CS 网络和 IMS 之间的用户平面链路，它直接受

MGCF 的控制。它终结来自 CS 网络的承载信道和来自骨干网(例如,IP 网络中的 RTP 流或者 ATM 骨干网中的 AAL2/ATM 连接)的媒体流,执行这些终结之间的转换,并且在需要时为用户平面进行代码转换和信号处理。另外,IMS - MGW 能够提供音调和公告给 CS 用户。

7. MGCF

媒体网关控制功能 MGCF 是使 IMS 用户和 CS 用户之间可以进行通信的网关。所有来自 CS 用户的呼叫控制信令都指向 MGCF,它负责进行 ISDN 用户部分(ISUP)或承载无关呼叫控制(BICC)与 SIP 协议之间的转换,并且将会话转发给 IMS。类似地,所有 IMS 发起到 CS 用户的会话也经过 MGCF。MGCF 还控制与其关联的用户平面实体——IMS 多媒体网关 IMS - MGW 中的媒体通道。另外,MCCF 能够报告计费信息给 CCF。

8. PDF

PDF 根据 AF(Application Function,如 P - CSCF)的策略建立信息来决定策略。PDF 的基本功能包括:

支持来自 AF 的授权建立处理及向 GGSN 下发 SBLP 策略信息。

支持来自 AF 或者 GGSN 的授权修改及向 GGSN 更新策略信息。

支持来自 AF 或者 GGSN 的授权撤销及策略信息删除。

为 AF 和 GGSN 进行计费信息交换,支持 ICID 交换和 GCID 交换。

支持策略门控功能,控制用户的媒体流是否允许经过 GGSN,以便为计费和呼叫保持/恢复补充业务进行支撑。

指示的授权请求处理以及呼叫应答时授权信息的更新。

9. SGW

信令网关 SGW 用于不同信令网的互连,作用类似于软交换系统中的信令网关。SGW 在基于 No.7 信令系统的信令传输和基于 IP 的信令传输之间进行传输层的双向信令转换。SGW 不对应用层的消息进行解释。

10. BGCF

出口网关控制功能 BGCF 负责选择到 CS 域的出口的位置。所选择的出口既可以与 BC-CF 处在同一网络,又可以是位于另一个网络。如果这个出口位于相同网络,那么 BGCF 选择媒体网关控制功能(MGCF)进行进一步的会话处理;如果出口位于另一个网络,那么 BGCF 将会话转发到相应网络的 BGCF。另外,BGCF 能够报告计费信息给 CCF,并且收集统计信息。

11. AS

应用服务器 AS 是为 IMS 提供各种业务逻辑的功能实体,与软交换体系中的应用服务器的功能相同,这里就不进行更多的介绍了。

12. SEG

安全网关 SEG 是为了保护 IMS 域的安全而引入的,控制平面的业务流在进入或者离开安全域之前要先通过安全网关。安全域是指由单一管理机构管理的网络,一般来说,它的边界就是运营商的边界。SEG 放在安全域的边界,并且它针对目标安全域的其他 SEG 执行本安全域的安全策略。网络运营商可以在其网络中部署不止一个 SEG,以避免单点故障。

13. GPRS 实体

(1)DGGSN

GPRS 网关支持节点 GGSN 提供与外部分组数据网之间的配合。GGSN 的主要功能就是提供外部数据网与 UE 之间的连接,而基于 IP 的应用和服务位于外部数据网之中。例如,外部数据网可以是 IMS 或者 Internet。换句话,GGSN 将包含 SIP 信令的 IP 包从 UE 转发到 P－CSCF。另外,GGSN 负责将 IMS 媒体 IP 包向目标网络转发,例如,目标网络的 GGSN。所提供的网络互连服务通过接入点来实现,接入点与用户希望连接的不同网络相关。在大多数情况下,IMS 有其自身的接入点。当 UE 激活到一个接入点(IMS)的承载(PDP 上下文)时,GGSN 分配一个动态 1P 地址给 UE。这个 IP 地址在 IMS 注册并和 UE 发起一个会话时,作为 UE 的联系地址。另外,GGSN 还负责修正和管理 IMS 媒体业务流对 PDP 上下文的使用,并且生成计费信息。

(2)SGSN

GPRS 服务支持节点 SGSN 连接 RAN 和分组核心网。它负责为 PS 域进行控制和提供服务处理功能。控制部分包括移动性管理和会话管理两大主要功能。移动性管理负责处理 UE 的位置和状态,并且对用户和 UE 进行认证。会话管理负责处理连接接纳控制和处理现有数据连接中的任何变化,它也负责监督管理 3G 网络的服务和资源,而且还负责对业务流的处理。SG－SN 作为一个网关,负责用隧道来转发用户数据,即它在 UE 和 GGSN 之间中继用户业务流。作为这个功能的一部分,SGSN 也需要保证这些连接接收到适当的 QoS;另外,SGSN 还会生成计费信息。

(二)IMS 的接口

1. Gm 接口

Gm 接口用于连接 UE 和 P－CSCF 之间的通信,采用 SIP 协议,传输 UE 与 IMS 之间的所有 SIP 消息,主要功能包括:

IMS 用户的注册和鉴权。

IMS 用户的会话控制。

2. Cx 接口

Cx 接口用于 CSCF 与 HSS 之间的通信,采用 Diameter 协议。该接口主要功能包括:

为注册用户指派 S - CSCF。

CSCF 通过 HSS 查询路由信息。

授权处理,检查用户漫游是否许可。

鉴权处理,在 HSS 和 CSCF 之间传递用户的安全参数。

过滤规则控制,从 HSS 下载用户的过滤参数到 S - CSCF 上。

3. Dx 接口

Dx 接口用于 CSCF 和 SLF 之间的通信以及 AS 和 SLF 之间的通信。其中 CSCF 和 SIJF 之间的通信,采用 Diameter 协议,通过该接口可确定用户签约数据所在的 HSS 的地址。

用于 AS 和 SLF 之间的通信的 Dx 接口提供以下功能:

从应用服务器中查询订购所在位置(HSS)的操作。

提供该 HSS 的名字给应用服务器的响应。

4. Mg 接口

Mg 接口用于 I - CSCF 与 MGCF 之间,采用 SIP 协议。当 MGCF 收到 CS 域的会话信令后,它将该信令转换成 SIP 信令,然后通过 Mg 接口将 SIP 信令转发到 I - CSCF。

5. Mr 接口

Mr 接口用于 CSCF 与 MRFC 之间的通信,采用 SIP。该接口主要功能是 CSCF 传递来自 SIPAS 的资源请求消息到 MRFC,由 MRFC 最终控制 MRFP 完成与 IMS 终端用户之间的用户面承载建立。

6. Mb 接口

通过 Mb 接口,IPv6 网络服务可以被接入。这些 IPv6 网络服务被用来传输用户数据的。值得注意的是,GPRS 提供 IPv6 网络服务给 UE,也就是说,GPRS Gi 接口和 IMS Mb 接口可能是相同的。

7. Mp 接口

Mp 接口用于 MRFC 与 MRFP 之间的通信,采用 H,248 协议。MRFC 通过该接口控制 MRFP 处理媒体资源,如放音、会议、DTMF 收发等资源。

8. Mw 接口

Mw 接口用于连接不同 CSCF,采用 SIP 协议,该接口的主要功能是在各类 CSCF 之间转发注册、会话控制及其他 SIP 消息。

9. Mi 接口

Mi 接口用于 BGCF 与 CSCF 之间,采用 SIP 协议。该接口主要功能是在 IMS 网络和 CS 域互通时,在 CSCF 和 BGCF 之间传递会话控制信令。

10. Mj 接口

Mj 接口用于 BGCF 与 MGCF 之间,采用 SIP 协议。该接口主要功能是在 IMS 网络和 CS 域互通时,在 BGCF 和 MGCF 之间传递会话控制信令。

11. Mk 接口

Mk 接口用于 BGCF 与 BGCF 之间的通信,采用 SIP 协议。该接口主要用于 IMS 用户呼叫 PSTN/CS 用户,而其互通节点 MGCF 与主叫 S－CSCF 不在 IMS 域时,与主叫 S－CSCF 在同一网络中的 BGCF 将会话控制信令转发到互通节点 MGCF 所在网络的 BGCF。

12. Mm 接口

Mm 接口用于 CSCF 与其他 IP 网络之间,负责接收并处理一个 SIP 服务器或终端的会话请求。

13. ISC 接口

ISC 接口用于 CSCF 与 AS 之间,采用 SIP 协议。该接口用于传送 CSCF 与 AS 之间的 S1P 信令,为用户提供各种业务。

14. Sh 接口

应用服务器(SIP 应用服务器/OSA 业务能力服务器/IM－SSF)会与 HSS 通信。Sh 接口作用就在于此。

15. Si 接口

Si 接口是 HSS 与 IM－SSF 间的接口,它用于传输 CAMEL 订购信息,该信息包括从 HSS 到 IM－SSF 的触发器。使用 MAP(移动应用部分)。

16. Ut 接口

Ut 接口位于 UE 与 SIP 应用服务器(AS)之间。Ut 接口使得用户能够安全地管理和配置它在 AS 上的与网络服务相关的信息。用户使用 Ut 接口创建和分配公共服务身份(PSI),用于呈现业务,会议策略管理等的认证策略管理。AS 可能需要为 Ut 提供安全保障。Ut 接口使用的是 HTTP。

三、IMS 的安全体系与安全技术

(一)IMS 的安全体系

IMS 的安全体系结构如图 7－21 所示。

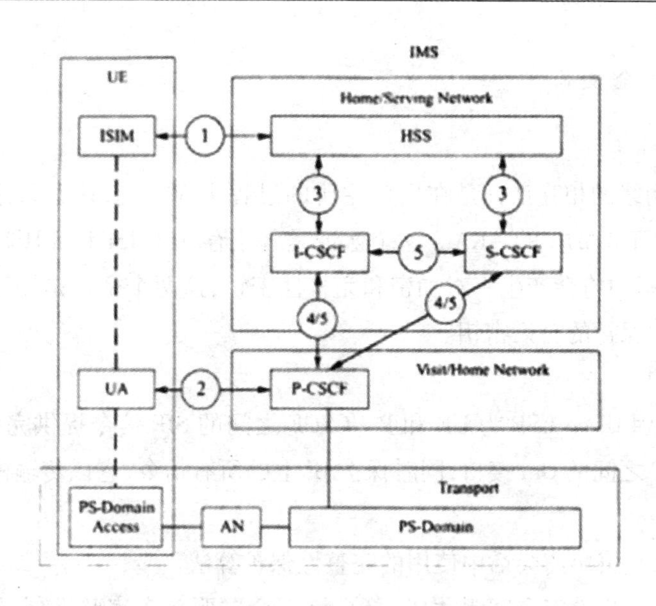

图 7－21　IMS 的安全体系结构

图 7－21 中有 5 个不同的安全联盟(分别以①、②、③、④、⑤给出),分别对应于 IMS 安全保护的不同需求。

①提供 UE 和 S－CSCF 之间的相互认证。HSS 委托 S－CSCF 执行客户认证。然而,HSS 负责产生密钥和挑战(Challenges)。ISIM 和 HSS 共享一个长期密钥,它是和 IMS 用户私人标志符(IMPI)相关联的。一个 IMS 用户只有一个(网络内部的)用户私有身份(IMPI)。但可以有多个用户公开身份(IMPU)。

②为保护 Gm 接口提供 UE 与 P－CSCF 间的一个安全连接(Link)和一个安全联盟,并提供数据源认证。Gm 相关定义参考 3GPP TS 23.002。

③为网络域内 Cx 接口提供安全。这个安全联盟相关内容参考 3GPP TS 33.210。Gm 相关定义参考 3GPP TS 23.002。

④为不同网络间支持 SIP 的节点提供安全保护,这个安全联盟仅适用于 P－CSCF 位于拜访网络时。

⑤为同一网络内支持 SIP 能力的节点提供安全保护,注意,此安全联盟同样适用于 P－CSCF 位于归属网络时。

其中,①、②属于 IMS 的网络接入安全,③、④、⑤属于 IMS 的网络域安全,对这两部分的安全,3GPP 都在标准中进行了详细的定义。

在 IMS 中还存在其他的接口,这些接口在图 7－21 中没有被标识出来。位于 IMS 内的接口要么在相同的安全域内,要么在不同的安全域之间。所有这类的接口的保护除了 Gm 接口之外都受保护,具体描述参见 3GPP TS 33.210。

相互认证要求是在 UE 和归属网络之间。独立的安全机制提供额外的保护以应对安全破坏。例如,如果 PS 域安全被破坏,IMS 将继续受它自己的安全机制保护。

(二)IMS 的安全技术

1. 认证

用户与 IMS 网络的相互认证是在用户注册的过程中完成的，认证采用的机制是 IMSA-KA，流程完全类似于 UMTS 的 AKA。这个认证是基于存在于 ISIM 和 HSS 内的认证密钥进行的。在 AKA 过程中将会产生一对加密和完整性密钥，这两个密钥是用于 UE 和 P－CSCF 之间加密和完整化保护的会话密钥。

2. 完整性保护

在 IMS 中，采用 IPsec ESP 为 UE 和 P－CSCF 之间的 SIP 信令提供完整性保护，它应用于 UE 和 P－CSCF 之间的 Gm 接口，同时保护 IP 上的所有信令，它以传输模式完成完整性保护，提供以下机制：

UE 和 P－CSCF 将协商会话中使用的完整性保护算法。

UE 和 P－CSCF 将就安全联盟达成一致，该安全联盟包含完整性保护算法所使用的完整性密钥。

UE 和 P－CSCF 都会验证所收到的数据，验证数据是否被篡改过。

减轻重放攻击和反射攻击。

3. SA 协商

SA 协商是指两个实体间的一种关系，这种关系定义它们如何使用安全服务来保证通信的安全，这包括使用什么样的安全协议、采用什么安全算法来进行加密以及完整化保护等。

4. 接入网安全

主要是利用 IPSecESP 传输模式来对 UE 和 P－CSCF 之间的信令和消息进行强制的完整化保护以及可选的加密保护。

5. 网络域的安全

IMS 网络域的安全使用 hop－by－hop 的安全模式，对网络实体之间的每一个通信进行单独的保护，保护措施用的是 IPSec ESP，协商密钥的方法是 IKE。

图 7－22 所示为 IMS 的网络域安全体系。

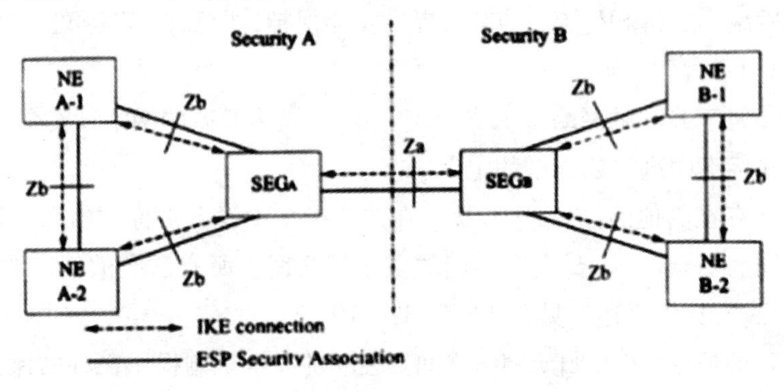

图 7－22　IMS 的网络域安全体系

图7-22中包含两个安全域,安全域A和安全域B。安全域是网络域安全中的一个核心概念,一般是指由一个运营商管理的网络,该运营商维护着这个安全域中的统一安全策略。

SEG是IMS网络的安全网关,它位于一个安全域的边界,将业务流通过隧道传送到已定义好的其他安全域。SEG负责在不同安全域之间传送业务流时实施安全策略,这也可以包括分组过滤或防火墙的功能。

网络实体(NE)能够面向某个安全网关或相同的安全域的其他安全实体,建立维护所需的ESP安全联盟。

运营商可以决定在两个通信安全域之间仅仅建立一个ESP安全联盟。这有利于粗糙的安全粒度,但缺点是人们不能够区分给定通信实体之间的安全保护。这不排除在判断通信实体时,协商更细的安全粒度。

IMS网络域安全体系中定义了两个接口,即Za接口和Zb接口。

Za接口(安全网关-安全网关,即SEOSEG)。不同安全域安全网关之间的接口就是Za接口。在Za接口的认证和完整性保护是必选的,加密是推荐的。ESP将被用于提供认证、完整性保护和加密。SEG使用IKE协商,建立和维护它们之间可靠的ESP隧道。隧道建立后用来转发安全域A和安全域B之间的业务。安全网关间的inter-SEG隧道通常一直保持可用,但也可在需要时建立。

安全域A的一个安全网关可专门用来服务于安全域A希望通信的外部安全域的子集。这将限制需要维护的安全联盟和隧道的数目。

Zb接口(网络实体-安全网关/实体-实体,即NE-SEG/NE-NE)。Zb接口位于同一安全域内实体与安全网关之间,实体与实体之间。Zb接口是可选的,使用ESP和IKE协议。在Zb接口上,ESP用于认证性/完整性保护,而加密的功能是可选的。ESP安全联盟作用于所有需要安全保护的控制平面业务。

6. 网络拓扑结构的隐藏

对于运营商而言,网络的运作细节是敏感的商业信息,运营商不太可能与他们的竞争对手共享这些信息。然而在某些情况下,这些信息的共享是必需的。因此,运营商可决定是否需要隐藏其网络内部拓扑,包括隐藏S-CSCF的容量、S-CSCF的能力,网络隐藏机制是可选的。

归属网络中的所有I-CSCF将共享一个加密和解密密钥KV。如果使用这个机制,则运营商操作策略声明的拓扑将被隐藏,当I-CSCF向隐藏网络域的外部转发SIP请求或响应时,它将加密这些隐藏的信息单元。这些隐藏的信息单元是SIP头的实体,如途径(Via)、记录路由(Re-cord-Route)、路由(Route)和路径(Path),它们包含了隐藏网络SIP代理的地址。当I-CSCF从隐藏网络域外收到一个SIP请求或响应时,I-CSCF将解密被本隐藏网络域的I-CSCF加密的信息单元。P-CSCF可能收到一被加密的路由信息,但P-CSCF没有密钥解密它们。

参考文献

[1]郭秋萍.计算机网络技术[M].北京:清华大学出版社,2008.

[2]刘玉军.现代网络系统原理与技术[M].北京:清华大学出版社:北京交通大学出版社,2007.

[3]蔡开裕.计算机网络(第2版)[M].北京:机械工业出版社,2008.

[4]龚尚福.计算机网络技术[M].北京:中国铁道出版社,2007.

[5]刘有珠,罗少彬.计算机网络技术基础[M].北京:清华大学出版社,2007.

[6]黄云森.计算机网络与多媒体网络应用基础[M].北京:清华大学出版社,2008.

[7]王相林.计算机网络[M].北京:机械工业出版社,2008.

[8]邓亚平,尚凤军,苏畅.计算机网络[M].北京:科学出版社,2009.

[9]马海英.计算机网络及应用[M].北京:化学工业出版社,2007.

[10]陈代武.计算机网络技术[M].北京:北京大学出版社,2009.

[11]宋一兵,魏宾,高静.局域网技术[M].北京:人民邮电出版社,2011.

[12]张蒲生.局域网技术[M].北京:人民邮电出版社,2007.

[13]拉克利.无线网络技术原理与应用[M].北京:电子工业出版社,2008.

[14]葛彦强,汪向征.汁算机网络安全实用技术[M].北京:中国水利水电出版社,2010.

[15]杜晓通.无线传感器网络技术与工程应用[M].北京:机械工业出版社,2010.

[16]许力.无线传感器网络的安全和优化[M].北京:电子工业出版社,2010.

[17]刘海璐,阚培祥.网络多媒体应用技术[M].北京:清华大学出版社,2005.

[18]彭波,孙一林.多媒体技术及应用[M].北京:机械工业出版社,2006.

[19]郑淼,郑成增.多媒体技术原理与实践[M].北京:中国电力出版社,2005.

[20]马武.多媒体技术及应用[M].北京:清华大学出版社,2008.

[21]马华东.多媒体技术原理及应用(第2版)[M].北京:清华大学出版社,2008.

[22]胡泽,赵新梅.流媒体技术与应用[M].北京:中国广播电视出版社,2006.

[23]张晓燕,刘振霞,马志强.网络多媒体技术[M].西安:四安电子科技大学出版社,2009.

[24]赵士滨.多媒体技术应用[M].北京:人民邮电出版社,2009.

[25]赵英良,董雪平.多媒休技术及应用[M].西安:西安交通大学出版社,2009.

[26]钟玉琢,沈洪.多媒体技术基础及应用[M].北京:清华大学出版社,2006.

[27]李显军,徐玮.多媒体技术与应用[M].北京:人民邮电出版社,2006.

[28]张虹,夏士雄.计算机网络多媒体技术与应用[M].北京:机械工业出版社,2003.

[29]张曾科,吉吟东.计算机网络[M].北京:人民邮电出版社,2009.

[30]赵泽茂,吕秋云,朱芳.信息安全技术[M].西安:西安电子科技大学出版社,2009.

[31]朱恺.计算机网络与通信[M].北京:机械工业出版社,2010.

[32]于峰.计算机网络与数据通信[M].北京:中国水利水电出版社,2003.

[33]张建忠.计算机网络实验指导书[M].北京:清华大学出版社,2005.

[34]杨心强.数据通信与计算机网络[M].北京:电子工业出版社,2007.

[35]陈代武.计算机网络技术[M].北京:北京大学出版社,2009.

[36]陈月波.使用组网技术实训教程[M].北京:科学出版社,2003.

[37]程光,李代强,强士卿.网络工程与组网技术[M].北京:清华大学出版社,2008.

[38]褚建立.计算机网络技术实用教程[M].北京:电子工业出版社,2003.

[39]韩希义.计算机网络基础[M].北京:高等教育出版社,2004.

[40]谢希仁.计算机网络[M].北京:电子工业出版社,2009.

[41]吴功宜,吴英.计算机网络技术教程:自顶向下分析与设计方法[M].北京:机械工业出版社,2009.

[42]廉飞宇.数据通信与计算机网络[M].北京:清华大学出版社,2009.

[43]刘兵.计算机网络实验教程[M].北京:中国水利水电出版社,2005.

[44]刘化君.计算机网络与通信[M].北京:高等教育出版社,2011.

[45]刘习华.网络工程[M].重庆:重庆大学出版社,2004.

[46]刘永华.计算机网络——原理、技术及应用[M].北京:清华大学出版,2012.

[47]鲁士文.计算机网络习题与解析[M].北京:清华大学出版社,2005.

[48]马晓雪.计算机网络原理与操作系统[M].北京:北京邮电大学出版社,2009.

[49]钱德沛.计算机网络实验教程[M].北京:高等教育出版社,2005.

[50]沈剑刿.计算机网络技术及应用[M].北京:清华大学出版社,2010.

[51]李昭智.数据通信与计算机网络[M].北京:电子工业出版社,2002.

[52]孙学军.计算机网络[M].北京:机械工业出版社,2009.

[53]王群.计算机网络教程[M].北京:清华大学出版社,2005